[美] 基思·德夫林 著
谈祥柏 谈欣 译

数学犹聊天

人人都有数学基因

上海科技教育出版社

图书在版编目(CIP)数据

数学犹聊天:人人都有数学基因/(美)基思·德夫林著;谈祥柏,谈欣译.—上海:上海科技教育出版社,2022.3(2022.11 重印)

(数学桥丛书)

书名原文:The Math Gene:How Mathematical Thinking and Why Numbers are Like Gossip

ISBN 978-7-5428-7712-3

Ⅰ. ①数… Ⅱ. ①基… ②谈… ③谈… Ⅲ. ①数学—普及读物 Ⅳ. ①01-49

中国版本图书馆 CIP 数据核字(2022)第 026380 号

责任编辑 卢 源 侯慧菊
封面设计 符 劼

数学桥 丛书
数学犹聊天——人人都有数学基因
[美]基思·德夫林 著
谈祥柏 谈 欣 译

出版发行 上海科技教育出版社有限公司
(上海市闵行区号景路 159 弄 A 座 8 楼 邮政编码 201101)
网　址 www.sste.com www.ewen.co
经　销 各地新华书店
印　刷 上海商务联西印刷有限公司
开　本 720×1000 1/16
印　张 19.75
版　次 2022 年 3 月第 1 版
印　次 2022 年 11 月第 2 次印刷
书　号 ISBN 978-7-5428-7712-3/O·1151
图　字 09-2021-0307 号
定　价 75.00 元

对本书的评价

公元2000年的最佳科学图书之一。

——《发现》(*Discover Magazine*)

* * *

通过明确而有说服力的分析,德夫林提出了一种与通常看法极不一样的观点:各种数学对象之间关系的推理法则与社会人文关系的推理法则在本质上并无二致。

——《美国科学家》(*American Scientist*)

* * *

德夫林的著作对我大有启示。究竟是什么东西造就了人类？对此自然之谜抱有兴趣者不可不读本书。

——比克顿(Derek Bickerton),
《语言种类》(*Language Species*)
和《语言与人类行为》
(*Language and Human Behavior*)的作者

* * *

德夫林有一个妙不可言的、富有创新精神的观点。通过把数学牢固地植根于人文氛围之中，德夫林作出了一项卓越贡献，有助于我们理解什么是数学的本质，以及我们何以能如此不可思议地熟练运用它。

——沃特海姆(Margaret Wertheim)，
科普名著《毕达哥拉斯的裤子》
(*Pythagoras' Trousers*)的作者

内容提要

如果人们生来就有“数的本能”,如同他们具有“语言天赋”一样(近来有许多研究者持此看法),那么何以不是人人都能搞数学呢?数学家、科普作家基思·德夫林在他的《数学犹聊天——人人都有数学基因》一书中,对此问题进行了正、反两方面的阐述。在书中,作者说明了我们所固有的创造模式的能力如何帮助我们进行数学演绎推理。通过揭示为什么有人厌恶数学,有人觉得它很难,也有少数几个杰出的人在这门学科上超人一等,作者提出了能够帮助我们每个人提高数学能力的一些建议。对任何一个迷恋数学、憎恨数学或者被数学吓倒的人,这都是一本必读之书。

内容提要

[illegible]

作者简介

基思·德夫林(Keith Devlin, 1947—　)是美国加利福尼亚州莫拉加市圣玛丽学院科学系主任,斯坦福大学语言与信息研究中心高级研究员,美国科学院数学科学教育委员会委员,世界经济论坛成员,美国科学促进会成员,美国全国公共电台数学普及节目主持人。他是22本书的作者,其中包括《数字化的生命》(*Life by the Numbers*)、《数学:模式的科学》(*Mathematics: The Science of Patterns*)与《千年难题》(*The Millennium Problems*)等。

致　谢

尽管本书的观点同我所知晓的一切证据都不存在矛盾，但我一开始就意识到本书的一些提法将会引起争议。事实上，我所涉及的一些科学领域是争论的热土。为此，在正式出版之前，我先将手稿给几位合适的专家审读，以便验证自己的结论是否有理。比克顿、沃特海姆、拉斯金（Jeff Raskin）及菲利普斯（J. D. Phillips）等人都认真地阅读了我的手稿，提出了许多很好的建议，我谨在此向他们表达深切的谢意。

对于比克顿先生，我欠他的情更多。大约十二年前，我开始思考本书讨论的一些问题，并于五年前开始草拟第一稿。当我开始像玩拼图游戏那样为本书搜集材料时，我突然意识到，自己手头缺少一块重要的组件。而这块不可或缺的组件，正是比克顿通过他的著作《语言与人类行为》，最终向我慨然提供的。该书一经问世，我就曾参考查阅过它，因为我想在自己当时正在编写的《别了，笛卡儿》（*Goodbye Descartes*）一书中引述比克顿的有关夏威夷的克里奥耳语起源的一些说法。1997 年，当我开始编写本书时，我更加用心地攻读了比克顿的书。而当我一旦懂得他所说的，人类大脑如何获取语言，又因何需要掌握这种工具时，一切情况就都变得明朗起来了。［比克顿则说，他的研究部分地受到了卡尔文（William Calvin）的启发。］

在比克顿不知不觉地为我的“拼图游戏”提供关键性组件时，德阿纳

(Stanislas Dehaene)的杰作《数的意识》(*The Number Sense*)几乎同时问世了。尽管我们这两本书涉及的问题极不一样——德阿纳的书重点在于数值能力,而我书中的内容主要涉及所谓"高等"数学(对正式定义的模式或抽象结构进行逻辑推理)——但在某一点上我们两人的工作存在着相当程度的重叠。为了发展我的观点,我必须着眼于研究人类的头脑在处理数时的运作方式——首先是因为处理数的能力是数学能力的一个重要组成部分(不仅由于算术是数学的一部分),其次是因为我想要说明,**数学思维**与数值计算两者之间究竟存在着怎样的差异。

《数的意识》一书中谈到了我想要说的处理数的方式的许多内容。受到它的启发,我在自己书中的有关章节里,采用了德阿纳著作中的一些实例。因此,本书第二、三章中的大量篇幅相当于对德阿纳书中的部分内容的简述。尽管如此,在谈到大脑处理数时的运作方式上,德阿纳讲得比我详细得多,而且还提供了更多的细节。因而,我谨在此热诚推荐本书的每一位读者好好读一读那本《数的意识》。

当我的完整手稿交到我的代理人手中时,巴特沃思(Brian Butterworth)的著作《数学脑》(*The Mathematical Brain*)在联合王国(指英国)出版了。[目前它在美国有售,但书名改为《什么在计数》(*What Counts*)。]巴特沃思像德阿纳一样,是位认知科学家,尽管他的标签如此,他的主要兴趣仍在算术上,而不是(高等)数学。不管怎样,巴特沃思的书同我的描述重叠较少——比他和德阿纳的书的相互重叠少得多。我的确从巴特沃思的书中引用过一两个例子，用于加强我的论点，但从整体来看，我与他所走的是不同的途径，目标也是大异其趣。

最后，要感谢我的代理人，美国 Ellen Levine Agency 的芬奇(Diana Finch)与伦敦 A. M. Heath Agency 的汉密尔顿(Bill Hamilton)，他们自始至终都是这个项目的热情支持者；还有我的编辑，Basic Books 的弗鲁赫特(William Frucht)与 Weidenfeld & Nicolson 的芒迪(Toby Mundy)，他们都给了我强有力的支持。特别是弗鲁赫特，长期不辞劳苦，帮助我精心加工手稿，力求通俗易懂，为广大读者所喜欢。

基思·德夫林

写于美国加州莫拉加　1999 年 12 月

前言　鹰的翅膀

“鹰”已着陆

尽管存在着天电干扰，从正在月球表面上空的宇宙飞船“鹰”①上传来的声音仍然可以听得清清楚楚。来自美国得克萨斯州休斯顿市约翰逊宇航中心的另一个声音可以听得更清楚一些，当然这毫不奇怪。双方的语句都很简短、有效、实在，丝毫不带感情色彩。

“鹰”：35°，35°。750（英尺），下降速度23（英尺/秒）。700英尺，下降速度21。33°。600英尺，下降速度19。……540英尺……400……350英尺，下降速度4……我们限定了水平航速。300英尺，下降速度$3\frac{1}{2}$……1分钟。看到外面的影子了……高度-速度灯点亮。下降速度$3\frac{1}{2}$，220英尺。向前13。向前11，下降顺利……75英尺了，看来一切正常。

休斯顿：60秒②。

① “鹰”实际上是“阿波罗11号”宇宙飞船的登月舱。——译注
② 指剩余燃料可供飞行时间，下面的30秒与此相同。——译注

"鹰":开灯。下降速度 $2\frac{1}{2}$。向前。向前。很好。40 英尺,下降速度 $2\frac{1}{2}$。沾上一些尘埃。30 英尺,下降速度 $2\frac{1}{2}$。影子有些模糊。向前 4。稍向右侧漂移。

休斯顿:30 秒。

"鹰":向右侧漂移。打开目视灯。好的,发动机停车。

休斯顿:"鹰",我们已全部记录下来了。

"鹰":休斯顿,这里是静海基地。"鹰"已着陆。

当阿姆斯特朗(Neil Armstrong)与奥尔德林(Buzz Aldrin)登上月球时,我还是个年方 22 岁的研究生。时至今日,30 年过去了,每当我重温这一降落的最后几分钟的记录时,我都会感到深深的激动,就像是阿姆斯特朗正指挥着登月舱(乘务员们命名它为"鹰"),到达人类第一次在另一个星球上驻足的地点。

为期十年的把人送上月球(还得将他活着送回来)的努力至此登峰造极,然而实际着陆并不意味着取得了大大超越以前各次阿波罗计划任务的重大技术进步。用阿姆斯特朗自己的话来说,当他迈出历史性的一步,首次踏上月球表面时,阿波罗 11 号的登月,"对(一个)人来说,只是一小步"。但事件的象征意义之大不言而喻。正如阿姆斯特朗接着所说的:"是人类迈出的一大步。"尽管它经常被称为科学及工程学的一项重大成就(事实的确如此),我却总是感到,阿波罗 11 号完成的使命更像是人类精神的胜利,也是地球表面上唯有人类才能掌握的两大心智能力的胜利。这两者便是:数学与语言。

登月壮举需要严重仰仗数学,它是一切科学与工程学的基础。登月任务的每一个方面都要不厌其详地计算到细枝末节:飞行到月球的每一阶段需要携带多少燃料;火箭运行时选择什么路径,以免在飞行过程中因修正航线而浪费燃料;着陆时需要多少燃料;离开月球再次启动时又要用去多少燃料;每台发动机需要维持运转多久;需要多少氧气才能使乘员们存活。在最终降落阶段,"鹰"与地面控制中心的对话几乎全是数学语言。几乎不容许有误差存在:当阿姆斯特朗操纵着"鹰"安全着陆时,剩下的燃料只够使用 10 秒钟。

由此看来,登月必须依靠数学。但是,语言的作用何在?为什么我要说,登月成功也是语言的胜利?这是因为阿波罗的登月任务是一项规模空前的合作计划,需要成千上万人的通力协作。尽管只有两人在月球上第一次迈出了历史性的脚步,但此项计划所涉及的人员数以千计,遍布于整个北美洲。如果把各跟踪站所配备的人员也算在内的话,还应包括地球上的其他一些地方。把整个团队串连在一起的无形线束便是语言,从而得以协调大家的行动,凝成一股力量。

当然,并不需要登月来让我们想起语言与数学是强有力的工具。这两者早已产生了无数其他成果,不仅改变了人类,而且改变了我们的行星。

本书的主旨之一是想让你们确信:(人类独有的)语言与数学能力是何等

的非凡与强大。让我再次引用阿姆斯特朗的话。当登月舱从指令舱中分离出来时(后者将在漫步月球的过程中留在月球的轨道上),阿姆斯特朗宣称:“鹰有了翅膀。”正是语言与数学的技能赐予人类一对展天之翼,从而能高高在上地傲视其他生物。

我的另一个意图是想论证上述两种技能不是分离的,两者可能是由人类大脑的同一部分缔造出来的。

顺着这条思路,我将探索并回答以下问题:确切地说,数学究竟是什么?语言究竟是什么?它们是怎样形成的?我还将研讨人类的第三种显然具备的技能:规划能力,它伴随着复杂的计划,预先的计算,以及视当时的情况发展而作出的各种后续的多元选择。显然,这种技能同我们使用语言与研究数学的能力有着紧密联系。在完成阿波罗登月的各项任务中,它同样起着非常重要的作用,每一个细节都预先经过仔细计算,每一种可能发生的意外事件都得仔细考虑。

例如,主飞行计划要求飞船上的计算机操纵“鹰”在起飞前数月就定好的地点着陆。然而,具体实施时,登月的乘员们看到选定的地点崎岖不平,且充斥着砾石。当他们向月球表面降落时,阿姆斯特朗果断地把计算机搁在一边,让飞行器人工着陆。人工着陆的可能性事先就被考虑到了,而且阿波罗号上的乘员们已经进行了这种训练。

最后提到的这种人类能力——设想未来将可能有几种不同的进程,并为其设计相应的应对方案——本质上是另外两种能力(数学与语言)的起源。因而可以证明,在所有能力中,它是最为重要的。

数学基因?

在正文开始之前,我需要讲清楚一点:在人类的DNA中,不存在赋予我们数学能力的一段特定的序列,"数学基因"不是从这个意义上来说的。当然,的确有一些基因可以影响我们搞数学的能力。但书名中的"数学基因",不过是简单地采用了一种普通的比喻手法。粗略地说,我所谓的"数学基因",意思是指"一种内在的数学思维技能",就像某些作者有时会用"语言基因"来泛指我们所固有的获取与使用语言的技能。当然,这两种技能都是由遗传决定的(至少部分如此),我们的其他一切技能也都几乎如此。不过,谈到一个关于数学的"基因"时,那纯粹是个比喻而已,犹如我们读到"一个关于××的基因"时一样。

我提出的你拥有数学基因的论点(即你拥有内在的搞数学的技能),其实指的就是:你天赋的语言素质恰好就是你搞数学所需要的能力。目前,很可能你能够将母语运用自如,但对自己的数学能力却缺乏自信。事实上,正如数以百万计的你的同时代人一样,你可能患上了"数学恐惧症"。因此,为了证明我的看法,我将解释清楚何以许多人好像不会使用那些我断定他们应该拥有的基本能力。我所给出的部分解释是,绝大多数人并不真正了解什么是数学。所以我也必须解释一下数学家(像我这样的人)眼中的"数学"是什么。它不仅仅是数字与算术。一旦你真正了解了数学究竟是什么,并懂得了我们的大脑怎样创造出语言,你就会对"以数学方式思考只不过是使用我们的语言能力的一种特殊方式"这种看法毫不奇怪了。

目　　录

第1章　数学头脑

读小学时，我厌恶数学。然而在1971年我24岁时，我在大学里取得了数学博士学位，从此以后成为一名专业的数学家。决定性的变化出现在我15岁那年，当时我发现了数学究竟是什么。

尽管我希望告诉你们当时我发现了什么，以及为什么从此爱上了数学，但这并不是本书的主要目的。确切地说，我打算解开一个激起我大半生兴趣的谜题：我们的祖先是怎样获得一个数学头脑的？

通过回答这个问题，我们会开始理解为什么会有如此众多的人认为数学难得不可想象。

1.1 没有足够时间

为什么我会认为人类获得数学能力是一个自然之谜？这里有一个时间的问题。人类对抽象的数的概念的认知至多只有8000年。拥有方程、定理、证明等内容的形式化符号数学，其历史刚超过2500年。微积分是公元17世纪发展起来的，负数的广泛使用是在18世纪，至于用 x,y,z 等符号可以表示任意实体的现代抽象代数，则仅仅只有150年的历史。

然而，要使人类大脑经受重大的进化演变，8000年时间显得远远不够。从进化论的角度来看，2500年的形式数学历史仅仅是一眨眼的时间。人类大脑演化成今日的状态用了350万年。爱因斯坦的大脑同铁器时代的人脑差异甚微，然而在铁器时代不存在什么我们能称之为数学的东西。

无论我们大脑里的什么部分可以让我们(中间的一部分人)用来搞数学，这些部分早在任何形式的数学出现之前就已经存在了。因此，这些至关重要的部分看来是为了实现某些其他目的而演化的。究竟是什么目的？(在以后的章节中，我将更审慎地探讨它。)对于这个问题，我有一个相当惊人的结论：人人都有数学基因。

说起来，理由很简单：让我们得以探索数学的那部分大脑恰恰就是让我们能够使用语言的部分——说给别人听，并理解对方说的是什么。

如果我是对的，那么另一问题随之而起。何以有如此众多的人看来不能搞数学？如果搞数学的基本能力同我们说话与理解对方的话的能力是完全一样的，那么何以能够运用数学能力的人如此凤毛麟角，而每一位四岁大的孩子却能挥洒自如地运用语言？上述第二个问题要求我们不仅要深入到语言与数学的核心，而且还要反躬自问：语言的用途究竟是什么？它是怎样演化的？

为了展开我的论点，我不仅需要描述数学思维的本质(数学是一门不幸被人误解的学科)，而且还得探讨大脑的工作方式，以及它是怎样演化成今日状态的。

我还要深入研究语言的本质，搞清楚语言与交流系统的重大差异。前者看来是人类所独有的，而后者则是许多其他生物种属都拥有的，只是复杂程度有所不同而已。

我的大部分说明与你们在有关人类演化的著作中所看到的差异并不大。但偶尔,标准化的说明与已知事实吻合得并不好。特别是,促使语言演化的最通常的理论表明,它是由永远持续增长的交流需要驱动的——倘若你喜欢,你可以说交流是语言的初始用途。我发现,这种解释实在是很成问题的。我的观点是,语言更有可能是作为大脑的具象能力逐步增长过程中的一个副产品而开始出现的。只是当语言登上历史舞台后,它在交流方面的应用才成为演化过程中的一个主要选择因子。

我的观点是,为了让人类大脑能够搞数学而准备的那些主要功能,同你们可能料想的现实世界是毫无关涉的,它们更像是为了了解日趋复杂的社会中的人际关系。兴许你们会认为这一观点令人惊讶,但它其实同这个问题的其他那些权威说法不存在矛盾。理由很简单:前人从未作过任何尝试来解释我们的数学思维能力是怎样演化的!(解释过数值能力,但不是数学能力。)如果我的解释是正确的,那么我们就会开始理解何以有那么多人会认为数学如此困难,以及我们可以如何改进数学教育,以便使更大比例的人能够学习与掌握它。

那就是展现在我们面前的旅程。我说对的可能性有多大呢?

作为一名数学家,我对描述数学方面的事情相当有把握,但对描述人类大脑的演化却没有同样大的信心。然而,没有人具有这样的自信。汇总一个条理清楚、前后一致的学说来说明我们种族的演化史,这个活儿干起来可不轻松。专家们往往在发生过什么,什么时间,以及为什么会这样的问题上存在很大差异。没有一个进化学说可以避开"假设的故事"式的批评。(说得客气一点是"合理的再现"。)当然,(就像我想尽量做到的那样,)符合已确定的事实是很重要的。不过,即使是已知事实,仍然允许有彼此相距甚远的各种可能解释。

1.2 并不仅仅是数

我们研究的结论之一将是揭示为什么大多数人可归入两个群体:认为数学几乎完全不能理解的群体,以及为数甚少的似乎能轻松搞数学的群体。在这两个极端的群体之间,几乎阒无一人。原来,那些能够搞数学的人掌握了一个秘诀。

我们能够解答的其他问题还有以下一些:

- 你能不能运用语言来帮自己提高数学水平?(是的。)
- **数学家**是用语言来思考的吗?(不是。)
- 数学家搞数学的感觉是什么?
- 数学家的头脑与常人有所不同吗?(不是。)

在深入下去之前,我必须说清楚:这是一本谈论数学而不是谈论算术的书。两者之间有重大差别。算术是数学的一部分,然而绝大部分数学同算术无关。

因为一进入学校必须先学算术,又因为许多人学过算术以后就不再学习数学的其他分支,所以"数学"与"算术"经常被人视为同义词,也就毫不奇怪了。但事实上,数学中更深奥的部分同算术或数值计算几乎毫无关系,甚至同通常意义下的数也很少搭界。有些最高明的数学家同数字打交道时确实并不在行。

当我谈论数学时,仍然会牵涉到算术。特别是,随着故事的展开,我们将会揭示何以许多人同算术打交道时会感到困难。

比如说,我们会了解为什么有那么多人在学习"九九乘法表"时会感到困难,尤其是在指出 8×7,9×6,9×8 的正确结果时。(问题的根源在于他们的大脑太灵活了,而不是太迟钝。这个说法基本成立。背熟"九九乘法表"的关键是把大脑的自然智能搁置在一边。)

我们能够解答的其他有关算术的问题还有以下一些:

- 为什么有那么多人如此不喜欢数学?
- 比起欧美孩子来,中国和日本的孩子在学习数学时有着固有的优势?(是的。)

• 有什么动物具有数的意识吗？（是的，从某种程度上说，许多动物都有。）

• 有什么动物会做算术吗？（同上。）

• 对新生儿来说，情况又怎样呢？（能做算术。获得这个令人惊讶的答案需要实验者拥有相当的机智。）

很明显，我们即将开始的是一段特殊的旅程。途中所发现的一切，不仅有助于了解人类本身的许多事情，了解数学和语言的本质，而且对数学教育也有重要的启迪。

不过，在我们跨出第一步之前，我想还是先兑现我的许诺，告诉你数学究竟是什么。**数学**这个词，对数学家来说，究竟意味着什么？

1.3 什么是数学?

什么是数学? 如果你对街上遇到的第一个人提出这个问题,你听到的回答极有可能是:"数学就是数的研究。"如果你坚持要求回答者说得更详细些,也许会听到这样的意见:"数学是研究数的**科学**。"你所得到的回答也许只能到此为止,然而这样的描述显然并不令人满意。它已经过时2500年了! 从那时起,问题"数学是什么"的答案已经改变了好几次。

直到公元前500年左右,数学确实是研究数的。古埃及、巴比伦乃至古代中国的数学几乎完全是只讲算术的。这很大程度上是出于功利,而且非常像是某种类型的"烹饪书"。(对一个数如此这般进行运算,从而得出答案。)

在公元前500年到公元300年这一时期,数学大大地扩张了,超越了研究数的范围。古希腊的数学家更多地考虑几何问题。他们甚至用几何的方式把数看作对长度的测量。当他们发现存在着一些同他们心目中的"数"对应不起来的长度(他们称之为"无理长度")时,对数的研究就基本上停滞不前了。由于比较重视几何,对希腊学者来说,数学就是研究数与**形**的学问。

正是希腊人使数学的面貌有了很大改变,从测量、计数、计算等技巧的集合转变为带有美学与宗教色彩的学院课程。在希腊时期之初,泰勒斯(Thales,约前625—约前547)引入一种观念:精确陈述的数学论断可以通过形式论证加以逻辑证明。对希腊人来说,这种方法在公元前350年左右达到了顶峰,那时出版了篇幅多达十三卷的煌煌巨著,欧几里得(Euclid,前330—前275)的《几何原本》(*Elements*),据说是除了《圣经》以外始终传播最广的一部经典名著。

希腊人之后,尽管数学在世界上的一些地方——特别是在阿拉伯世界与中国——取得过进展,但其本质并未改变,直到17世纪中叶,英国的牛顿爵士(Sir Isaac Newton)与德国的莱布尼茨(Gottfried Wilhelm Leibniz)各自独立地发明了微积分。从本质上说,微积分是研究运动与变化的。微积分问世之前,数学很大程度上被局限于静态的计数、测量与描述形状。处理运动与变化的新手段让数学家可以研究天上的行星与地上的落体的运动,机械的运转,液体的流动,气体的扩散,电、磁等各种物理力,飞行方式,动植物的生长,流行病的传播,以及收益的波动等。数学也成了研究数、形、**运动**、**变化**与**空间**的学问。

刚开始,微积分主要面向物理研究,许多伟大的17世纪与18世纪数学家同时也是物理学家。但从1750年往后,对数学理论的兴趣一浪高过一浪,不光是关注其应用,数学家还迫切地寻求微积分巨大威力的背后究竟隐藏着什么东西。到了19世纪末叶,数学成了研究数、形、运动、变化、空间,以及**用于研究工作的数学工具**的学问。这就是现代数学的滥觞。

20世纪数学活动的壮大可一言以蔽之:知识爆炸。1900年时,世界上所有的数学知识可以塞进约1000本书里。时至今日,也许需要用10万卷书才能包罗一切已知的数学知识。不仅已有的学科分支(例如几何与微积分)在继续茁壮成长,而且许多新的分支也纷纷涌现。在世纪之交①,数学已由12个大的分支学科组成,包括算术、几何、微积分等等。目前大约拥有60至70个不同的小类。有些分支学科,例如代数与拓扑学,还在继续细分中;另外的一些,例如复杂性理论与动态系统理论,则是全新的。

① 指20世纪与21世纪之交。——译注

1.4 模式的科学

面对如此的多样性,今天的数学家怎样来回答"数学是什么"这个问题？最常见的答案是:数学是**模式的科学**。一旦你确切地了解了数学家心目中"模式"的含义,以及他们如何对其进行研究,就会感觉到这个答案的巧妙之处。

随着本书内容的展开,我们会研究来自不同数学分支的若干例子。与此同时,我要指出,数学家研究的模式可谓名目繁多:实的或虚的,可见的或想象的,静态的或动态的,定性的或定量的,功利性的或纯属消遣的。它们来自我们周边的世界,来自时空深处,也来自人类心智的活动。不同种类的模式引发了不同的数学分支。例如,数论研究数与计数的模式(算术则是使用这个模式);几何研究形的模式;微积分让我们能处理运动模式;逻辑研究推理的模式;概率论处理随机的模式;拓扑学研究封闭性与位置的模式。

由于这些模式绝大多数高度抽象,对它们的描述与研究需要一套抽象符号。例如,在描述加法与乘法的一般运算性质时,代数符号无疑是最为合适的。例如,加法交换律可用语言表述如下:

两数相加时,其先后顺序是不重要的。

然而,交换律可以更简略地记为:

$$m + n = n + m。$$

绝大多数数学模式的高度复杂与抽象导致符号记法之外的一切办法都显得笨重而不便使用。而数学的发展也促进了抽象记法应用的稳定增长。

在数学中率先使用代数符号的人似为丢番图(Diophantus,约246—330),他在公元250年前后生活于亚历山大城。在他的著作《算术》(*Arithmetica*,一般认为它是第一本代数教科书)里,丢番图使用了一些特殊符号来表示方程中的未知数及未知数的幂次,他还用符号来表示减法与相等。

现代数学书中充斥着符号,数学符号对数学的作用犹如音符之于音乐。一页乐谱表示一段音乐,但音符与音乐不是一回事:只有当记在纸上的音符被人歌唱或在乐器上演奏时,音乐本身才会出现。在演奏中,音乐变得活灵活现,它不是存在于纸上,而是存在于我们的心灵中。对于数学来说,情况也是如此。当印在纸上的数学符号被合适的"演奏者"(即受过数学训练的人)阅读时,这些符号就会活跃起来——数学就像一些抽象的交响乐,在读者的心灵中生存。

当然,两者的相似之处仅限于此。虽然只有经过良好音乐训练的人才能看懂乐谱,并在脑海中听到音乐,但欣赏音乐演出是不需要特殊训练的。数学则不然。领会绝大部分数学的唯一途径只能是学习如何"视读"[①]数学符号。尽管数学的构造和模式与音乐的构造和模式在人类头脑中引起的共鸣完全相同,但人类并不具备"数学耳朵"。数学只能用"心灵之眼""看到"。就好像除了视唱之外,我们没有什么其他办法来欣赏音乐的模式与和声。

对大多数人来说,高度抽象的符号是他们理解数学的拦路虎。(有一种说法是,在一本通俗的科普书中,作者每添加一个方程式,书的销量就会减少一半。)然而,如果没有代数符号,大多数数学就根本不可能存在。这是一个涉及人类认知能力的深刻问题。对抽象概念的认识与一种适当的语言的发展犹如同一枚硬币的正反两面。

利用一个符号(比如一个字母、一个单词或一幅插图)来代表一个抽象实体,是与把该实体**当作一个实体**来认识密切相关的。当用阿拉伯数字"7"来代表 7 这个数时,我们必须把数 7 看作一个实体;当用字母 m 表示一个任意的整数时,我们必须拥有整数的**概念**。符号让我们想到概念,并运用概念。

后面我们还会回到这个问题。在此期间让我先对我们即将开始的旅程作一个概述。

① 在音乐中,"视唱"指的是歌唱者不经过事先练习而直接看着乐谱演唱。"视读"则是指一看到数学符号就能领悟其含义。——译注

1.5　打造一个数学头脑需要些什么?

一系列智力属性缔造了我们搞数学的能力。随着我们的叙述向前展开,我们将逐一察看每一个属性(它们相互之间并非完全独立)。尤其是,我们将反躬自问:我们的祖先是在何时及怎样获得这些能力的,它们又怎样结合起来,造就了数学能力。我们也许还想搞清楚:之所以没有本事去搞数学,是否由于缺少了某种能力,或是问题出在没有把各种能力有效地组合起来,又或是出自什么其他原因。现在,就让我略微说一下这些能力中最重要的几种。

数的意识　人类与其他几种生物拥有数量的意识。我们能够立即认识到一个物体、两个物体与三个物体的集合之间的差异。我们还能认识到,三个物体的集合要比两个物体的集合有着**更多**的成员。这种意识不是我们学来的,而是生来就有的。

数值能力　数的意识,即区别与比较较小的数的能力,是不需要作为抽象实体的数的概念,也不需要计数能力的。不过,数与计数是学来的东西。(尽管也存在着一些证据表明计数是一种本能。)经过相当的努力之后,可以教会黑猩猩与类人猿一直计数到10左右。但就我们所知,只有人类能把数的序列无限延伸,并对任意大的集合进行计数。

算法能力　所谓算法,就是一系列指定步骤,用以达到一个特定目标,它是数学家采用的类似于蛋糕烘烤法的数学方法。做算术就需要学习对数进行各式各样的操作。数学的其他分支则要求人们把算法应用到其他各种实体上。例如,求解一个二次方程就需要执行一种代数算法。

上述三种属性提供了让我们能够进行算术运算的大部分要素。但一些擅长算术的人也会经常利用其他一些附加属性。例如,小时候学习九九乘法表时,我感到非常困难(我是整个班级里排在最后几名的“差生”之一),但我后来意识到只需要背出一半,然后此事就变得容易了。倘若我知道$7\times9=63$,那么我就能应用逻辑规则得到9×7的结果。在做乘法时,先后顺序是不重要的,9×7同7×9的结果完全一样。至今,我在计算9×7时仍是先把它倒转成为7×9,然后唤醒我的记忆,得出结果$7\times9=63$。

以下的一些属性都将或多或少地影响到一个人的(相对于算术能力来说的)数学能力。

抽象能力 我认为,在处理抽象概念方面的能力局限是搞数学的最大障碍。然而,正如我将要指出的那样,人类大脑在获取(人人都具备的)语言能力的同时获取了这种能力。因此,大多数人在数学上有困难的原因并不是他们不拥有这种能力,而是他们没有本事把它应用于**数学中的抽象概念**。要想解释清楚情况为什么会演变成这样,是一项有趣的挑战。

因果意识 像其他几种生物一样,人类似乎很早就拥有了这种意识。它对生存的益处是十分明显的。

构建与遵循事实/事件因果链的能力 除了一生的最初几年之外,构建与遵循相当长的因果链看来是人类独有的能力。正如我将要解释的,我们的祖先在掌握语言能力之时,就获取了这种能力。数学家对定理的证明,其实就是事实因果链的高度抽象的形式。

逻辑推理能力 这是一种构建与遵循一步一步的逻辑论据的能力。它同上面那种能力密切关联,也是数学的重要基础。

关系推理能力 数学中有很大一部分是关于各种(抽象)对象之间关系的。我认为,对各种数学对象之间数学关系的推理,实质上无异于对各种现实对象之间现实关系的推理,以及对人与人之间人际关系的推理。由于我们中间的绝大多数人每天都在从事这种推理活动,这就再次产生了一个问题:为什么有如此众多的人认为对数学对象的推理有那么难?

空间推理能力 空间推理能力对许多生物的生存至关重要。这种能力奠定了几何学的基础,它也可以应用到表面上看来同空间无关的一些领域的推理中。实际上,高等数学中的许多重要发现源自数学家发现了一种新奇的用空间方式看待问题的思路。(1994 年对费马大定理的证明采用的基本上就是这种方式。)

以上这些心智能力结合起来,就形成了能让我们研究数学的综合素养。而我们对数学能力源头的探寻,可以在很大程度上简化为对上述各种能力起源的探寻。探寻的主干便是人类的进化。上面列举的每种能力都需要耗用大脑的能量。(有的还需要付出其他代价。)因此,其对生存带来的益处必然大大超越所付出的代价。在某些情况下,诸如空间推理或因果意识所带来的益处是十分显著的。而在其他情况下,则需要我们进行更深的挖掘。

1.6 人脑大小之谜

在人类大脑方面,我尚未列举的是它的大小。现代成像技术表明,一个人在研究数学时,大脑的大部分都处于活动状态。由此可知,对数学能力来说,拥有较大的大脑是个必要前提。而大脑的结构——神经元的数量及相互间的联结状态也被认为起着重要作用。

那么,**智人**①是如何拥有如此庞大而结构复杂的大脑的呢?庞大大脑的消耗是十分巨大的(大脑的质量不到全身的2%,却耗用了20%的能量),因此大脑对生存所起的作用一定也十分巨大。既然如此,在地球的整个生命史中,何以仅有一个物种的大脑(占全身体重的比例)能发展到像人类大脑那样的规模?

人类的大脑,是同样体重的哺乳动物的大脑的九倍,是同样体重的恐龙的大脑的三十倍。它的实际体积在1000cm^{3}到2000cm^{3}之间,其中的大多数则在1400cm^{3}到1500cm^{3}之间。在这样的范围内,大脑体积与智力之间看不出明显的关联。有一些极其聪明的人,他们的脑容量在1000cm^{3}左右,而另一些并未显示出高智商的人,却拥有2000cm^{3}的脑容量。事实上,被公认为智力低下,早在3.5万年前即已灭绝的原始的尼安德特人②,拥有比我们略大的大脑,其脑容量大多在1500cm^{3}到1750cm^{3}之间。

就脑容量占全身体重的比例而言,与我们最接近的对手是海豚和鼠海豚,紧随其后的是异于人类的灵长目动物:类人猿、黑猩猩、猴子等。但所有这些动物大脑占全身体重的比例都远远落在人类后面。

由于继承了这样一个头脑,我们可以列出一长串能用它来处理的事物。科学(包括数学)、技术、艺术和文化都是个人与集体智慧的产物,但这些都是"最近"的进展。大约50万年以前,人脑已经达到了目前的大

① 智人是现代人的学名。——译注

② 尼安德特人是旧石器时代中期的古人,主要分布在欧洲、北非及西亚一带,与现代人不同种。——译注

小,远远早于科学、艺术、文化可能对其演化产生的影响。那么,首先演化出一个如此巨大而有威力的大脑,是如何做到的?究竟出于什么目的?又是什么东西能让它在大约 50 万年之后把它的威力投入到数学思想上来?

这就是展现在我们面前的旅程。尽管我们的主要研究对象不是算术能力,但我打算从那里起步。正如数与算术为我们中间的大多数人开启了通向数学其余部分的大门,它们也提供了一个便利的位置让我们开始进行探索。

第2章　由数开头

伟大的19世纪德国数学家克罗内克(Leopold Kronecker,1823—1891)曾经写道:"上帝创造了整数,其余一切都是人类的作品。"(整数包括正整数、负整数和零。)他的观点是,从整数出发,可以发展出一切数学。由于数学的许多现代分支同数的关系不大,如果在今天引用他的言论,可能会产生误导。不过,整数在数学中确实扮演着基本角色。而且,它们无疑扮演着将大多数人首次引入数学之门的角色。

正如我在上一章中所指出的,我们处理数的能力(对集合计数,进行算术运算)主要依赖于三种智力能力:数的意识、数值能力与算法能力。这些能力是否很常见?其他物种拥有何种程度的相同或类似的能力?我们的祖先何时又怎样取得它们的?它们为人类带来了什么生存上的益处?

在本章中,我们会对数的意识投以一瞥。而在下一章中,我们将转而研究算法能力。

数的意识包含了一系列惊奇。其中之一是,不管我们认为自己在数学上如何低能,我们中的每一个人都有天生的数的意识,以及基本的算法能力。另一个惊奇是,出生仅几天的婴儿就能表现出这些基本能力。更令人惊讶的是,有许多动物,从鸽子到黑猩猩,全都拥有数的意识与算法能力。

与我们用于数学推理的能力不同的是,我们基本的数的意识似乎同语言无关。因此,本章及下一章对数所进行的讨论并不是我(后面将述及的)关于数学与语言的总体观点的一部分。然而,它们彼此之间仍有联系。正如我将在下文中描述的,我们会利用语言工具扩展内在的数的意识,让数为我们完成一些有用的工作。

2.1 数的意识

你认为自己没有一个数字头脑吗？好吧，请用最快的速度回答下列问题：

$$1-1=?$$

$$4-1=?$$

$$8-7=?$$

$$15-12=?$$

一做完这些，请马上在 12 与 5 之间任选一个数，随便哪一个都行，就要第一个浮现在你脑海中的那个数。

选好了吗？

你选的是 7 这个数，对吗？我怎么会知道的？因为我知道你会遵从你内在的数的意识。（如果你不理睬我的指令，没有选**第一个浮现在你脑海中的那个数**，那么你有可能不选 7。但即使如此，你仍有选 7 的可能性。）为什么会是 7 呢？

下面是认知心理学家提出的解释。前面四个问题都是减法。尽管它们都非常简单，但你在回答它们时不知不觉地把你的思路转到了"减法模式"。于是，当数字 12 与 5 出现时，你就会下意识地去计算（至少是估计）它们之间的差距，即 $12-5=7$，从而使 7 这个数凸现在你的脑海中。（如果你是少数几个不理睬我的指令的人之一，给出的答案不是 7，那么你选出一个接近于 7 的数，例如 6 或 8 的概率仍是非常之高的。）

请注意 7 并不是大致位于 5 与 12 中间的数；如果那个是你下意识地选数的方法，那么你将会选 8 或 9。数 7 几乎落在给定范围的一端。为什么你不选落在给定范围另一端的数 10？毕竟 10 在日常生活中比 7 更为常见，而且 10 还是我们做算术时的基数。

当你思考它时，合理的选择会有好几种。不过，当你第一次遇到这个问题时，7 是那个自动浮现在脑海里的数，它是 5 与 12 之间的差距。

快速回答，8×7 等于多少？是 54 吗？

或者等于 64？也许是 56？倘若你是个凡夫俗子，那么对以上每个问题的回答都可能是“差不多吧”。为什么会发生这种情况呢？尽管在小学里苦练了不知多少小时，许多人还是背不熟九九乘法表，特别是那些乘数为6,7,8,9的情况。

好吧，再来一个。下面是一个比较数的大小的测试。对以下各组数，请说出哪个数比较大：

1与50

5与4

25与24

你可能没有意识到什么，但若有人把你的反应时间记录下来（如要求你按下较大的数所对应的那个按钮），你将会发现，回答第二题所需的时间要略多于回答第一题，回答第三题所需时间就更多了。为什么会这样？

也许你会解释，之所以第一题答得较快是因为“两数相距甚远，50显然要大于1。”但那跟这有什么关系？我并没有问你它们之间相距如何，我问的是哪个数较大。

第二例和第三例又怎样呢？以算术观点看，它们是一样的，每一对都是相继数，较大的数写在前面。事实上，只要你略去第三例中的十位数（你也许会这样做，因为两个数的这一位数字是一模一样的），两个例题是相同的。然而事实多次表明，几乎每个人花在判定25与24上的时间都比花在判定5与4上的时间要多。1的差距在一对较小的数中要比在一对较大的数中更容易识别。

事实表明，你生来就拥有数的意识。在你出生几天后就有了，很可能这是天赋的能力。与我们人类一样拥有数的意识的还有黑猩猩、老鼠、狮子和鸽子。

我不说你“擅长做加法”或者“九九乘法表背得很熟”。不管你在数学班上能力如何，你的头脑里确实存在着数的意识。数（至少是较小的数）对你来说是有**意义**的，就像单词与音乐对你来说有意义一样。而这个意义是你不需要花力气去学得的。或者是你生来就拥有，或者是你具有一种天赋能力，可以毫不费力地在很小的年纪就掌握了它。

“数的意识”这个说法是数学家丹齐格（Tobias Dantzig，1884—1956）

在其1954年的《数:科学的语言》(*Number: The Language of Science*)一书中引进的。他写道:

> 人类,即使在其发展的初级阶段,就拥有了一种能力,由于需要一个合适的名称,我将称之为**数的意识**。当有一样东西被从一个小集合中拿走或被加进去时,这种能力可以使人察觉到集合中发生的这种变化,尽管他并未对此有直接的认识。

德阿纳采用《数的意识》作为其新书的书名。这是一本很好的书。你在本章中所读到的内容,他那本书里几乎都有,而且还要多得多。我推荐你们好好地读一读它。不过,它有一点小瑕疵,就是书的副标题"人的头脑如何创造数学"。事实上,不仅德阿纳重点谈论的那种基本的数的意识同数学没什么关系,而且他的书中没有一处提到人脑是怎样**创造**数学的。事实上,他只是粗略地说了一下人脑怎样做算术的点滴知识,而算术仅仅是数学的一个分支,并且是一个非典型的分支。相比之下,本书则是明确针对数学的全部分支的。我的意图是让大家了解,人的头脑是怎样获得数学推理能力的。

由于数学思维能力似乎是人类所独有的,我们可以通过与其他物种的数学能力的对比,洞察产生这种能力的若干关键性因素。特别是,要证明数学能力其实就是语言能力,只不过应用方式略异而已。了解没有语言能力的其他物种究竟拥有什么样的数学能力,兴许对我们很有帮助。

有关动物的数的意识的实验性研究,存在着为数众多的文献资料。(德阿纳在他的书中列出了不少可靠来源。)认识到动物拥有数的意识的首批学者之一是德国心理学家科勒(Otto Koehler,1889—1974)。在20世纪40年代与50年代期间,科勒提出做算术需要有两个重要前提条件:对同时出现的两个集合比较其大小的能力,以及及时记住相继出现的物体个数的能力。这两种能力,都是我所说的数的意识的一部分。科勒证明了鸟类同时拥有这两种能力。

在一个实验中,对一只名叫雅各布的渡鸦反复出示两只盒子,其中的一只放有食物。盒盖上有着随意排列的不同的点数。在两只盒子旁边放置一张卡片,上面的点数与装有食物的那只盒盖上的点数相同(但排列方式有所不同)。经过多次重复之后,渡鸦终于认识到必须打开盒盖上的点数同卡片上的点数一样的那只盒子,才能取得食物。采用这种办法后,它最终能够识别二、三、四、五和六点。

在另一个实验中,科勒训练寒鸦从一排盒子里开盖拿食物,直到它们拿到给定块数的食物为止(例如四块或五块)。每只盒子里装有一块或两块食物,也可能什么都没有。每次重复实验时,食物的分布情况是随机的,因此这些鸟决不可能根据(诸如一排盒子的长度等)地理位置特征来指导它们的行动。它们只能在心中默记已经取得的食物块数。用我们的术语来说,它们不得不进行计数。

另一个能说明鸟类具有数的意识的例证来自佩珀伯格(Irene Pepperberg),她训练她的非洲灰鹦鹉亚历克斯说出盆子里有多少件东西,这个任务不仅要求那只鸟能够识别数,而且要对每个数发出一个相应的声音。

许多鸟类用其鸣叫声中一个特定音符的重复次数来显示它们的数的意识。出生并驯养在不同地方的同一个物种会产生某种“方言”,在特定音符的重复次数上会有所差异。因此,尽管许多种鸟类的特定的鸣叫声是由遗传决定的,但对一个特定音符的重复次数似乎是幼鸟模仿周围的老鸟(极有可能是它的父母)而学来的。例如,驯养在某地的一只金丝雀会对某个特定音符重复六次,而驯养在另一个地方的金丝雀则会对同一个音符重复七次。由于每只鸟的重复次数是固定不变的,这就意味着:鸟类能够“认知”其鸣叫声中的重复次数。

能够比较各集合中成员数的多寡,对族群生存的一个明显益处是帮助一群动物采取正确措施:是抵抗入侵者保卫领地,还是撤退。倘若保卫者多于攻击者,那么留下来战斗是可取的;倘若攻击者更多,那么急忙逃走就不失为明智之举。若干年之前,麦库姆(Karen McComb)及她的同事们对此进行了实验。他们用磁带录下了咆哮中的雄狮的声音,放给坦桑尼亚塞伦盖蒂国家公园的一小群雌狮子听。当不同的吼叫声的数量超过雌狮的数量时,它们后退了;但当雌狮的数量较多时,它们昂然挺立,并准备袭击入侵者。它们似乎能够比较通过两种不同感官得到的数:**听到**的吼声数与**看到**的雌狮数,而这是需要拥有相当抽象的数的意识才能办到的。

2.2 马不知道2+2=4,但是老鼠晓得

声称某些动物具有数的意识的说法有时会被专家拒绝接受。许多这样的责难都应归咎于20世纪初生活在德国境内的一匹马的马蹄。有个名叫奥斯腾(Wilhelm von Osten)的人声称:经过十数年的努力,他已经教会了他的马汉斯做算术。马与主人都成了名人,德国的报纸也经常登载"聪明的汉斯"的故事。

典型的表演是这样的。奥斯腾与他的马被一群热心的观众团团围住。"问问它3加5等于多少",有人喊道。奥斯腾会将待加的数写在黑板上,拿给马看,然后那匹马就会小心翼翼地用它的马蹄在地上正确地叩8下。有时候,奥斯腾会向汉斯展示两堆东西,比如一堆有4件,另一堆有5件。汉斯就会用马蹄轻叩9下。

令人印象更为深刻的是,汉斯似乎还会做分数加法。倘若奥斯腾把$\frac{1}{2}$与$\frac{1}{3}$这两个分数写在黑板上,汉斯会用马蹄轻叩5下,然后稍作停顿,接着轻叩6下,通过这样的方式给出正确答案$\frac{5}{6}$。

自然有人怀疑这是一个戏法。1904年组建了一个专家委员会来调查此事,其中包括著名的德国心理学家斯通普夫(Carl Stumpf,1848—1936)。在仔细审视了一次表演后,委员会作出结论:这是真的,汉斯真的会做算术。

然而,委员会的调查结果却未能使一个人信服。斯通普夫的学生丰斯特(Oskar Pfungst)坚持要作进一步的测试。这一次,丰斯特亲手在黑板上书写问题,并设法使奥斯腾看不到他究竟写了些什么。这就使他能完成一些斯通普夫没有做过的事。有时候,丰斯特写下的是曾经给过奥斯腾的问题。另一些时候,他又改换了问题。每当丰斯特写下的是给过奥斯腾的问题时,汉斯总是能答对。但当他变更问题时,汉斯就答错了——事实上,汉斯回答的是经过奥斯腾思考的问题,他把他的想法传递给了马。

结论显而易见:做算术的是奥斯腾。通过某些巧妙的暗示,或许是扬扬眉毛,耸耸肩膀,他教会了汉斯何时应该停止轻叩马蹄。不过,丰斯特承认,奥斯腾可能对此并未察觉。由于训练时付出了艰巨代价,奥斯腾迫切希望他那四条腿的门生获得成功。毫无疑问,当汉斯的轻叩马蹄到达关键数目时,他会变得十分紧张,大概汉斯能够察觉到这种紧张的一些外在表现。因此,在丰斯特的研究显示汉斯的表演并不需要非凡的算术运算能力的同时,它倒确实证明了人可以通过细小的动作同马交流信息。

聪明的汉斯这一案例充分表明在任何心理实验中合理设计的重要性,以便消除任何可能的细微暗示信息。不幸的是,上述事件使随后出现的有关动物算术能力的主张很难被认真接受。而丰斯特并没有证明动物没有数的意识。他只是证明了,**在汉斯的案例中**,进行计算的是奥斯腾,不是他的马。

事实上,许多经过小心实施的研究表明,某些动物确实能够完成某些类型的算术。20 世纪 50 年代与 60 年代,美国动物心理学家梅希纳(Francis Mechner)与盖夫雷基(Laurence Guevrekian)完成了一系列很有说服力的实验。

他们的办法是,一小段时间内不让小老鼠吃任何东西,然后把它放进一只带有两根控制杆 A 与 B 的封闭盒子里。控制杆 B 与一个可传送少量食物的小机械装置相连。但要启动控制杆 B,小老鼠必须先把控制杆 A 按动固定的次数(n)。如果小老鼠按动 A 的次数少于 n 就去按动 B,那么它非但吃不到食物,反而会遭受一次轻微的电击。于是,为了吃到食物,小老鼠必须学会先对 A 按动 n 次,然后再去按动 B。

起初,通过摸索试探,小老鼠们发现,为了吃到食物,它们必须先按动 A 若干次,然后再按动 B。反复试验多次以后,它们逐渐懂得估计需要按动 A 的次数。如果该机械装置设计为需要把 A 按动 4 次后再去启动 B,那么,随着时间的推移,小老鼠们就会学着把 A 按动大约 4 次后再去按动 B。

小老鼠们从未学会在任何时候都**正好**将 A 按动 4 次。事实上,它们总是倾向于作过头的估计,将 A 按动 4 次,5 次,甚至 6 次。由于它们在

按动 A 的次数少于 4 次时有过不愉快的电击经验,采用"求稳"的方针显得很有意义。无论如何,确实有迹象表明小老鼠们能够估计出 4 次按动。与此相仿,对一个设计为需要把 A 按动 8 次的机械装置,它们也会逐渐学会把它按动大约 8 次。事实上,小老鼠们能学会按动 A 多达 16 次。

为了避免小老鼠们是根据时间长短而不是根据按动次数来作出判断的可能性,实验的设计者们后来改变了断粮的幅度。老鼠们越饿就会把控制杆按动得越快。不过,被训练为将 A 按动 4 次的老鼠仍然会这么做,被训练为按动其他次数的老鼠效果也是相仿的。时间不是关键因素,它们在估计按动次数。

请注意,我并没有说老鼠们在计数。实验所表明的是:通过训练,老鼠能够调整它们的行为来按动控制杆**大约**若干次。它们可能是在计数,虽然很差劲。但是没有直接证据能说明这一点。我认为更有可能的是,它们只不过在**判断**或**估计**按动的次数,并且做一些类似于我们自己在没有进行计数时会做的事情。

在老鼠身上进行的其他实验(有些在德阿纳的书中有所描述)指向同一个结论:老鼠具有数的意识。

老鼠在进化中选择拥有数的意识,能够为它们带来什么好处呢?有一种可能是出于记住导航信息的需要,例如它的洞穴是在第三棵树后面的第四个。另一个用途是看清附近的其他动物,不管它们是友是敌。

碰巧,有一个正好讨论这个主题的实验进行了,但事实表明,结果与人们所期待的完全不同。

实验者把他们的测试对象安置在一个有多扇门的走廊里,每扇门里头都有食物,且除了一扇门之外,其他门都是锁上的。例如,在一排的 10 扇门中,只有 7 号门不上锁。实验者希望了解,小老鼠是否可以学会不顾前面 6 扇门而直奔 7 号门。实验似乎取得了巨大成功。经过最初几轮一扇接一扇的尝试之后,老鼠们似乎领会到将要发生的事情。不久之后,每只老鼠都会很快地沿着走廊全速飞奔,直到跑到 7 号门前,然后推开门,取走食物。

然而,当实验者仔细观察用慢镜头播放的录像带时,他们发现老鼠根本没有计数。当每只老鼠窜过走廊时，它用后腿把每扇门都轻轻一推，直到碰到可以打开的门。于是它尖叫一声，停止奔跑，冲入门里。这并不能证明老鼠不会计数，也不能证明它们没有用过计数策略。但它们并没有那样做。实验者通过此事又被上了一课，那就是对观察到的事实作出解释必须慎之又慎。事情的实质并不总是如同表面所示。

2.3　黑猩猩的情况又会怎样呢?

对于老鼠,我们就说到这里。那么黑猩猩的情况又会怎样呢?由于黑猩猩与人类的相似性,我们也许可以指望它们表现出良好的数的意识。黑猩猩真的拥有算法能力吗?宾夕法尼亚大学的伍德拉夫(Guy Woodruff)与普雷马克(David Premack)在20世纪70年代后期至80年代前期对此进行了一些研究。

伍德拉夫与普雷马克一开始就把目标定得较高。在他们的第一个实验中,两位研究者证明黑猩猩懂得分数。例如,他们先让黑猩猩观看一只盛了半杯有色液体的玻璃杯,然后要求黑猩猩在另外两只玻璃杯中二选一,其中一只杯子盛了一半,另一只盛了$\frac{3}{4}$。被测试的黑猩猩毫无困难地做对了。然而,黑猩猩的选择究竟是根据杯子里水的体积呢,还是根据其所占杯子容积的分数呢?更抽象的实验得出了答案。这一次,在给黑猩猩看了一只用液体盛得半满的玻璃杯之后,再给它看的可能是放在一起的半只苹果和$\frac{3}{4}$只苹果。黑猩猩总是挑出那半只苹果,而不是$\frac{3}{4}$只苹果。当拿给黑猩猩看的是半块饼与$\frac{1}{4}$块饼时,它作出了同样的选择。事实表明,当要求黑猩猩在$\frac{1}{4}$,$\frac{1}{2}$,$\frac{3}{4}$中作出选择时,它总是能够选出正确的分数。它懂得:一杯牛奶的$\frac{1}{4}$与整块饼的$\frac{1}{4}$,乃是同一个分数。

更进一步,伍德拉夫与普雷马克先提供两个初始"刺激",如给黑猩猩看$\frac{1}{4}$只苹果与半杯液体,接着要求黑猩猩在一整块饼与$\frac{3}{4}$块饼中二选一。黑猩猩倾向于选取$\frac{3}{4}$块饼——尽管并不总是如此,但这个选择的频度大大高于随机选择。很明显,黑猩猩会做加法运算$\frac{1}{4}+\frac{1}{2}=\frac{3}{4}$,至少是以一种近似的、直觉的方式。

许多其他实验证明黑猩猩拥有基本运算能力。例如,要求一只黑猩猩在款待它的两种办法中选一个。一只盆子里放着两叠巧克力,其中一叠有4块,另一叠有3块。另一只盆子里放着一叠5块巧克力,再外加1块单独的。黑猩猩只能选一只盆子。它会挑选哪一只呢?如果它的选择是基于它所看到的最大一叠的话,那么它会挑装有一叠5块巧克力的盆子。可是如果它能把每只盆子里的巧克力块数的总和加出来,它会认识到第一只盆子里有7块巧克力,而另一只盆子里只有6块。不需要任何特殊训练,在绝大多数情况下黑猩猩会挑选那只装着7块巧克力的盆子。黑猩猩能够估算3+4=7,5+1=6,而且还知道6小于7。

老鼠与黑猩猩所表现出来的数值近似能力类似于人类所固有的数值估计能力。不过人类能做得更多。我们能准确计数,并进行精确计算。掌握这些本领的关键因素之一是,我们能够用符号代表数。于是,可以通过按照确切的规则来处理符号,以纯粹的语言方式来完成算术运算。能不能把符号记法教给黑猩猩呢?

答案是,在一定程度上来说确实可以。20世纪80年代,一位日本研究者松泽哲郎(Tetsuro Matsuzawa)居然教会了一只名叫阿里的黑猩猩正确使用阿拉伯数字1到9。阿里能够用这些数字给出某个集合中的成员数,准确度可达95%。从它的应答时间来看,阿里在一瞥之下就能识别出集合中三个或少于三个的物体个数,但当集合较大时,它要依靠清点。阿里甚至能够根据数的大小来进行排序。

一系列后续研究得出了类似结果。其中令人印象最深之一是博伊森(Sarah Boyson)给她的黑猩猩谢巴一套卡片,每一张上都印着从1到9之间的一个数字。谢巴能够正确地把每个数字与拿给它看的(成员数为1到9的)集合一一匹配。谢巴还能使用符号来做简单的加法。比如说,如果博伊森手里拿着2与3,谢巴能正确地挑出上面印着数字5的卡片。再近一些时候,1998年,布兰农(Elizabeth Brannon)与特勒斯(Herbert Terrace)用实验证明猕猴也具有类似能力,可以学会区分从1到9的数,并将这些数与符号联系在一起。

我必须强调,需要经过许多年缓慢而艰辛的训练,才能取得像谢巴与其他一些黑猩猩、猴子、海豚等动物在实验中所表现出来的效果。教会动物把抽象符号与集合中的成员数联系起来是一个漫长而费力的过程。它们的表演总是不完美,而且只能局限于成员数极小的集合。相比之下,年纪很小的孩子只需要几个月就能掌握数。而且一旦他们做到了,他们就能大量地做,并做得很正确。当涉及数时,人类与其他动物存在很大差异,而且这种差异在很小的年龄就表现出来了。

2.4 皮亚杰的起落

目前我们有关幼儿智力的科普知识大部分来自距今50年前的认知心理学家皮亚杰(Jean Piaget)的研究工作。不仅在幼儿学习方式的一些流行看法上,而且在我们的幼教体系中,都能够发现皮亚杰的影响。不幸的是,正如开创性的研究经常会遇到的一样,后续的研究表明,皮亚杰的许多结论几乎完全错误。(我之所以要说"几乎完全",是因为仍有一些心理学家坚持认为皮亚杰是对的,而且我在下面要提到的实验结果也存在着不同解释。)

在20世纪40年代与50年代,皮亚杰创立并发展了一种有关幼儿成长的"构成主义"的观点。按照他的观点,一个新生儿来到这个世界时在认知记录上是完全空白的,通过观察周围的世界,他逐步积累起对这个世界的连贯的不断增长的了解。换言之,幼儿在心中**构成**了这个世界的一个模型或概念。

皮亚杰不是坐在扶手椅上遐想出他的结论的。他是一位实验主义者,他的影响之所以十分巨大,原因之一就是他的那些实验。在他身后的各代人需要极大的才智,以及使用在皮亚杰时代所没有的实验设备,才能设计出更加可靠的实验。当他们这么做了以后,他们却得出了极为不同的结论。

比如说,根据皮亚杰的观点,小于10个月的婴儿对存在于世上的客观事物缺乏正确意识。皮亚杰的这一结论基于他所观察到的现象:当一样东西(例如一个玩具)被藏在衣服下面时,10个月大或更小的婴儿就拿不到它了。按照皮亚杰的观点,他所谓的"物质不灭"的观念不是生来就有的,而是10个月以后逐渐取得的。

类似地,皮亚杰相信婴儿没有数的意识,直到四五岁时才能逐步树立。在皮亚杰的一个实验中(后来被不同的研究团体重复了许多次),心理学家给一个四岁大的孩子展示两排等间隔放置的东西:六只玻璃杯与六只瓶子,然后问他杯子多还是瓶子多。孩子几乎总是不变地回答一样多。推想起来,孩子可能是发现了两排物体之间的一一对应。然后实验者把杯子的间距拉开,形成较长的一排,再问孩子杯子多还是瓶子多。这时,孩子就会回答杯子较多,显然是被那排物体的较大长度所误导了。皮亚杰于是推断说:“很明显,这证明孩子没有完全形成数的意识。”特别是,皮亚杰断言,四五岁大的孩子甚至还没有掌握数量守恒的观念——集合中的物体重新放置后不会改变其个数。

在当时,皮亚杰的实验被认为是心理学中实验科学的一大成就。作为一位先驱者,皮亚杰为其后各代的研究者开创了一条道路。那确实是一种好的科学手段。不幸的是,他的方法存在着重大纰漏。在对物质不灭观念的测试中,他过分依赖于婴儿的机械动作,而在对年龄较大的孩子所作的各种关于数的测试中,又过分依赖于实验者与被实验对象之间的对话。

在对物质不灭观念的测试中,一个婴儿拿不到藏在覆盖物下面的物体,并不能支持他那颇具戏剧性的结论——孩子认为物质**不存在了**。兴许只是由于孩子还没有足够的手—臂共济能力来拿到被藏匿的物体。事实上,我们现在知道,这个解释才是正确的。设计得比皮亚杰更精确的现代实验表明,即便是极幼小的婴儿也拥有发育良好的物质不灭的意识。

同样,与一个小孩子之间的对话是非常靠不住的。用语言进行的交流永远不可能做到百分之百的客观,不可能不受到语境、情绪、社会因素及其他一些事物的影响。20 世纪 60 年代后期,由麻省理工学院的梅勒(Jacques Mehler)与贝弗(Tom Bever)所做的研究充分说明了对话是怎样地不可靠。

在一次实验中,梅勒与贝弗执行了皮亚杰原先所做的数量守恒实验,但实验对象是两三岁大的幼儿,而不是皮亚杰选择的四五岁大的孩子。幼儿们回答得完全正确。因此,除非我们相信四到六岁大的孩子会暂时丧失数量守恒意识,否则我们显然需要对皮亚杰的结果作出某种不同解释。有一种解释很容易得出。

在五岁左右,孩子们就开始发展一种能力,去推测别人的思考过程(“爸爸这样做的意图是……”)。这就为皮亚杰所观察到的现象提供了最有可能成立的解释。不妨回顾一下实验的做法。实验者先是把玻璃杯与瓶子等间距地排成两排,问孩子哪一排的东西多。然后实验者将其中一排东西重新放置,把距离拉长,再问孩子"哪一排的东西多?"

现在,对一个四五岁大的孩子来说,她知道成年人是有能力的,知识丰富的。此外,她可能已经观察到,当他们来到实验室时,她的父母对实验者所表示的敬意。当她看到实验者把两排物体中的一排重新排列,并且提出与不久之前**一模一样的问题**"哪一排的东西多"时,这个孩子可能作出什么反应呢?她也许会进行推理:"啊!那是一个她刚刚问过我的一样的问题。大人们不是笨蛋,而且这是一个特别的知道很多东西的大人。我们两人都看到了东西的个数没有改变。看来我是误解了刚才那个问题。我以为她是在问我一排东西的个数,而实际上她是在问长度,因为她刚刚把它作了调整。"于是孩子作出了她认为别人希望她作出的回答。

当然,我们不能确切地了解这一切。试图通过向孩子提问来获取答案,多半不可能得出有说服力的证据。根据同样的理由,原先的皮亚杰实验值得怀疑!这正是梅勒与贝弗实验发挥所长之处。上述那种"她究竟想要的是什么"的推理超出了两三岁孩子的能力。接受梅勒与贝弗实验的更年幼的孩子只能逐字理解实验者的问题,并且正确地清点数目。

皮亚杰原先所做的实验实际证明的是:四五岁大的孩子能够对别人的动机与期望进行合理的推测。这是一个重要而有用的发现,但它并不是皮亚杰认为他得出的那个东西!

为了证实两岁多的孩子已经具有良好的数的意识,梅勒与贝弗重新设计了皮亚杰测试,以尽量避免依赖语言。他们的方法非常简单。他们给幼儿看的不再是玻璃杯与瓶子,而是两排 M & M 巧克力糖。一排有 6 粒,另一排有 4 粒。有时候,两排糖放成一样长,有时则 6 粒的那排长些,也有时 4 粒的那排长些。实验者不再去问幼儿哪一排糖较多,而只是告诉他们,可以挑一排糖吃。实验结果与任何父母会作出的预测完全吻合。孩子们总是一跃而上,冲到有 6 粒巧克力糖的那一排,根本不理会其排成的长度。孩子完全了解哪一排有较多的糖,而且还意识到,巧克力糖的粒数同其放置方式无关。实验结果对两岁的孩子同对四岁的孩子一样确定。

对皮亚杰原先实验的另一种巧妙改进也得出了同样的结论。这一次，爱丁堡大学的麦加里格(James McGarrigle)与唐纳森(Margaret Donaldson)在一家小木偶戏院里进行了他们的实验。与皮亚杰一样，他们从排出两排一样多的物品开始，并问孩子哪一排的东西较多。在孩子们作出正确回答之后，实验者假装把脸转过去，这时一只木偶玩具熊走过来，拉长了其中的一排。实验者转过身来，喊道："亲爱的孩子们，那只笨熊把两排东西搞乱了。你们能不能再次告诉我，哪一排的东西较多些？"从两岁到五岁大的孩子都给出了正确的回答。由于是玩具熊把其中的一排物品作了重新布置，而实验者没有看到，幼儿们大概认为成年人再来问同样的问题是合情合理的。然而，倘若由实验者自己来重新布置时，四五岁大小的孩子的回答就会同皮亚杰得到的回答一样，根据的是排的长度而不是个数了。

2.5 婴儿会计数吗?

许多研究表明,皮亚杰关于数的意识的结论是错误的。即使是只有两岁的幼儿也具有发展良好的数的意识,以及数量守恒的观念。那么,对建立在这一基础上的、构成主义者的假设,即认为此类数值能力是通过观察而取得的又该如何看呢?也许幼儿是在他出生后的头两年里学会这些能力的吧。

20 世纪 80 年代与 90 年代完成的一系列重要实验证明,那个假设也不成立。这些实验中的第一个是 1980 年由宾夕法尼亚大学的斯塔基(Prentice Starkey)与他的同事们完成的。被测试的对象是出生 16 周到 30 周之间的婴儿。他们面临的挑战是找到一种办法来检测如此幼小的婴儿在想些什么。

实验者寄希望于测量婴儿的关注时间。任何一对父母都知道,任何新奇的东西(比如一个新玩具)都会暂时吸引小孩子的注意力。然后这种关注就开始衰退,或者由别的新奇东西来取代。斯塔基与其同事利用录像技术,通过记录婴儿的注视,来跟踪他的注意力。婴儿一般坐在妈妈的膝上,面对着实验装置。

在一次实验中,让婴儿观看投射在屏幕上的幻灯片。一张幻灯片上显示并排靠着的两个点。当图片第一次出现时,它立刻引起了婴儿的注意,他的目光一动不动地对它注视了片刻。当他的关注开始衰退,目光游移不定时,换上一张新的与第一张略有差异的幻灯片。婴儿只是简单地对它瞥了一眼。幻灯片又换了,每张新的幻灯片同前一张都只有极微小的差别。每次重复这一过程时,婴儿被重新唤起的关注(用录像带记录下的时间)变得越来越简短。然后,在事先毫无提示的情况下,幻灯片上出现了三个点,而不是两个。婴儿的兴趣立即被激发,他对图片注视了更长的时间(在一轮实验中,记录下来的时间为 1.9 至 2.5 秒)。婴儿非常清楚地察觉到了从两点到三点的变化。另一组婴儿则从逆序放映的幻灯片中察觉到了从三点到两点的变化。

后来,马里兰大学的安特尔(Sue Ellen Antell)与基廷(Daniel Keating)又用同样办法证明,出生仅有几天的婴儿也能区别 2 与 3。

顺便提一下,在用不同排放方式来显示点数或代之以其他物体的图形时,上述两组实验者都力求做到排除任何除了数以外的可能引起婴儿关注的因素。不论他们的图片上显示的是什么东西,也不论这些东西怎么排放,引起婴儿兴趣的都是**数**的变化。结论看来十分明确:出生仅有几天的婴儿就能分辨两个物体和三个物体的集合。

在由巴黎认知科学与语言心理学实验室的比耶利亚茨(Ranka Bijeljac)女士及其同事们所做的另一个实验中,出生仅四天的婴儿接受了听力刺激测试,以代替视觉测试。由于这种刺激不是可见的,婴儿的注意力不能以关注时间来测量。实验者代之以利用婴儿的吮吸反应来测算他们的注意力。给每个婴儿一只奶嘴,奶嘴连到压力传感器上,再连上计算机。当婴儿吮吸奶嘴时,计算机会传输一个无意义的、音节数固定的单词。典型的三音节单词可以是"akiba"或"bugaloo"。

一开始,每个婴儿都对吮吸奶嘴会发出声音表现出很浓厚的兴趣,于是吸得很起劲。不过,过了一会儿以后,兴趣减弱了,吮吸的速度也慢下来了。检测到速度降低的计算机立即发出指令,改为传输只有两个音节的单词。婴儿立即开始又一次起劲地吮吸了。

不过,从一个三音节单词改为另一个三音节单词,或者从一个双音节单词改为另一个双音节单词,却不能使婴儿产生同样程度的兴趣。改变每个单词的传输速度也同样不能收效。引起反应的只能是音节数。

巴黎实验证明,出生四天以上的婴儿已经能够区别 2 与 3。它也同样证明了,即使是在如此幼小的年纪,婴儿们也能在一连串声音中认出音节结构,并能通过内在与下意识的方式,察觉出音节数的不同。

既然极其幼小的婴儿就能够分辨 2 件与 3 件物品,那么这种数的意识能否扩展到抽象意义上的 2 与 3 呢?为了测试这一点,人们必须证明,婴儿能发现诸如两只苹果与两个点,或者三粒弹子与三声铃响这样的集合之间的类似点。但对于不会说话的小宝宝,如何能做到这点呢?引人注目的是,10 年前,斯塔基与他的同事们想出了一个办法来进行这样的测试。

研究者让一些6到8个月大的婴儿坐到两台幻灯机前。左面的一台放映出一幅图形,上面有随意放置的三件物品,右面的一台则放映出一幅同样随意放置的两件物品的图形。与此同时,两个屏幕的中间安置了一台喇叭,正在播放一系列击鼓声。藏在暗处的录像机记录下婴儿的眼神,以测量他们的注意力。

开始时,每个宝宝都对两幅图不断查看,在三件物品的图形上耗时较多,因为它比较复杂。但是在经过最初的几次尝试后,出现了一个令人注意的模式,婴儿会花更多时间去观看物品数同他们听到的鼓声数相匹配的图形。鼓声敲两下时,宝宝会用较多时间观看有两件物品的图形;而当鼓声敲三下时,他们对三件物品的图形更为关注。

斯塔基与其研究同事们并不认为他们的测试对象有着很好的数的意识。婴儿们的行为有可能是一种内在的神经反应。由听到两下鼓声引起的体内神经作用触发了一种特定模式,使婴儿更愿意观看有两件物品的图形。这并不意味着婴儿具有完善的数的概念。不过它确实是一种关于数的概念。这告诉我们:不管我们如何估量自己的数学能力,我们全都拥有一种内在的数的意识。这是我们生来就有的。

也许我们生来还会做加法——至少在黑猩猩能做的很小范围内。

2.6 婴儿会做加法吗？

婴儿会做加法吗？婴儿是否知道 1 + 1 = 2 或 2 + 1 = 3？1972 年，美国心理学家温(Karen Wynn)女士的一项宣告使世界为之震惊。她宣称：4 个月大的婴儿就能(用一种天赋的、无意识的方式)做简单的加法与减法。如同一切实施在婴儿身上的实验一样，主要的挑战在于找到一种办法，来发现在如此幼小的心灵中究竟有些什么东西正在发生。

温利用了婴儿的"世界理应如此"的意识。即使是极小的宝宝，在他们遇到明显违反物理定律的事物时，也会感到困惑。比如，当有一样东西悬在半空中而没有可见的支撑物时，立即就会引来专注的目光。

温让她的小测试对象们坐在一个小木偶戏台前。实验者的手从戏台一侧伸出来，把一只米老鼠木偶放到舞台上。然后一块幕布升起来，遮住了木偶。实验者的手再度出现，拿着第二只米老鼠，并把它放到幕布后。随后幕布落下。有时，婴儿们会看到舞台上有两只米老鼠。另一些时候，幕布落下时只露出一只米老鼠，另一只通过戏台上的暗门被悄悄地拿走了。通过用录像带记录下婴儿们的反应，温可以测算宝宝们注视舞台的时间。平均下来，当落下幕布时只露出一只木偶而不是两只木偶时，宝宝们要整整多注视一秒钟。

对此，最明显的结论是，当孩子们看到两只木偶被一个接一个地放到舞台上，而并没有一只被拿掉时，他们会指望最后能看到两只木偶。他们"知道"1 + 1 = 2，而当看到错误的法则 1 + 1 = 1 的现象出现时，他们会感到惊奇。

如果幕布落下时，舞台上出现三只米老鼠，被测试者的注视时间也较长。显然，他们"知道"1 + 1 既不等于 1，也不等于 3，而是正好等于 2。

婴儿们似乎也知道减法。为了测试这一点，表演开始时舞台上放着两只木偶，然后升起幕布，让婴儿们看到有一只木偶被拿走了。当幕布再次落下，台上出现两只木偶(表明 2 - 1 = 2)时，婴儿们目不转睛地注视着舞台，比起舞台上只剩一只木偶(表明 2 - 1 = 1)的注视时间足足要多出三秒钟。

为了排除在温的实验中婴儿们的表现依赖的是视觉记忆而不是数这种可能性,法国心理学家克什兰(Etienne Koechlin)重复了实验过程,但这次是把东西放在缓慢移动的转桌上。舞台上发生的等速转动足以防止婴儿把他们所看到的事物转化为固定不变的心理形象,他们无法预知幕布落下时能看到的景象。尽管如此,一旦转桌上所放东西的个数与应有的数目不符时,婴儿们仍然表现出程度大得多的关注。

有趣的是,在婴儿降生的这个现实世界的所有要素中,数似乎是首屈一指的,远远凌驾于物理形态或外表之上。美国心理学家西蒙(Tony Simon)及其同事在20世纪90年代初对此进行了证实,他们采用的方法是温的实验的变化形式。当一个婴儿看到两只木偶在幕布后消失,而幕布落下时露出两只红球时,他并不感到惊讶;但如果只露出一只红球,他就会感到困惑。显然一件物品能变成另一件物品的观念比起数的改变来要更容易接受。这为皮亚杰的物质不灭概念提供了一种全新的、完全意想不到的解释。

物质不灭这种怪异观点通过另一个实验的结果得到了进一步肯定。把一个不到12个月大的婴儿放到幕布前,一只红球和一只蓝拨浪鼓不断地交替出现在幕布后面。如果这个婴儿没有同时看到两样东西的话,那么当幕布落下,而他只看到一样东西(不论是球还是拨浪鼓)时,他并无惊异之色。看来,他非常乐于接受这样一种看法:有一样东西,一会儿看上去像是红球,一会儿又像是蓝拨浪鼓。只有对年龄在一岁或一岁以上的婴儿,两种不同的外表才意味着可能存在两样东西。在婴儿生命中的第一年,数显然是比颜色、形状、外表重要得多的"不变量"。

顺便说一下,小宝宝们的这种不平常的算术能力严格局限于对数1,2,3的简单加减。小于一岁的婴儿似乎不能区别四件、五件或六件物品。

下一章,我们将讨论成年人类所独有的、超越3的数的世界。但在此之前,让我们来关心一下一小部分人,他们必须生活在这个严重依赖数的社会中,但他们对什么是数却不具备任何意识。

2.7 巴特沃思的个案记录

研究大脑异常的英国心理学家巴特沃思收集了许多非常有趣的个人案例,这些人丧失了或从未有过数的意识。他在1999年出版的著作《数学脑》(在美国,这本书改名为《什么在计数》)中描述了其中一些案例。

例如,巴特沃思的个人案例之一是,有个名叫加迪(Signora Gaddi)的女人,发生过一次中风,病后其语言能力与推理能力几乎未变,但完全丧失了数值能力。她不能说出或估计出任何集合中所含的物体个数。而且,她只能列举出到4为止的数,从而只能对4个成员以下的集合进行计数。

还有一位休伯夫人(Frau Huber),她曾经动手术摘除了大脑左顶叶的一个肿瘤。手术以后,她的总体智力与语言能力表现尚好,然而数对她来说差不多已变得毫无意义。教她扳手指头做加法,她都学不会。她能朗读九九乘法表,但对她来说,那不过是一首"毫无意义的诗歌"。虽然她能一字不差地学习新的算术知识,但这些对她全然没有意义,她根本不会应用。随便什么算术题目,她都做不出来。

动手术之前,休伯夫人确实是有数的意识的。但也有个别人,生来就不具备数的意识,而且永远都无法获取它。在巴特沃思的另一个个人案例中,提到一位名叫查尔斯(Charles)的很聪明的年轻人,取得过心理学的学位。然而查尔斯实际上没有数的意识。面对简单的算术题,他唯一能依靠的便是他的手指。进行任何计算,他都需要一个计算器。运算得到的结果对他来说毫无意义。他不能够说出两个数中哪一个比较大些。如果硬要他去作这种比较,他只好采用数数的办法,看看他先数到哪个数。给他看一个三个物体的集合,他不能马上说出集合中有几个物体,只能清点它们。要求他对两个数做加法或减法时,他也是依靠清点来进行的,但他做起来既慢又不准确。在一次测试中,为了计算8+6,他用掉了8秒钟,而6-2则用掉了12秒钟。在计算7+5和9+4时,他都算错了。不出所料,为了取得学位,查尔斯花费的时间远比别人多。

另一位拥有高智商而实际上没有数的意识的人叫朱莉娅(Julia)。巴特沃思第一次对她进行测试时，她已经获得了第一个大学学位，正在攻读研究生。她只能靠扳手指来做简单的算术，如果碰到超过双手手指数的数目，她就变得无能为力。她根本不懂分数，也不知道基本算术规则。例如，她不知道 3×(2+5) 与 (3×2)+(3×5) 是一回事。她能够数出 1，2，3，…，但不能三个三个地数，除非是一个一个地数，并用重音读出每三个数中的第三个：1，2，**3**，4，5，**6**，7，…。然而，与查尔斯不同的是，她能够比较两个数，指出其中哪一个较大。

查尔斯与朱莉娅那类人的存在表明，数的意识是不能靠学习获得的。尽管拥有足以取得学位的智力，他们却不能获得数的意识。他们能够学习有关数的知识，但这些知识对他们完全没有意义。

第3章　人人都计数

新生儿内在的数的意识与人们在老鼠、黑猩猩及猴子那里观察到的十分类似。事实上,哈佛大学的豪泽(Mark Hauser)及其同事们在猕猴身上做了温原先做过的实验,取得了类似的结果。但是,在所有物种中,看来只有人类才能掌握这种深深植入体内并受到严格限制的能力,还能对其加以推广,做到量化并谈论包含几十亿个体的庞大集合。究竟是我们在对基本的、生来就有的数的意识进行推广呢,还是这类庞大的集合必需动用一种完全不同的智力?

显然,我们的头脑在处理三个或三个以下成员的集合时,与在处理庞大的集合时,采用的方式看上去不一样。在一些实验中,要求被测试的成年人答出随机散布在幻灯片上的点数,答案为一点或两点所需的时间几乎一样,三点所需的时间稍长一些(刚刚超过半秒钟)。但是,点数多于三时,所需时间就迅速增长了。随着点数的增加,差错也多了起来。

物品超过三件时行为方式的突然改变,意味着大脑可能运用了两种不同机制。对三件或三件以下物品的集合,对成员数的识别看起来是瞬时完成的,不需要进行计数。但对四件或更多件物品的集合,由计数得出结果的说法至少是看似合理的。当物品数从三件一直增加到六件时,得出集合中所含物品件数需要的时间是线性递增的。这正好是你预期的要靠计数来得出答案的情况。

对脑部损伤病人所作的研究进一步证实,大脑在处理三件或三件以下物品的集合时,利用的是"突然发生"的本能(下意识)的方法。虽然脑部损伤经常会波及大脑的大部分,毁坏许多种智力,但有时也会发生局部损伤,影响非常有限,只涉及一两种特定智力。这类"聚焦式"损伤的病人对认知心理学家最为有用,他们所能提供的证据是用其他办法得不到的。德阿纳在他的著作《数的意识》里提到过一个病例:巴黎的一位女病人脑部受到损伤,丧失了计数能力,甚至一个接一个地核对的能力都没有了。但当计算机屏幕上闪现三个或更少的点时,她能立即说出正确的点数。

但即使我们利用一种不同的机制来得出集合中三个以上的成员数,人类的数的概念仍然几乎肯定是建立在我们固有的数的意识之上的,即:数是**一种离散物体集合的性质**。例如,如果你给一个三四岁大的孩子看两只红苹果与三只黄香蕉,并且问她有几种不同颜色或有几种不同水果,她会回答:"五种。"当然,正确答案应该是两种。然而,数是一种离散物体集合的性质这种观念是如此根深蒂固,以至于一个孩子需要经过五年相关复杂性的体验才能够克服成见,把数运用于更抽象的场合。

当我们面对的是超过三件物品的集合时,会发生什么情况?我们能否估计集合中的成员数?我们能否区分成员数不同的两个集合?

我们当然知道,如果要求我们给出某个含有十个或十个以上成员的集合里所含成员的确切数目,我们的唯一办法只能是对它们进行计数,可以是逐一清点,或者两个两个地数,甚至三个三个地数。但如果只要求我们给出一个较合理的估计数,情况又怎样呢?成年人在估计集合中的成员数(例如有100个)时,能做到多好?

实验数据表明,我们做得比你们想的要好,尽管有时会被周围环境所误导。例如,当要求我们估计印在一页纸上的点数时,就有两种可能:如果那些点分布得不规则,我们通常会低估其总数;如果那些点有规整的分布模式,我们则会高估它。此外,如果一页纸上有25或30个点,当其周围有数以百计的其他点围绕时,我们就会高估其总数;而当其周围只有10或20个点围绕时,我们就会低估它。

但在不受周围环境误导的情况下，我们的确有能力对集合大小作出相当不错的估计，而那些经常需要进行估计（如一大群人的人数）的从业人员表现得尤其好。此外，少量的智力训练能让我们的这种能力迅速提升。例如，如果先让我们看一下有200个点的集合，那么我们就能对10个到400个点之间的集合作出相当不错的估计。

比估计总数要容易些的是觉察出两个集合有不同的大小。在这里，距离效应起作用了。当两个集合的总数大小相差悬殊时，识别起来当然要比两者差别不大时容易得多。例如，我们一般能够指出有80件与100件物品的两个集合大小不同，但很难觉察出有80件与85件物品的集合孰大孰小。实际上，我们分辨集合大小的能力可以用一个相当准确的数值定律来描述，这个定律由发现它的德国心理学家的姓氏来命名，称为“韦伯定律”。如果被测试者能以90%的准确率区分含13个点的集合与含10个点的参照集合，那么，同一被测试者将能以同样的准确率区分含26个点的集合与含20个点的参照集合。只要测试集合与参照集合的成员数比保持不变，被测试者的判断准确率也将维持不变。这种准确的线性关系，在心理学中是屡见不鲜的。

在猴子身上也能观察到韦伯效应。沃什伯恩（David Washburn）与伦鲍（Duane Rumbaugh）测试过名叫阿贝尔与贝克的两只猴子，它们已经学会识别0到9的数字，能把数字与拥有相应成员数的集合联系起来。两只猴子受到训练，要求它们使用计算机操纵杆，在屏幕上出现的两个数中选择一个。作为回报，它们能获得相同数量的食物块，从而鼓励他们选择较大的那个数。经过一段时期的训练之后，沃什伯恩与伦鲍对猴子们的成绩进行了测量。他们发现，两个数相距越远，猴子们的反应时间就越短，准确性也越高。

由此可见，猴子与人类之间存在着某些类似性，但并不是很多。在估计集合的大小与察觉其差别时，只有成年人类能把数的意识推广到远大于3。

而且，人类所能做的远不止此。我们所固有的数的意识能对集合大小作出良好的估计，除此之外，我们还有计数的本领，它能让我们得出确切的总数。我们还能做算术,它能给出一大批问题的准确答数。那么,这些人类所独有的本领究竟来自何方?是我们先天就有的,还是后天学来的?

3.1　计数文明

有两把钥匙能打开通向超过 3 的数值世界的大门。就我们所知,仅有我们人类已经掌握了这两把钥匙。第一把钥匙是计数能力。第二把钥匙则是用任意的符号来代表数,然后通过对这些符号(用语言)进行操作,从而处理这些数。这两大能力让我们得以迈出第一步,从固有的数的意识走向广阔无边、威力巨大的数学世界。计数与符号表示法这两大本领都包含在我们的祖先在 7.5 万到 20 万年前所获取的一系列(相关)能力中,我们将在第 8 章中进行展示。

计数并不等同于说出集合中有多少个成员。集合中的成员数只是集合的一个**事实**。另一方面,清点这些成员则是一个**过程**,包括以某种方式对集合进行整理,然后按照这个次序遍历各集合成员,一个接一个地报数。(我将忽略两个两个地数或三个三个地数的变化形式。那些只不过是变化形式罢了。)由于计数事实上告诉了我们集合中的成员个数,我们常常把这两者混淆了。但那是随意所带来的后果。年纪极小的幼儿把数与计数视为毫无联系的事物。让一个三岁大的孩子清点他的玩具,他会干脆利落地说:“1,2,3,4,5,6,7。”他很可能一边清点,一边依次指着每个玩具。但如果这时你问他到底有多少玩具,他说出来的很可能是他头脑中闪现的第一个数——它也许不是 7。在那个年纪,孩子们一般不会把清点的过程同回答“有多少”的问题联系起来。

附带说一下,即使一个三岁大的孩子不一定知道究竟多少东西算是“3”,但一个两岁半的孩子却确实能意识到,数词与其他形容词是不一样的。比如,假设你让一个两岁半的孩子看一张有一只红羊的图片,以及另一张有三或四只蓝羊的图片。如果你说:“把红羊指给我看。”孩子就会指着红羊。又说:“把三只羊指给我看。”孩子就会指着有蓝羊的图片。后者可能有三或四只羊,孩子看来未必知道“3”的确切意思。但她确实知道:“3”适用于一个物体的集合,而不是一个单独的物体。另外,她也知道可以说“三只小羊”,但不可以说“小三只羊”。总而言之,到了两岁半,孩子们已经懂得,数词与其他单词是很不一样的。

要到四岁左右，孩子们才会意识到，计数提供了一个能知道“有多少”的必要手段。作为这种意识的一部分，他们会认识到：当你清点集合中的成员数时，**清点的顺序是不重要的**。不管哪件物品是“1”，哪件是“2”，最后得到的数总是相同的。有了这个不寻常的见识（我们全都认为理当如此），我们就进入了计数文明。

我之所以在这里用“文明”这个词，不只因为它是一个漂亮的双关语。时至今日，仍有少数几个文明没有计数的概念。（至少他们没有超过 2 的计数，而这基本上意味着他们根本不具备计数的概念。）至于过去的年代，这样的文明就更多了。极有可能我们的祖先也没有计数的概念。特别能引起联想的证据是，我们用来表示前三个数（那些相应于我们内在的数的意识的数）的单词同其他所有的数词都极不一样。

例如，从 4 开始，有一种把基数词转化为用于表达顺序的相应序数词的简单规则：添加词尾“th”（为了便于发音，有时需作若干微小的变化）。于是，“four”变为“fourth”，“five”变为“fifth”，“six”变为“sixth”，如此等等。然而，对于前三个数，序数词与基数词的面目迥然不同，它们成了“first”，“second”与“third”。不仅如此，这些单词还有着其他相关用法。例如，“second”可以当动词用，意思是“支持”，还有相应的形容词“secondary”。单词“three”的印欧字根同拉丁语前缀 trans（意为“超越”）、法语词 trés（意为“非常”）、意大利语词 troppo（意为“太多”），以及英语词 through（意为“穿过”）有关，这一切都暗示：3 在从前曾是最大的数。

其他欧洲语言也同样显示：前两个数得到特殊对待，后面紧随着拥有较规则形式的所有其他的数。例如，在法语中有 un/premier, deux/second（或 deuxième），后面是较规则的 trois/troisième, quatre/quatrième 等等。在德语中有 ein/erst, zwei/zweite（或 ander），后面是 drei/dritte, vier/vierte 等等。在意大利语中有 uno/primo, due/secondo，后面是 tre/terzo, quattro/quarto 等等。①

① 这些都是各语种中的基数词和序数词，表示 1/第一，2/第二，3/第三，4/第四等。——译注

另外,我们在谈到两件物品或三件物品的集合时,通常还有一些特别的说法。例如,我们用 a pair, a brace, a yoke, a couple 或 a duo 等来表示“2”,类似的还有形容词 double(翻倍)。对于“3”,我们则使用 triple, trio 和 treble 等来表示。然而,一旦超过了 3,我们使用的就是规则构造形式:quartet(四个一组),quintet(五个一组),sextet(六个一组)等等。许多表示两件物品的单词只能用于特定的事物,这同 1,2,3 这三个天赋的数是与一些事物的集合有密切联系的观念是一致的。例如,我们通常会说 a brace of pheasants(一对野鸡),a yoke of oxen(两头牛),a pair of shoes(一双鞋子),但不可以说“a brace of shoes”,或者“a yoke of pheasants”。

我们的祖先究竟是如何开始发展计数的观念,以替代用内在的数的意识来进行估计的?这一切又是何时发生的?很可能,他们开始处理集合成员数的方法同现代澳大利亚土著部落瓦尔披里斯人(Warlpiris)所采用的差不多,只考虑三种可能性:1,2,很多,他们把 3 视为准确计数的终点,并把那样的集合简单地用“很大”来加以概括。

但是,我们的祖先又是怎样学会 3 以上的计数的呢?

也许他们起步的方式同现在的幼儿一样。任何父母或小学教师都知道,幼儿学算术时一般都本能地利用他们的手指。事实上,扳手指计数的愿望是如此强烈,以至于当父母或老师试图坚决要求他们必须用“正确”的或“成熟”的方法去学习时,他们仍然会偷偷摸摸地使用手指。至于那种认为不使用手指是“成年人”的方式的观点,有事实表明许多成年人仍在用手指做算术。

确实,我们的十进制系统就是一个证据,它表明扳手指列举就是计数的开端。由于我们有 10 个手指,如果用手指来计数,则当我们数到 10 时,就会把“筹码”用光,于是我们不得不想出一种办法来记录下这个事实(也许是用脚移动一块小石头),然后再从头开始。换言之,手指(包括大拇指)的算术即是基数为 10 的算术,一旦达到 10,就必须“进位”。(数学家、讽刺作家莱勒(Tom Lehrer)曾经调侃说基数 8 同基数 10 其实是一回事,“如果你少了两个手指。”)

支持算术始于拨弄手指这种说法的进一步证据是我们对拉丁文单词

digit 的使用,它既表示“手指”,又表示“数字”。

诚然,上述证据没有一个是压倒性的,但它们都很有启发。下面我将述及的另一个证据也是如此,这个证据来自神经科学实验室。

通过各种技术手段,科学家得以测算大脑在从事某种特定任务时其各个不同部分的活动水平。例如,人们在使用语言时,大脑活动主要发生在宽大的额叶上。从某种意义上说,额叶是大脑的“语言中枢”。①

就最具代表性的情况来说,人在做算术时,最激烈的大脑活动集中在左顶叶,也就是位于额叶后面的那一部分大脑。类似的研究表明,控制手指活动的那一部分碰巧也是左顶叶。(大脑需要提供相当可观的能量来保证手指的多种功能与协调,因此大脑的一大部分都要投入到那个任务中去。)

接踵而来的问题是:用于计数的这部分大脑恰好就是控制手指的部分,这是否纯属巧合?换言之,因为计数源于(我们的祖先)扳手指列举,随着时间的推移,人类大脑终于获得一种能力,使计数可以同手指“脱钩”,无需拨弄它们就能进行。上述巧合是不是以上事实带来的后果?

临床心理学家也找到了控制手指与数值能力之间的联系。大脑左顶叶损伤的病人往往显示出格斯特曼综合征,即个别手指丧失知觉。例如,如果你去触碰一个典型的格斯特曼综合征患者的一个手指,那个人会说

---

① 这里需要提醒一句。尽管把大脑看作由若干不同“单元”(例如语言单元、算术单元等等)组成是非常方便而有用的,但大脑实质上是个单一的器官。严格来说,处理语言的是**大脑**,而不是它的额叶。

这有点像一台汽车发动机。当发动机运转时,动力的真正来源是燃烧中的汽缸,但为了完成运转,需要整台发动机,因而提供驱动力的是**发动机**。额叶是大脑的“语言中枢”,意味着在语言处理过程中,这部分大脑活动得最为强烈。而且,这部分大脑受到损伤,很可能削弱甚至毁掉语言能力。但是严格来说,处理语言的是整个大脑。

就我个人而言,我一般把所谓的大脑不同“单元”看作一种比喻(尽管有许多权威人士似乎是照字面意思来使用这个词的)。仅仅因为大脑特定部位的损伤会导致某种智力(例如做算术的能力)的丢失,并不意味着大脑的其他部分同做算术的能力无关,只能说明这个出问题的部分(形式上)对做算术来说是至关重要的。在某些情况下,大脑的其他部分将最终接管受损部分的功能,有时甚至能导致丧失能力的完全复原。——原注

不出你到底碰的是他哪一个手指。这些人的另一个典型特征是分不清左右。更有趣的是，在我们看来，这些格斯特曼综合征患者在同数打交道时总是感到非常困难。比如，上一章中所提到的休伯夫人与加迪那两个没有数的意识的人，都是格斯特曼综合征患者。

退一步说，推测格斯特曼综合征、控制手指及数值能力之间相互关系的原委也是很有吸引力的。如果早期智人是以他们的手指为媒介第一次闯入数的世界，那么控制手指的大脑中的大片区域将是他们后裔那更为抽象的算术智力的藏身之地。我们目前所拥有的极严格的数的意识，极有可能是对我们祖先的有形的手指操作的一种抽象。算术智力的实质兴许就是"离线"的手指操作，它在人类大脑变得能够让脑力过程与肌肉驱动的手指操作"脱钩"时，便有了产生的可能。

这是一种可能性。早期，计数还有另一种不同的方法（可能与手指计数共存），就是利用某种有形的筹码系统，例如在木棍或兽骨上刻出凹痕。已经发现的有刻痕的兽骨至少可以追溯到3.5万年前。因而，我们的祖先可能早在4万年前就已采用了一种有形的计数系统。根据化石记录，那时的人们已经开始在洞穴壁画与岩石雕刻上采用了符号表示法。

当然，手指或筹码的使用表明人类开始有了数量的观念，但这并不意味着**数**的概念，那是纯抽象的。那些抽象的数是通向现代数学的钥匙。我们是在什么时候，又是怎样获得它们的？关于**抽象**的、用作计数的数的引入（不是作标记），目前我们所拥有的最好证据是由美国得克萨斯大学的考古学家施曼特-贝塞拉特（Denise Schmandt-Besserat）在20世纪70及80年代发现的。那是伊拉克的一个考古遗址，大约在公元前8000年到公元前3000年，那里曾经活跃着一个高度发展的苏美尔社会。施曼特-贝塞拉特在那里不断地发现各种形状的小的陶制筹码，包括球形、碟形、圆锥形、四面体形、卵形、圆柱体形、三角形、矩形等等。年代较老的东西显得比较简陋，较新的遗物则相当复杂。渐渐地，施曼特-贝塞拉特与其他考古学家终于拼凑出了一幅苏美尔文明的连贯图案。她意识到，令人困惑的陶制筹码是用于商业活动的硬币，每一种形状代表着一定数量的特定商品，如金属、一瓶油、一块面包等等。

第一批筹码出现在公元前8000年左右。大约在公元前6000年，这些东西已经遍布于新月形沃地①，其范围相当于如今的伊朗到叙利亚一带。又经历了若干年，出现了更加复杂的形状，其中包括抛物线形、偏菱形、弯曲线圈形等，其中有些筹码开始打上了识别标志。

他们发展出了两种办法来保存一个人的完整财产记录。较精巧的标志是串起一串珠子之类的东西穿过一个矩形陶制框架。比较简陋的筹码则覆盖上薄薄的一层潮湿黏土，硬化之后的球形封皮将筹码密封在内。这两种方法都不失为现代银行账户功能的先驱。不过，黏土封皮有一个明显的缺点。人们在做交易时，甚至是查对账户现状时，都必须打碎封皮，再重做一个新的。为了降低打碎封皮的频率，苏美尔人想出了一个办法，就是在用作每个筹码的封皮的潮湿黏土上先打好记号，然后再加以密封。这样，封皮外表面上就有了一个记录内存何物的、涂抹不掉的记号。

苏美尔人最终意识到，一旦封皮外表面有了这些一看即知的记录，里面的内容就显得没有必要了。陶制筹码上的印记可以用来表示所有权。于是苏美尔人不再在筹码封皮上打上印记，而代之以在湿的水平泥板上刻上筹码标志。

从在覆盖筹码的封皮上打印记到直接在泥板上打印记，所跨出的这一步是人们已知的用抽象记号来表示计数的首次应用。事实上，苏美尔人的记账泥板是迄今人们已知的最早的书写系统，而这意味着：用记号表示数要早于用记号表示文字。换句话说，早期的莎士比亚们是从早期的牛顿们那里获得了他们的职业工具。

当然，由于苏美尔人有着各式各样不同的筹码，从而相应地在泥板上有着不同的标志，以表示各类不同商品的一定数量，因此，他们并不真正拥有一套单一的数字系统。确切地说，每种商品都有其独有的数字系统。不过，通过不再使用有形的筹码并代之以符号标志，他们终于向我们今天正在使用的通用的抽象的数跨出了重要的第一步。

① 指伊拉克两河流域连接叙利亚一带地中海东岸的一片弧形地区，因土地肥沃，形似新月，故名。——译注

3.2 成功的符号

（对那些能够做好这件事情的人来说，）使做算术成为可能的许多事物之一，就是我们用来表示数的、极为有效的符号记法。对罗马人来说，用他们那套笨重的 I，V，X 等记号，即使最简单的加法也很难计算。至于分数或负数，他们就更加没辙了。

我们目前使用的数的记法则有效得多。只要利用 0，1，2，3，4，5，6，7，8，9，我们可以写出任何正整数。奥妙在于，我们可以用这些数码组成“数词”，来给数命名，正如我们把字母拼成单词，来为世上各种事物命名一样。在任何一个数词中，由一个特定数码表示的数，取决于该数码在数词中所处的位置。例如，在 1492 这个数中，第一个数码 1 代表一千，第二个数码 4 代表四百，第三个数码 9 代表九十，最后一个数码 2 代表二，整个词 1492 代表的数是：

一千四百九十二。

我们现在的记数法是由印度人首创，经 2000 多年历史发展而来的。公元 6 世纪，其书写形式已同现在差不多；公元 7 世纪，被阿拉伯数学家引入西方世界。结果，人们一般将它称为“阿拉伯记数法”。它几乎是一切时代中最成功的概念创新，也是地球上独一无二的通用语言。它获得了全世界的认同，因为它设计得非常高明，其有效性使其他记数法望尘莫及。

阿拉伯记数法的一大长处是：数词可以响亮地读出来，而且其读音可以按单位反映出数的结构：其中有多少个一，多少个十，多少个百，如此等等。（后面我们将关注用不同语言读阿拉伯数字的算术意义。）

阿拉伯记数法的另一长处在于：它是一种语言。因此，它使（拥有天赋的语言能力的）人类可以用他们的语言能力去处理数。于是，我们天生的数的意识栖息于左顶叶，与此同时，对确切的数的语言陈述则由大脑的语言中枢——额叶来掌控。我在后面还将对此作进一步讨论。

尽管在目前，数码符号 1，2，3，4，5，6，7，8，9 已经全世界通行无阻，但在过去，曾有过别的一些记号，其中包括楔形数字、伊特鲁里亚[1]数字、玛雅[2]数字、古中国数字、古印度数字以及罗马数字。中国人至今仍在使用古代记数法的现代变种，与阿拉伯记数法并存。当然，西方社会出于某些特殊需要，也仍在使用罗马数字。

根据我们前面对前三个用作计数的数的特殊性的讨论，注意到以下有趣事实：在曾经被使用过的每一种记数法中，前三个数的表示法几乎一模一样：1 用一画或一点来代表，2 是把两个这样的记号紧靠在一起，3 则是把三个记号靠在一起。例如，在罗马数字体系中，前三个数目是 Ⅰ，Ⅱ，Ⅲ。玛雅人的写法是用点来表示：·，··，···。只是从第四个数目起，不同的记数法才开始有所差异。

你说什么？我们的阿拉伯记数法不遵守上述模式？不，它是信守不渝的。古印度数字用的是横条，就像—，═，☰。

人们快速书写这些记号，笔不离纸时，就成为以下的模样：—，ᒣ，ᗰ。到了字体演变的某一阶段，第一个短线变成了垂直的"一竖"。印刷术发明后，数字就成为我们今天所书写的这种样子：1，2，3。

一旦有了表示任意正整数的记数法，就很容易推广到分数与负数。小数点与分数线的引入使我们得以表示任意小数及分数$\left(\text{例如 } 3.1415 \text{ 或 } \frac{31}{50}\right)$。负号"－"使数的范围扩充到一切负数，包括负的整数与分数。（负数是由 6 世纪的印度数学家首先采用的，当时他们以在数的外面画一个小圆圈来表示负数，但负数一直没有被欧洲数学家完全接纳，直到 18 世纪初，情况才有了改变。）

顺便说一句，用一套为数不多的基本符号代表数，并将它们串接起来构成数词，这种做法应归功于约公元前 2000 年的巴比伦人。由于建立在基数为 60 的基础上，巴比伦记数法使用起来极为麻烦，从而不被广泛接受。不过，在地理学与计量时间方面（1 小时等于 60 分，1 分等于 60 秒），

① 意大利中西部古国。——译注

② 中美洲印第安人的一个族群。——译注

目前我们仍在使用它。

阿拉伯记数法的一个重要优点在于，可以通过直截了当(又易学)的符号操作来进行算术运算。例如，在做加法时，我们可以把所有的数一个挨一个地写出来，排成右对齐的列，然后从右到左将每一列的数字相加。当某一列的和数达到 10 时，我们就在该纵列记上一个 0，并在下一列中记上一个进位的 1。对任何数集都可以进行类似运算，也可交给机器去自动执行。对其他基本算术运算，即减法、乘法或除法，也同样存在着一个永远奏效的标准运算过程，而无需考虑具体的数究竟是什么。

阿拉伯记数法使基本算术运算做起来无需多动脑子，从而在廉价手持式计算器普及之前的日子里，基本四则运算是小学里最不讨人喜欢的课程之一。我们的教学方法多年以来竟然使人类的一桩重大发明黯然无光，真是非常遗憾。发明阿拉伯记数法的奇迹在符号操作的琐事中被掩盖了。算术运算是一桩枯燥而无需多动脑子的工作，我们之中有创造才能的人已经找到了用机器自动操作的办法。然而我们不能忘记，阿拉伯记数法是一个多么不可思议的人类发明。它十分简练，一学就会。它让我们能够写出无论多么大的数，并将它们应用于各种集合与测量。另外，它的伟大力量恰好在于，它把数的计算简化成了纸面上的常规符号操作。

3.3 头脑中的数

现在,尽管人人都要学习用阿拉伯记数法进行计算,但你们也许会想,除了那些"有数学头脑"的人物,我们中的绝大多数人认为数的符号的意义无关紧要。考虑到我们固有的数的意识总体上不超过 3 的观测结论(除了对集合大小作出一般估计之外),这种想法就可能更加得势。然而,事实却不尽然。心理学家早在 20 多年前就知道,我们中的每一个人对生活中遇到的每一个计数数都十分在意。你也许认为自己不是一个"对数有感觉的人"。但是,证据表明,情况不是这样的。

首先,考虑一下我们前面曾遇到过的比较数的测试,要求你判定两个数中哪一个较大(见第 18 页)。这个测试是美国心理学家莫耶(Robert Moyer)与兰道尔(Thomas Landauer)在 1967 年首次完成的。他们把一对数字(比如 7 与 9)放映到计算机屏幕上,然后要求测试者在两个按键中按动一个,说出其中较大的数。应答是电子计时的。

这听起来好像非常容易,试过以后才知道并非如此。应答时间为半秒钟或者更多者并不少见。在面临实验的压力下,测试对象有时甚至会犯错误。莫耶与兰道尔观察到的令人吃惊的结果是,每位受测者的应答时间随着显示给他看的两数之间的关系系统地变化。如果给出的一数远小于另一数(例如 3 与 9),那么被测试者的回答既快又准。但若两数靠得很近(例如 5 与 6),则应答时间将为 100 毫秒或更长,而被测试者答错的情况可以多达十分之一。另外,当两数之差固定不变时,应答时间随着数的变大而增加。在 1,2 中选出较大数是极其容易的;在 2,3 中选的时间就要长一些;而在 8,9 中选的时间就要长得多。

莫耶—兰道尔实验的各种变化形式被重复做过许多次,所得结果都很类似。这是怎么回事呢?所用符号的形状不能说明这种差异——3 与 8 这对符号不见得同 8 与 9 有很大差别,然而被测试者判定 9 大于 8 要比判定 8 大于 3 花上更多时间。关键因素看来是数本身,而不是它的符号。

当我们把实验扩展到二位数时,进一步的证据产生了。试试下面这个。在 72 与 69 中,哪个较大?想出来了吗?很好,再试试下一个。在 79

与63中,哪个较大?如果你像参与实验的大部分人一样,那么,有两个观察到的现象会适合你。首先,判定69小于72要比判定63小于79花费你更多的时间。由于第二对数相距较远,判定它们的大小显得更容易些。其次,你并没有用最有效的方式来回答这个问题,就是注意到你不需要去看每对数中除了首位数字外的其他部分。要知道,**任何**以6打头的两位数肯定要比**任何**以7打头的两位数来得小。如果你按照这样的思路回答问题,那么你在这两个例子中所花的时间将会是一样的。但实际情况是,几乎每个人都将数的符号看作一个整体,直接过渡到实际的数的概念。这也解释了为什么你在判定67与69中哪个较大时所花的时间只是略多于判定67与71。第一对数是以同样数字开头的,而第二对数则以不同数字开头,但这一事实却几乎没有显示出多少差距。如果你的判定立足于符号而不是立足于它们所表示的具体的数,差距就会显得比较明显。

关于数在我们的头脑中怎样形成了自己的生命力的更富有戏剧性的证据,是由两位以色列研究者在20世纪80年代初提供的,他们是赫尼克(Avishai Henik)与采尔哥夫(Joseph Tzelgov)。他们让测试对象在计算机屏幕上看一对对不同大小的数字,然后要求他们说出哪一个符号是用较大的字号显示出来的,并把回答问题所需的时间一一记录下来。表面上看来,这项任务同数字所代表的数**毫无关系**,只与实际采用的符号的大小有关。尽管如此,当字号的相对大小与数的相对大小产生矛盾时,被测试者所花的应答时间就显得比较多。例如,判定**3**的字号比**8**的字号大,所花的时间就要比判定**8**的字号大于**3**的字号来得多。被测试者总是不能忘记**数**8是大于**数**3的。这意味着,数字不仅仅是**可以**与它们的意义相联系的符号,而且是**确实**表示它们意义的符号,两者是紧密相连的。

当然,隶属于数码和多位数码的意义就是数,然而,那究竟是什么意思呢?数**在我们的头脑中**究竟是什么意义呢?

比较数大小的实验及其他研究表明,我们拥有一根"头脑中的数轴",在那里,我们"看到"的数就像数轴上的点,1在左边,2在其右,然后是3,如此等等。为了判定两数之中哪个较大,我们会不由自主地把它们放到"头脑中的数轴"上去,看看哪个在右边。

“头脑中的数轴”的观念不禁使人想起在小学里学过的数学家用的数轴。但两者有一个重大差别。在我们的头脑中的数轴上，数与数之间不是等间隔地分布的，与它们在数学家用的数轴上的分布迥然不同。确切地说，如果沿着头脑中的数轴往前走，走得越远，数与数之间就会靠得越近。这就解释了莫耶与兰道尔的数的比较实验。数与数之间间距的不断压缩使辨别一对较大的数远远难于辨别一对较小的数。被测试者能轻而易举地说出 5 与 4 哪个比较大，远远快于比较 53 与 52。即使两对数之间的差是相同的，比如差 1，然而在我们头脑中的数轴上，较大的一对数彼此依傍得比起较小的一对数来更加紧密。

另外，我们用来表示数的符号似乎已成为左顶叶的直觉数模中的“固定线路”，处理方式与通常的语言中的数词（由额叶处理）并不相同。在《数学脑》一书中，作者巴特沃思举出了一些临床病例，来支持这种明显的差异。

例如，巴特沃思写道，有些人不能读出单词，然而却能大声读出用数码形式写给他们看的一位数或多位数。与之相反，有一个名叫福帕（Dottore Foppa）的早期阿尔茨海默病患者能够读出单词，其中包括数词与多位数的语言表述，但却不能读出用数码写给他看的两位数或多位数。有个极端的病例是一个名叫唐娜（Donna）的左额叶动过手术的女人。虽然她能读写由数码表示的一位数或多位数，但她既不能读也不能写英文单词，甚至连 26 个英文字母也只能说出一半左右。尽管她连自己的名字都写不出（写成一团无法识别的东西），然而在标准的算术测验（所有的问题都用纯粹的数字形式给出）中，她却做得相当不错，一行行数字写得干净利落，而且总是得出正确的答案。

换言之，像阿拉伯记数法之类的数值体系或许确实是一种语言，但它是一种与普通语言极不相同的特殊语言，由大脑中的不同区域来处理。如果（像我前面曾经提出的）我们的计数能力来源于我们祖先对手指的运用（这种身体活动也是由左顶叶控制的，它是我们的数的意识的藏身之地），那么数的符号与数词之间的差别恰恰就如人们所预期的，即我们的数的符号来源于对手指的运用，而数词则来源于通常的语言。

附带说一下，有些人不能使用他们的数的意识以“检验”的方式来比较一对数的大小，但却能通过计数的办法来判定两个数中哪个较大。他们从1，2，3，…开始计数，然后看先数到的是哪一个数。由于记住自然数的顺序属于一种语言技能，这种策略看来对用大脑的语言能力来弥补数的意识的缺失很有用处。

与此类似，有些不能凭记忆对很小的数进行加减运算的人也利用了计数的策略。为了把5与4相加，他们的做法如下：“5，6，7，8，**9**——答案是9。”他们会把数读得很响，或者在脑子里读，还会扳扳手指，好知道他们说了多少个单词。如果从两个数中较大的那个开始数起，这种方法会更加有效，而能够比较数的大小的人比起不能这样干的人自然更有优势。在计算6－3时，他们会说（心中默念或者高声读出来，并且常用扳手指来计数）：“6，5，4，**3**——答案是3。”

下列现象也可用“头脑中的数轴”的观念来解释。（为了获得正确结果，你必须严格遵照我的指令，按部就班地行事，切勿急着去看后面是什么。）

记住下面的数码表格：7，9，6，8。

用手盖住表格。

从16到1，往下三个三个地数，在此期间仍盖住表格。

你在做吗？

继续把表格盖住，直到你数完。

现在请告诉我，5是否在你刚才记住的这张表格中？表格中有没有1？

现在可以揭开表格了。

几乎可以肯定，你能充满自信地认定1不在表格中，但5却有点吃不准了。对此的解释是，表格中的数已在你头脑中的数轴上留下了印象，它们由区域6与9之间的数组成。当后面被问到表格中有没有5时，你有点吃不准，因为5处于表格中数的大致区域内。但因为1远在该区域之外，所以你能很有自信地判定它不在表格中。

只有14％左右的成年人说他们意识到有一根头脑中的数轴。在这些人中，大多数母语文字是从左读到右的人声称，他们头脑中的数轴走向也是从左到右的，虽然另外一些人说他们的数轴走向是从下到上的，还有极少数人看到的是从上到下的。不管怎样，在1993年所做的一个巧妙实验中，德阿纳与他的同事们证明，我们中的绝大多数人拥有一根头脑中的数轴，即使我们没有察觉到它，然而在比较一对对的数时，我们还是会通过比较它们在头脑中的数轴上的位置来进行。

德阿纳把一系列数放映到计算机屏幕上，让他的实验对象观看，然后让他们尽可能快地用手按动两个按钮之一，来分出它们是奇数还是偶数。大约有一半人把"奇数"按钮抓在左手上，把"偶数"按钮抓在右手上；另外一半人则恰恰相反。计算机把被测试者的回答时间记录了下来，结果令人惊讶。对较小的数，实验对象用左手答得较快；而对较大的数，则是用右手答得快些。对于此种差异，德阿纳的解释是被测试者"看见"这些数散布在从左到右走向的数轴上。较小的数在数轴左边，所以回答时用左手较快；较大的数在右边，因而用右手回答更快些。

有趣的是，被测试者中有若干名伊朗学生。他们的应答情况恰恰相反——遇到较小的数时，他们用右手答得较快；遇到较大的数时，用左手答得较快。原来，伊朗人读写时是从右到左的。看来，我们头脑中的那根数轴，其走向通常是与我们的阅读习惯相一致的。

3.4 数的声音

若干年前,我参加了一次午餐会,会上数学家本杰明(Arthur Benjamin)作了一次惊人的心算表演。快要开始时,他要求关掉空调。在我们等待会议组织者派人进入控制室之际,本杰明解释说,空调的嗡嗡声将会干扰他的计算。"我在心里默念这些数,记住它们,以便在计算时取用,"他说,"我必须听到它们,否则就会忘记。噪声一定会碍事。"换言之,本杰明作为一名计算者的秘密之一是他能高度有效地运用语言模式——回荡在他脑海中的数的声音。

尽管我们中间绝少有人能与本杰明的计算能力相匹敌(例如算出一个六位数的平方根),然而在背诵九九乘法表时,我们全都用上了朗读的语言模式以帮助记忆。我们通过反反复复地朗读这张表来进行学习。即使到了今天,距我背出九九乘法表已有45年之久,我仍能唤起记忆,以心中默念表中相应部分的方式得出任意两个个位数的乘积。我记住的是朗读那些数词的声音,而不是数本身。事实上,我相信在我脑子里头听到的这个语言模式,**恰好**就是我七岁时所听到的那个!

尽管苦练了许多小时,许多人在背诵九九乘法表时仍遭遇到极大困难。智力一般的普通成年人,在一定时间内的出错率约为10%。有些乘法,例如8×7或9×7,每道题竟要花费2秒钟,而出错率则上升到25%。(答案为8×7=54,9×7=64。是这样吗?亲爱的,这其中的问题留给你们自己去挑出来。)

为什么我们会有这样的困难?去掉乘数为1的不会有任何困难的乘法,乘法表中余下的只有64个孤立事实(2,3,4,…,9中的任一个去乘2,3,4,…,9中的任一个)。就绝大多数人而言,乘2或乘5并不困难。把这些情况全都排除,需要花工夫记的就只有36个个位数乘法了(3,4,6,7,8,9中的任一个去乘3,4,6,7,8,9中的任一个)。实际上,只要记得做乘法时顺序可以交换(例如,4×7与7×4是相等的),要记的东西就又可以砍掉一半,只剩下18个了。于是,为了掌握九九乘法表,只需记住18个相乘结果。这便是全部,18个!

为了对这18个简单事实作出合理评价，不妨考虑一下一个典型的美国小孩，他在6岁时就要学会使用和识别1.3万到1.5万个英语单词。一个美国成年人能理解的词汇量在10万个左右，其中能熟练使用的约有1万至1.5万个。然后是我们记住的一些其他东西：人名、电话号码、地址、书名、电影名等等。而且，我们记住这些东西几乎不存在任何困难。我们肯定不需要像背九九乘法表那样，一遍又一遍地读这些单词及它们的意义。总之，在绝大多数时间里，我们的记忆不成问题，除非遇到九九乘法表中的18个关键事实。这是为什么？

一些自封的美国青年评论家往往满足于把它归咎于学生们的懒惰。但对我来说，事实似乎很清楚，九九乘法表本身肯定存在着一些让大家难以掌握的东西。关于乘法的这样一个普遍存在的问题确实表明，在人类大脑中一定有些特征值得好好研究，而不是去批评它。现在我们需要去学习一些重要的东西，而它不是我们的九九乘法表。

人类的头脑是一个模式识别装置。人的记忆是通过联想运作的——由一个想法引出另一个想法。有人提到了爷爷，于是想起他带我们去看球的那一刻，在球场里我们看到一个女人，看起来很像爱丽丝姑姑，她去澳大利亚定居了，你在那里可以看到袋鼠，这让我想起了我们在布里斯托尔动物园里看到的那只袋鼠……还可以继续不停地想开去。发现模式与相似性的能力是人类大脑最为重要的力量之一。

人类头脑的运作方式与数字计算机极其不同，而且，一方做起来轻而易举的任务，另一方却完全不适合做。计算机擅长于准确地存取与检索信息，以及进行精确计算。一台现代计算机能够在一秒钟内完成几十亿次乘法运算，不出任何差错。但是，尽管投入了大量资金和人力，花费了50多年时间，计算机仍然识别不了人的面孔，也辨别不清视觉场景。① 另一方面，人类能轻松自在地识别面孔与场景，这是由于人的记忆正是由模式联想所驱动的。基于同样的理由，对计算机来说十分轻松的事（包括记

① 这是作者写书时的情况。现在，人脸识别等技术在计算机科技领域内已取得重大突破。——译注

住九九乘法表)，我们做起来却很累。

我们之所以感到困难，原因在于我们背熟九九乘法表靠的是语言，其后果之一是许多不同的词，彼此之间相互干扰。计算机是个"哑巴"，在它看来，$7\times8=56$，$6\times9=54$ 和 $8\times8=64$ 是相互独立、截然不同的乘法。但是人的头脑却在三个乘法中发现了相似性，特别是那些在我们大声朗读它们时，单词韵律的语言上的相似性。我们在力图把上述三个乘法完全分隔开时所遇到的困难并不表明我们的记忆能力有缺陷，这恰恰反映了它的一个主要的长处——发现相似性。当我们看到模式 7×8 时，它"激活"了若干其他模式，在那些模式的结果中可能有 48，56，54，45 及 64。

德阿纳在他的《数的意识》一书中，用下面这个例子相当精彩地证明了这个论点。如果你必须牢牢记住以下三个姓名与地址：

- 查理·戴维住在阿尔伯特·布鲁诺大街。
- 查理·乔治住在布鲁诺·阿尔伯特大街。
- 乔治·厄尼住在查理·厄尼大街。

记住这样三个事实看上去委实是个挑战。这里头存在着太多的相似性，每一项都严重干扰着另一项。但这些东西恰恰就是九九乘法表中的项。如果把阿尔伯特，布鲁诺，查理，戴维，厄尼，弗雷德与乔治这些姓名分别用数码 1，2，3，4，5，6，7 代替①，并将短语"住在"改为等号，你就将得出以下三个乘法算式：

- $3\times4=12$
- $3\times7=21$
- $7\times5=35$

正是这种模式干扰造成了我们的问题。

为什么人们判定 $2\times3=5$ 错要比判定 $2\times3=7$ 错花费更多时间？其原因也是模式干扰。前一个等式对加法来说是对的($2+3=5$)，因此模

① 这里是用数码 1，2，3，…分别代替以英文字母 A，B，C，…开头的单词，其中的弗雷德即数字 6 并未出现。——译注

式“二三得五”我们似曾相识。而“二三得七”则根本没有相似的模式。

在幼儿的学习过程中，我们可以看到这种模式干扰。7 岁年纪的大多数幼儿能够熟记许多两个数码的加法。但当他们开始学习九九乘法表时，让他们做两个一位数相加所花的时间增加了，而他们也开始出现诸如 $2+3=6$ 的错误。

语言模式的相似性也干扰了在乘法表中进行检索，例如被问到 5×6 时，我们可能会回答 36 或 56。不知为何，在读 5 和 6 时，脑海里会出现这两个不正确的结果。人们决不会犯 $2\times3=23$ 或 $3\times7=37$ 的错误。这是由于 23 与 37 在**任何**一张九九乘法表中都不会出现，我们的联想记忆不会在乘法环境中把它们调出来。然而，36 与 56 都出现在九九乘法表中，从而一旦我们的头脑中出现了 5×6，这两个答案就都被激活了。

换言之，我们在乘法上遭遇的困难大多来自人类头脑所有的两大最有威力、用途最广的特征：模式辨认与联想记忆。

如果用另一种方式来表述，那就是：数百万年的进化武装了我们的大脑，使它拥有一些特殊的生存技能。其中的部分技能是，我们的头脑善于识别模式，发现联系，作出快速判断并得出结论。所有这些思考方式基本上都是“模糊”的。尽管“模糊思考”这个提法经常用于贬义，表示马虎的不充分的思考，但那不是我在这里要说的意思。我所指的是，我们具有的从极少的有关信息中凭感觉作出快速判断的能力。这是一种远远超越于最大、最快的电子计算机的能力。我们的大脑并不适合完成那些准确的算术信息处理——大脑不是为了做算术而进化的。若是为了做算术，我们头脑里的“线路安排”必须为完全不同的原因而演化（即在进化过程中作出选择）。这就像是用一枚小小的硬币来拧螺丝。你肯定能做得到，但这样干会很慢，而且结果也并不总是很理想。

我们用记住声音模式的能力来学习九九乘法表。学习这张表时付出的努力实在太多（因为干扰作用的影响），以至于学过第二种语言的人在做算术时，一般仍是使用他们的第一种语言。不管他们的第二种语言说得如何流利（有些人甚至能达到完全用正在交谈的那种语言思索的境界），回到用第一种语言进行计算，再把所得到的结果翻译出来，要比直接用第二种语言重新学习九九乘法表更加容易。德阿纳及其同事们正是以此为基础,在1999年做了一个巧妙的实验,来证明我们是利用语言能力来做算术的。

他们试图证明的假设是:凡是需要得出准确答案的算术任务必然要仰仗我们的语言能力,尤其是在使用数的文字表述时;而那些涉及估计或要求给出一个近似答案的任务,则不需要运用语言能力。

为了检验这个假设,研究者召集了一群能说英—俄两种语言的人,并用两种语言之一教他们做一些新的两个数码的加法,然后用两种语言之一对他们进行了测试。在需要给出准确答案时,如果教学与提问使用的是同一种语言,被测试者的答题时间约为2.5至4.5秒,但若两者所用的语言不一样,答题时间将会整整多出1秒钟。实验者推断,被测试者用多出的那1秒将提问翻译成他们学习时所用的那种语言。

然而,当要求给出近似答案时,提问时所用的语言并不影响应答时间。

在测试过程中,研究者还对被测试者的大脑活动实施了监控。在被测试者回答只要求给出近似答案的问题时,最显著的大脑活动集中于两个顶叶——数的意识的藏身之地,以及支撑空间想象力的载体。然而,要求给出准确答案时,大脑额叶引发的活动更加显著,而那个区域正是控制语言的。

总之,结论相当有说服力。把(并非人类所独有的)直觉的数的意识扩展为(看来只有人类才拥有的)进行准确的算术运算的能力,似乎是要依靠我们的语言能力的。不过,如果上述情况属实,我们能不能指望看到不同国家之间存在算术能力方面的差异?如果用来表示数的单词差别很大,会不会对九九乘法表学得有多好产生影响?

事实的确如此。

3.5 中国人的优势

每隔几年,报纸上就会报道:美国小学生又一次在国际数学能力对比中得分很低。尽管这种新闻从不缺少老一套的观点,但从不同民族、不同文化之间的对照中确实很难得出什么可靠的结论。许多因素牵扯在内,即使那真的是个问题,简单化的解答也不大可能收到实效。教育与学习不是简单之事,两者之间的关系也非常错综复杂。

在这些测试中,中国与日本的孩子一向做得比美国孩子好。他们也超越了表现同美国孩子不相上下的大部分西欧国家的孩子。鉴于美国与西欧在文化上的相似性,以及它们与中国、日本的文化差异,人们自然有理由推测,是文化方面的差异导致了孩子们数学能力的高低。教育体制方面的不同肯定也是原因之一,然而语言因素也举足轻重。对中国和日本孩子来说,做算术运算,尤其是背熟九九乘法表,实在简单透顶,因为他们的数词非常简短——通常只是单个的短音节,例如中国的四(si)或七(qi)即可代表4或7。

在汉语和日语中,构建数词的语法规则也比英语或其他欧洲语言来得简单。例如,在汉语里头,十以上的数词简单之至:11叫十一,12是十二,13是十三,如此等等,直到用二十表示20,二十一代表21,二十二代表22,依此类推。不妨想一想,英语中表示这些数词有多么复杂。(在法语和德语中,情况更加糟糕,例如法国人用quatre-vingt-dix-sept代表97,德国人用vierundfünfzig代表54。)米勒(Kevin Miller)所作的一项最新研究表明,语言方面的差异导致说英语的孩子在学习计数方面落后中国孩子足足有一年之多。中国孩子在4岁时一般可以计数到40。同样岁数的美国孩子仅能计数到15,他们要再花上一年工夫才能数到40。我们怎么知道这种差异的根源在语言?道理很简单。两个国家的孩子在1到12的计数能力方面看不出什么年龄差距。当美国孩子遇到构建数词的各种特殊规则时,差距开始出现了。与此同时,中国孩子继续运用与1至12相同的构词规则。(美国孩子也常常继续运用相同规则,但他们发现,如果用twenty-ten表示30,twenty-eleven代表31,那是根本行不通的。)

除了易于学习外，汉语中的数词体系也使初等算术运算更为简便易行，因为其语言规则严格地遵循阿拉伯数字的十进位结构。中国小学生从语言结构中一望而知二十五（即25）中有两个10，一个5。而一个美国小学生则必须死死记住"twenty"表示两个10，从而"twenty-five"代表的是两个10与一个5。

我们经常迫不得已地运用自己的语言能力帮助我们去学习一些重要的数学规律（诸如九九乘法表之类）并进行算术运算。但每当我们将一种为了某种用途而发展出来的工具改用于其他用途，结果当然不会尽如人意。

3.6 为什么数学看起来不合逻辑

要想正确地使用数,光知道如何按照规则处理符号是不够的。你还必须把符号及对它们的处理同你内在的数的意识(即符号所表示的数量)联系起来。否则,由于我们的头脑会自动地看到模式,我们就会不知不觉地去执行一些毫无意义的符号操作。

例如,下面这个不正确的和就是在做分数加法时常犯的一个错误:

$$\frac{1}{2}+\frac{3}{5}=\frac{4}{7}。$$

犯这一错误的人把它看成两个加法了,先把分子相加:$1+3=4$,再把分母相加:$2+5=7$。从符号的角度看,这样做似乎非常合乎逻辑。之所以不正确,是由于从符号所代表的数来看,这种做法没有意义。为了得到正确答案而需要执行的符号处理$\left(\text{将由符号}\frac{1}{2}\text{与}\frac{3}{5}\text{所表示的真实分数相加}\right)$,实际上是相当复杂的。更有甚者,**只有**当你考虑到符号所代表的数时,这种符号处理规则才有意义。它们纯粹是一些处理符号的规则,本身并没有意义。

正是由于这些情况,许多孩子认为数学"不合逻辑",而且"充斥着毫无意义的规则"。他们把数学视为**用符号处理问题**的规则的集合。有些规则还算有点意义,其他的简直不合情理。避免这类误解的唯一方式是,教师们必须保证做到让他们的学生充分理解符号所代表的意思。然而,很少能做到这一点。那么,有些孩子是怎样学习做分数加法的呢?

由于人类的头脑是一台超级模式识别器,有着巨大的适应能力,经过充分训练之后,人们可以学会以一种基本"无所用心"的方式执行任何一套符号处理规则。于是,要想正确地做分数加法,可能只需要记住下面的符号操作过程:

> 开始时先把两个分母相乘,它就是答案中的分母。然后把第一个分数的分子乘以第二个分数的分母,再将第二个分数的分子乘以

第一个分数的分母,并把这两个结果加起来,它就是答案中的分子。接着再来看一看,有什么数可以同时整除答案中的分母与分子。如果有这样的数,就用该数去除分子和分母。反复进行这种除法,直到你找不出公因数为止。此时留下来的就是你的最终答案了。

上述过程看上去很复杂——从符号(即语言)的角度看,简直毫无意义。但经过练习后,绝大多数人都能学会使用它。进化过程已经使人类的大脑善于去学会一系列特定的动作。但除非有人在每一个步骤中都向你展示由符号所表示的**数**正在进行何种变换,否则整个事情就只不过是一种莫名其妙的活动。学会如何完成这些特定动作之后,在考试时你就可以拿到一个 A。究竟有多少以数学高分毕业的孩子对他们所完成的动作毫不理解?这样的人肯定有一大批,判断的依据是不会做分数加法的智力健全的成年人比比皆是。要是他们在学习时能真正理解所完成的动作,他们是永远不会忘记怎么做的。然而,如果缺乏这种理解,一旦结束了最终的考试,只有少数人才能记得起如此复杂的运算过程。

缺乏这种理解,小学里的算术教育难免就要被刘易斯·卡罗尔①概括为讽刺性的"野心(ambition)、困惑(distraction)、丑化(uglification)和嘲弄(derision)"②,对许多人而言,这并不奇怪。

盲目照搬符号运算规则,而不把符号与其所表示的数联系起来,还会产生许多其他麻烦。请回答下列问题:

- 农夫有 12 头牛。除 5 头外,统统都死了。他还剩下几头牛?
- 汤尼有 5 只球,比萨莉少 3 只。萨莉有几只球?

本书的读者在这些问题上当然会取得超出一般水准的好成绩。但根据我的经验,确实有许多聪明人会答错一到两题。第一题中的数 12 与 5,再加上题目的问法"剩下多少",产生了一种极强的诱导作用,让人们

① 刘易斯·卡罗尔(Lewis Carroll,1832—1898),原名道奇森(Charles Dodgson),英国数学家、作家。——译注

② 与之对应的拼写相似的加、减、乘、除的英文单词分别为 addition, subtraction, multiplication 与 division。——译注

去做减法 12 - 5 = 7，并将 7 作为答案。正确答案当然是 5，但为了得出它，你必须弄清楚题目到底在说些什么。盲目地快速进入符号处理阶段有时确实管用，但在这里却不行。总体看来，它是一种灾难性的策略。符号是用来**帮助**我们推理的，不能忽略推理的作用。

第二题的情况也相似。你看到了数 5 与 3，再加上"少"这个字眼，于是产生了做减法的诱导，5 - 3 = 2。急躁地跳跃到符号处理又一次导致了错误的答案。当你停下来仔细想想问题说的是什么时，你就会认识到，应该把 3 **加**到 5 上，得出正确结果，即萨莉有 5 + 3 = 8 只球。

长于做算术题的人不会犯这种低级错误。让他们区别于那许多不开窍的人的，并不是他们把规则记得更牢，而是他们真正**理解**了这些规则。实际上，他们的理解已经达到了根本不需要规则的程度。对于许多毫不畏惧数的人来说，这是真的。而最富有戏剧性的表演是由本杰明(前面我们曾简短提到过他)等速算奇人带来的，这些人能在他们的脑子里进行高度复杂的计算。

部分速算奇人的奥秘在于，对他们来说，许多数是有意义的。对我们这些能与数很好相处的人来说，像 587 这样的数并不意味着什么，它就是一个普普通通的数而已。但对计算奇人，587 兴许真的有什么意思，它会唤起一个心中的形象——就像英语单词"cat"(猫)对我们来说是有意思的，能在我们头脑中唤起一个形象一样。

当然，有些数对我们来说确实是有意义的。美国人从数 1492(哥伦布发现美洲)与数 1776(签署《独立宣言》)中看到了意义，英国人从数 1066(黑斯廷斯之战)中看到了意义，任何一个受过科技教育的人从数 314159(数学常数 π 小数表示的前面几位)中看到了意义。对我们有意义的其他数(我们因而牢牢地记住了它们)还有：我们的生日，家中的电话号码等等。

但对速算奇人来说，许多数都是有意义的。一般来说，这种意义并不在于日常生活中的日期、身份证号及电话号码之中，而在于数学世界本身。例如，在电子计算机问世之前的著名速算奇人维姆·克莱因(Wim Klein)，曾一度拥有号称"计算机"的专业地位，他声称："数是我的朋友。"

谈到3844这个数时，他说："对你们而言，它不过是一个3，一个8，一个4，再一个4而已。可是我要说，'嗨，62的平方！幸会。'"

由于数对克莱因与别的速算奇人深具意义，计算对他们来说也是意味深长。因此，他们干起来得心应手，其中奥秘我将在适当的时候再作详述。

当然，速算者只是一个特例。即使我们可以学会这种本领，我们中的绝大多数人也不想去开发它。但问题在于，当符号对你来说具有某种意义时，当你理解了它究竟是怎么一回事时，算术运算确实变得容易多了。没有看出意义是许多人认为他们"不擅长数学"的主要原因。

我将给出两点提醒，作为本章的结尾。

第一点提醒：我已经试图说明，我们的语言能力（特别是识别与记住语言模式的能力）是如何帮助我们研究数学的，尤其是在基础的算术运算方面。我说的并**不是**我们在用通常的语言研究数学。我所举出的例子无非是在表明，我们有时运用语言技巧作为一种**辅助**工具。

事实上，根据数学家（也包括我自己在内）的主观报告，几乎可以肯定的情况是，我们并不使用语言来真正研究数学。我们确实利用语言来记录并传递我们的思维结果（偶尔也传递我们的真实思维过程）。然而，思维过程本身，即我们一般称之为"研究数学"的东西，在本质上却并非语言。

第二点提醒：本书开头我就宣称，我的意图是要说服你们相信，研究数学的能力的基础是我们的语言能力。本章中的讨论内容实际上与主题并无多大关系。它确实耗费了我不少时间来证明自己有理，这就是为什么这是一本有相当篇幅的图书，而不是一本简短的小册子。现在，让我再次重申：本书的主旨并不在于说明我们利用语言来研究数学，而是想说明使我们得以运用语言的那些大脑特征，实质上就是我们得以研究数学的特征。因而，当人类的大脑发展到能够运用语言时，它就自然而然地取得了研究数学的能力。当我开始不厌其详地论证我的观点，我会谈得相当深入，其中涉及数学的**本质**及语言的**本质**。现在是谈第一个问题——数学的本质的时候了。注意，不是数，是**数学**。

第4章 “数学”这玩意儿究竟是什么

对大多数人来说,数学就是用数来计算。在前两章集中讲解数值能力及缺失这种能力的人时,我甚至也在无意识地强化这个谣传。现在我要立即把它改正,并妥善处理另外一些我将面对的谣传。例如:

• 数学家都拥有一个对付数字的好头脑。(有些人如此,有的却不然。)

• 数学家喜欢在他们的脑子里把长长的一大堆数加起来。(肯定没有人喜欢这样干。)

• 数学家认为轧平他们的支票簿账面实在轻而易举。(我就做不到。)

• 数学家对用心算求解有十个未知数的十个联立方程十分着迷。(在读高中时,我确实很喜欢,但后来就逐渐对它失去了兴趣。)

• 攻读数学专业的大学生在毕业后全都成为数学教师或会计师。(有些人如此,但许多人从事其他工作。)

• 数学家没有创造性。(如果你相信这话,那么你肯定不知道数学究为何物。)

• 没有任何东西能比得上数学中的美。(庸俗!)

• 数学是可预知的。它伴随着许多精确的规则。(就像音乐,戏剧,雕刻,绘画,创作小说,下象棋,踢足球?)

- 在数学中永远存在着一个正确答案。(答案写在书的末尾。)

我将纠正这些谣传,但并不是一个个地去批驳它们(除了我添加在括号中的批注之外),而是要为大家提供一个数学究竟是关于什么的概貌。对于那些理解数学是什么的人,以上列举出来的各条观点显然不正确,无需一一批驳。如果你对此摇头,那么我只要求你做到一点:在本章的余下部分,把你对于数学是什么的印象暂时搁在一边。

4.1 无法改变的本质

我所知道的最好的对数学的一句话定义，是我在第 1 章中提到过的**数学是模式的科学**。

这句话并非出自我口。我第一次见到它，是作为《科学》(*Science*)杂志上一篇文章的标题，那是数学家斯蒂恩(Lynn Steen)1988 年写的。斯蒂恩承认，这句话并不是他原创的。我找到的最早出处是索耶(W. W. Sawyer)在 1955 年所写的《数学的序幕》(*Prelude to Mathematics*)：

> 本书的目的是为了说明："数学是关于一切可能模式的分类与研究的科学。"这里"模式"一词的用法，与每个人一般认为的并不相同。它被理解为一种极其广泛的意义，几乎覆盖了**人类心智所能认知的一切种类的有规律性的事物**。只有当世界上存在某些特定的有规律性的事物时，生命(尤其是有智能的生命)才可能出现。鸟类能认知黄蜂身上的黑色与黄色条纹，人类能认知种子播下去后的植物生长。在任何一种情况下，人或动物的头脑都能意识到模式。(第 12 页，黑体字强调部分出自原作。)

我第一次阅读《数学的序幕》是在高中时代，那时我是一个科学狂热者。索耶关于数学究竟是什么的描述，同我从学校课程中形成的印象迥然不同，它强烈地吸引了我，让我第一次打算让自己成为一名数学家。

但我起先并未想起自己曾经读到过那段有关模式的论述，直到 1995 年。1994 年时，我曾为"科学美国人文库"(*Scientific American Library*)写过一本书，书名叫做《数学：模式的科学》。下一年，有位读者写信给我，指出了我的书名与索耶先生的言辞之间的相似性。显然，他的书曾经影响过我，以至于若干年后，一见到斯蒂恩的文章标题，我就立即想起了"模式的科学"那个短语。

哈佛大学的格利森(Andrew Gleason)提出了关于数学的类似观点。在 1984 年 10 月《美国艺术与科学院公报》(*Bulletin of the American Acade-*

my of Arts and Sciences)上刊出的一篇文章中,他写道:

> 数学是规律的科学。在这里,我把规律理解为模式与规律性。数学的宗旨在于识别与描述规律的源头,规律的种类,以及曾经出现过的各种规律之间的关系。

"模式的科学"这个短语的大部分冲击力来自它的简洁性。然而,简洁性的代价是可能产生误解。在这件事情上,"模式"这个字眼还需要一些详细的说明。可以肯定,它并不仅仅局限于视觉模式,例如墙纸的模式或浴室地砖的模式,尽管这两种模式都可以用数学加以研究。一个略微详尽的定义是:**数学是规律、模式、结构与逻辑关系的科学**。然而,由于数学家在这里所说的"模式"这个字眼已经包括了扩充定义里的所有内容,较短的定义已经把该说的统统说了。(如果你对"模式"这个词的意义有了充分理解的话。)

数学家研究的模式与关系在自然界中到处存在:花卉的对称模式,复杂的纽结模式,行星在天空中扫过的轨道,豹皮上的斑点模式,大众的投票模式,骰子或轮盘赌中出现的各种随机结果模式,构成句子的各个单词之间的关联,以及我们认为是音乐的声音模式等等。有的时候模式是数值性的,可以用算术来描述,例如上面提到的投票模式。但非数值性的模式更为常见,例如纽结模式与花卉的对称模式几乎同数没什么关系。

由于研究的是如此抽象的模式,数学经常让我们能够看出(从而有可能加以利用)两种乍看全然不同的现象之间的相似性。因此,我们可以把数学看作一副"概念眼镜",能让我们看到一些用其他方法看不见的事物——一种相当于内科医生的 X 光机或士兵的夜视镜的智力工具。借助于数学,我们能**化不可见为可见**——我又发现了一个威力巨大的短语,于是把它作为我写的另一本书的副标题,书名叫做:《数学语言:化不可见为可见》(*The Language of Mathematics: Making the Invisible Visible*),下面让我来举一些例子,说明数学家如何化不可见为可见。

离开数学,你就无法理解大型喷气式客机为什么能在空中飞行而不落下来。大家都知道,若没有支撑,庞大的金属物体不可能保持离开地面。但当你抬头仰望飞过头顶的喷气式客机时,你看不到任何东西在支撑它。这就需要数学来使你“看到”,究竟是什么能使飞机维持在高空。在这个问题上起作用的是18世纪初的数学家丹尼尔·伯努利(Daniel Bernoulli)发现的一个方程。

是什么让除飞机之外的许多东西在我们松开它们时落到地面上?你会回答:“是重力。”但那只不过是给了它一个名称而已,它仍然是不可见的。我们也许还是叫它魔力更好。17世纪牛顿所发现的运动力学方程使我们得以“看到”那个不可见的巨大力量,它能让地球绕日运行,又能让一只苹果从树上落到地面。

伯努利的方程和牛顿的方程都用上了微积分。使无穷小量成为可见正是微积分的工作原理。这又是一个化不可见为可见的实例。

下面再来说一个。在我们向外层空间发送太空飞船来对我们自己的行星——地球照相之前2000多年,希腊数学家埃拉托色尼(Eratosthenes)就已经用数学证明:地球是圆的。事实上,他测算了地球的直径,并由此得出它的曲率,有着相当不错的准确性。

物理学家试图用数学预测宇宙的最后结局。在这种情况下,被数学化为可见的不可见事物是根本没有发生过的事物。物理学家已经用数学看到了遥远的过去,让另一个不可见的被我们称为“大爆炸”的宇宙最初形成的瞬间成为可见。

现在回到地球上来,你怎么才能“看到”是什么让足球比赛的图像与声音出现在城市另一侧的电视屏幕上的呢?通常的说法是,图像与声音是由无线电波(一种电磁辐射)传输的。但它和重力一样,不过是给某种现象取的一个名字而已,不能帮助我们去“看到”它。这时候,你需要的是19世纪发现的麦克斯韦方程组,来“看到”用别的办法不可见的无线电波。

以下是一些与人类有关的模式:

- 亚里士多德打算利用数学来“看到”我们认为是音乐的声音的不可见模式。

- 亚里士多德也想用数学描述戏剧演出的不可见结构。
- 20 世纪 50 年代,语言学家乔姆斯基(Noam Chomsky)用数学"看到"了组成人们认为符合语法的句子的单词的不可见抽象模式,从而把语言学由一门晦涩不明的人类学分支转变成为一门繁荣兴旺的数理科学。

最后要说的是,利用数学,我们可以"看到"未来。

- 概率论与数理统计使我们能够以惊人的准确性预测选举结果。
- 我们用微积分来预报明天的天气。
- 市场分析师用数学理论预测证券市场的起伏变化。
- 保险公司利用统计学与概率论预估某一不测事件在下一年可能出现的概率,并据以定出保险费。

在把眼光转向未来时,我们的数学洞察力还很不够,我们的预报有时会出错。但如果没有数学,我们将无法看到一点点东西。

40 年前,科学家维格纳(Eugene Wigner)写了一篇题为"自然科学中数学的过度影响"的文章。维格纳质疑道:"数学为什么可以被到处滥用,并取得如此重大的影响呢?"一旦你认识到数学并不是什么人为的游戏,而是用于研究我们周围的茫茫红尘中出现的各种模式时,维格纳所看到的现象就显得不足为奇了。

数学不是研究数,而是研究生活。它研究我们生活在其中的世界。它研究各种思想观念。它通常被描述成乏味的、枯燥的,但事实决非如此,它充满了创造力。

许多人拿数学与音乐相比。两者确实有不少共同点,其中包括抽象符号的使用。打开一本典型的数学书,给人的第一印象就是书中充满了符号——一页复一页的看上去像用奇怪的字母书写的外语似的符号。事实上,它就是那么回事。数学家用数学语言表达他们的观念与想法。

这是为什么?如果数学研究的是生活与我们生活在其中的世界,那么为什么数学家要去使用这样一种语言,让许多人在走出校门之前就对这门学科失去兴趣?这并不是因为数学家都是些行为反常的人,喜欢整天遨游在充斥着毫无意义的符号的代数海洋里。他们之所以依赖抽象符号,根本原因在于:数学家研究的模式,本身就是抽象模式。

你可以把数学家的抽象模式看作世间事物的"骨架"。数学家选取一些世间事物的状况(例如一朵花或一种扑克游戏),从中抽取若干特性,摒弃其他一切细节,只留下一个抽象的骨架。对花朵来说,其抽象骨架可能就是它的对称性;对扑克游戏来说,也许就是牌的分布或者赌博的方式。

为了研究这样的抽象模式,数学家不得不使用一种抽象符号。音乐家用同样的抽象符号来描述音乐模式。为什么他们要这样做?因为他们试图把仅仅存在于人类头脑中的模式写在纸上。同样的曲调可以在钢琴、吉他、双簧管或长笛上演奏。虽然音色各异,但曲调是一样的。区分曲调的不是乐器,而是展现的**乐音模式**。而音乐符号所捕捉到的,恰恰就是那个抽象模式。

当一位数学家观看一页写满数学符号的纸张时,他所看到的符号并不比训练有素的音乐家在一页乐谱上看到的音乐符号更多。训练有素的音乐家的眼睛能够直接穿透音符,读出它们所表示的乐音。与之类似,训练有素的数学家能够直接穿透数学符号,读出它们所表示的模式。

事实上,数学与音乐之间的联系可能更加深远——一直到产生两者的特定装置:人类大脑的结构。当实验对象执行各种脑力或体力任务时,现代影像技术可以显示大脑的兴奋部位。研究人员把专业音乐家倾听音乐时所产生的影像同数学家研究数学问题时所产生的影像进行了比对,结果发现两者竟然十分类似,从而表明音乐家与数学家所使用的似乎是同一"线路"。(但对业余爱好者来说,这个结果有时并不适用。)

有了这些总体看法作为后盾,让我们再来仔细看看数学使我们能化不可见为可见的几种途径。我将从显然属于"模式"的现象开始,逐步过渡到越来越复杂的各种规律。

4.2 数学家如何进行形状研究?

几何学这个词来源于希腊文 geo metros,意思是"土地测量"。几何学最早是由古埃及人、巴比伦人与中国人发展起来的,用于勘定土地疆界,建造房屋,以及标示导航星座。年纪在30岁以上的大多数美国人能记得的高中时代学习的几何知识,都是公元前650年至公元前250年期间主要由古希腊人取得的研究成果的精简形式。①

在几何学中我们研究的是形状的模式。不是任意的形状,而是较为规则的形状,例如三角形、正方形、矩形、平行四边形、五边形、六边形、圆、椭圆,以及在三维空间里的四面体、立方体、八面体、球、椭球等等类似的东西。我们从周围世界中看到了这些形状的实例——太阳与月亮的圆形外观,圆形的钟面,圆形的车轮,三角形、正方形与六边形的地砖,立方体状的盒子,球状的网球,椭球状的橄榄球,如此等等。几何学把这些形状从现实世界的个别实例中分离出来,以抽象的方式对它们进行研究。

在决定对何种形状进行研究之后,几何学家旋即发现了适用于一切形状的一般规律。例如,毕达哥拉斯定理断言,对任一直角三角形,斜边长度的平方等于其他两边长度的平方之和。

许多基本几何定理被古希腊数学家欧几里得收集在他的名著《几何

① 较为年轻的人也可能没有学过几何学。若干年前,在一种错误思想的指导之下(认为今日世界与几何学已不再有重要联系,这种观点充分暴露出那些决策者是多么无知!),几何学被重新安排而沦为学校里的选修课程。尽管没有多少人真的能够直接应用几何知识,然而几何学是高中课程中独一无二的让孩子们直接接触形式推理与数学证明这两个重要概念的课程。

直接接触形式的数学思维是极其重要的,至少有两个理由。第一,生活在今天这个扎根于数学的世界上的公民理应对社会的主要支柱之一至少有一个基本的概念。第二,美国教育部在1997年所作的一项调查(即赖利报告)表明,**不管被调查人在大学里攻读什么专业**,在高中阶段读完几何课程的人在进入高校时考分远远高于那些没有学过几何的人,在大学里的表现也比后者为好。正如调查的组织者所指出的那样,主要因素并不在于学生们把几何学得如何之好。仅仅把它学完就会给他们学习其他课程带来巨大好处。——原注原本》之中，该书写于约公元前350年。《几何原本》中最深奥的定理之一是关于所谓正多面体的。它们是正多边形在三维空间中的类似物。

正多边形是由相等长度的边围成的图形，每对相邻的边相交成等角。这类图形中，最简单的是正三角形，它的三条边全都相等，每个顶角等于60°。然后是正方形，正五边形(每个顶角等于108°)，正六边形(顶角为120°)，如此等等(见图4.1)。正多边形的边数可以由你任意确定。

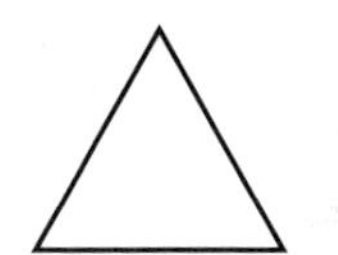  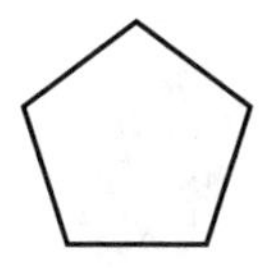 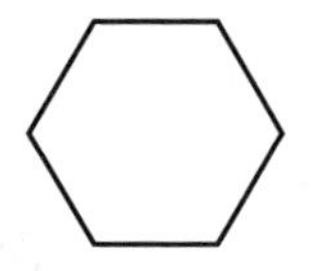

图4.1 正多边形。所有的边都相等、所有的内角(顶角)都相等的多边形称为正多边形。正多边形的边数可以是大于2的任何自然数。图中给出了前面四个正多边形：正三角形、正方形、正五边形与正六边形。

正多面体是一种三维物体，它的各面都是全等的正多边形，而且所有相交面所成的角全都相等。你也许会认为，像正多边形的情况那样，存在着面数可为任意自然数的正多面体。但这种想法并不正确。在欧几里得的《几何原本》中已经证明，只有五种正多面体：正四面体(四个全等的正三角形面)、立方体(六个全等的正方形面)、正八面体(八个全等的正三角形面)、正十二面体(十二个全等的正五边形面)和正二十面体(二十个全等的正三角形面)。这些都画在图4.2中。在这个例子中，几何定律限定了可能出现的个数。

对墙纸图案来说，也有类似情况出现。几何定律把可能出现的情况限定为17种。

时至今日，尽管我们中间的大多数人在得知仅有五种正多面体存在时会感到惊奇，然而我们并不会对存在一个关于它们的数学定理感到惊奇。正多面体确实是那种可以指望存在着有关它们的数学定理的事物。但是，墙纸呢？

当人们得知墙纸的模式存在着理论限制时，难免会感到更加惊讶。

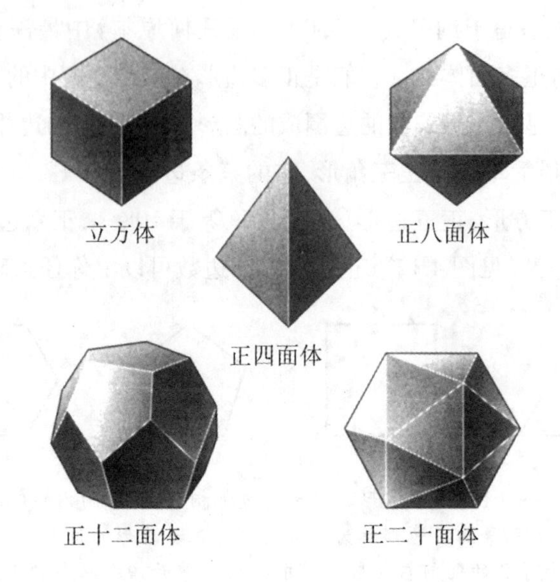

图 4.2　正多面体。所有的面都全等、所有的内角都相等的多面体称为正多面体。恰好存在着五种正多面体。

显然,图案设计者总是能产生新想法,不是吗？他们当然可以。但数学定理研究的不是墙纸图案的局部细节。吸引数学家注意的是,墙纸总是将一种特定的图案无限**重复**。对一个确定图案进行无限重复,究竟能有多少种不同方法？重复的模式是什么？

你可以把基本图案简单地进行复制，然后并排放置。你也可以对它交替地进行从左到右的镜射。或者可以对它作某种旋转，诸如此类不一而足。那么，你究竟**可以**想出多少种不同办法？

一旦沿着这些思路去思考,问问自己无限地重复一个确定的基本图案究竟涉及的是什么,你就会发现它是高度结构化的,实际上是有关**几何**的。这正是需要用得上数学的东西。

话虽如此,我还是对重复一个确定图案恰好有 17 种办法感到十分惊奇。其中有些办法是相当复杂的,然而有趣的是,早在 19 世纪的数学家把这些办法一一列举出来,并且证明再无其他的办法之前好几百年,地毯、马赛克、装饰性墙砖的设计者已经把它们全都做出来了。图 4.3 给出了 17 种可能的墙纸模式的例子。

图 4.3 墙纸模式。对一个确定图案进行无限重复,使之覆盖整个平面,共有 17 种不同办法。这些图给出了 17 种不同的将一个墙纸图案进行变换的办法。

墙纸模式的定理提供了一个很好的范例,为我们说明了数学是如何研究现实世界的。数学是处理精确模式的精确学科。就几何而言,模式是一目了然的——直线、三角形、圆、四面体、球,诸如此类的东西。但有时,你在发现这些精确模式之前必须先找到一种正确方法来研究某个现象。对墙纸设计来说,有针对性的问题应该是:究竟该采用什么模式来对一个确定图案进行无限重复,使之覆盖整个墙面?

当然,在进行研究之前,你无法知道能否发现什么有趣(或有用)的数学问题。墙纸的重复模式是有关**数学**的,因为可以证明一个关于它的定理。对于动物的毛皮图案,也有类似的情况发生。

虽然豹身上的斑点或老虎身上的条纹显示出某些规律性,但它们看起来不像是能用得上数学的那种几何规律性。不过,对动物的毛皮斑纹来说,是不是存在一种使数学有用武之地的潜在模式呢?

直到不久前,答案仍然是否定的。然而,近20年来,数学家已经开始建立起一种生物几何学。这门新数学的成果之一是发现动物的毛皮图案完全像正多面体或墙纸模式一样,受到数学规律的制约。这一发现的关键是找到研究这个现象的正确方法。就动物毛皮图案而言,有针对性的问题应该是:究竟是什么机制产生了不同的斑点与条纹图案?

4.3 动物毛皮图案几何学

用数学研究生物形状的想法是由伟大的英国思想家汤普森(D'Arcy Thompson)在他的名著《生长与形状》(*On Growth and Form*)中提出的,该书1917年首次出版。20世纪50年代,英国数学家图灵(Alan Turing)吸收了汤普森的建议,提出了一种特定机制,把数学应用于研究动物的毛皮图案。他将这个新的领域称做"形态发生学"。

图灵的想法是要建立描述动物毛皮图案形状的方程式,其根据是生成这些形状的生物或化学过程。这个想法不错,但多年以来没有人取得过多大进展。首先,生物学家对真实的生长过程只是刚刚开始有所了解。其次,有关生物学与化学的这类方程式的求解方式完全不同于圆或抛物线那样能描绘出曲线图像的简易方程。

只有在计算机与计算机图像学有了长足进展之后,人们才有可能开始考虑图灵的想法。

20世纪80年代晚期,牛津大学的数学家默里(James Murray)着手采用一个三步过程来实施图灵的计划。第一步是把描述动物皮毛上产生颜色的化学过程用方程列出来。第二步是设计一个计算机程序来求解这些方程。第三步是应用计算机图像技术,把方程的解答转化为图形。如果一切都起作用,而且这些方程真的能够描述生长模式,那么所得出的图形应该同自然界中所观察到的动物毛皮图案的部分或全部种类相类似。

默里知道,动物毛皮上任何颜色的产生都是由一种化学物质——黑色素所引起的,该物质由表皮下方的细胞所分泌。正是这种化学物质使皮肤白皙的人可以晒黑。但豹身上的斑点或老虎身上的条纹又是怎么出现的呢?

默里首先假定:是某些化学物质刺激细胞产生了黑色素。可见的毛皮图案实质上是不可见的化学模式在皮肤上的反映:化学物质的高浓度导致黑色素沉积,改变颜色,较低的浓度则使皮肤颜色保持不变。这样一来,问题就成为:是什么原因使得导致产生黑色素的化学物质聚合成为一种有规则的模式,以至于一旦"触发"黑色素时,会在皮肤上形成可见的图案?

一种可能的机制是由所谓反应—扩散系统提供的。在该系统中,同一溶液(或同一皮肤)中的两种或两种以上化学物质,为了争夺势力范围,在溶液中反应、扩散。尽管反应—扩散系统在20世纪50年代就由数学家作为一种理论首先提出,它只是后来才被化学家在实验室里观察到。甚至在今天,仍是数学家从理论上对它进行的研究比化学家在实验室里对它进行的研究要多。

为了把事物搞得尽可能简单化,默里假定皮肤只产生两种化学物质,一种促进黑色素的产生,另一种则对它进行抑制。他还进一步假定,有促进作用的化学物质的存在刺激了有抑制作用的化学物质的生成。最后,他假定,在皮肤中有抑制作用的化学物质的传播速度要比有促进作用的化学物质更快。以这些假定为前提,一旦有促进作用的化学物质达到了一定浓度,就会刺激有抑制作用的化学物质的生成,然后较快传播的后者就会把前者"包围"起来,阻挠它的进一步传播。结果将是:含促进物质的区域被含抑制物质的区域团团包围起来。也就是说,产生了斑点。

默里把这一过程比喻为下面的场景。他设想在一片极为干燥的森林中分散驻扎着一些消防员,装备有直升机与救火设备。森林中一旦起火(促进物质),消防员(抑制物质)就立即出动扑救。他们乘坐直升机,移动速度比火的蔓延快(抑制物质的传播速度快于促进物质)。然而,由于火势很强(促进物质的浓度很高),消防员遏制不了中心部分的大火。于是,他们只好利用速度优势,赶在火头前面对树木喷洒耐火的化学药剂。当大火烧到这些喷过药剂的树时,火势就停滞不前了。从空中看下去,结果将是一个大火燃烧的焦黑斑点,外面围绕着一圈喷射过化学药剂的绿色树木。

现在设想森林中有多处起火,散布在整个林区。从空中俯瞰,其情景将是一小堆一小堆烧得焦黑的树木散布在未烧着的树木的成片绿荫之中。如果各处火头相距较远,那么从空中见到的图案将是绿色海洋中的一个个黑点。但若邻近的各处火头在得到有效遏制前已经合成一片,那就将形成不同的图案。确切的图案将取决于原始起火点的数量与相对位置,当然大火的蔓延与消防员的移动速度(反应—扩散率)也是重要因素。

默里感兴趣的是:如果原始的起火点是随机的,结果将会产生什么图案?在这种情况下,不同的反应—扩散率将如何影响最终的图案?更特别的是,是否存在一些反应—扩散率,使得有可能从起火源的随机模式最终导出斑点或条纹之类的可识别图案?在这里,数学有了用武之地。某些方程可用来描述化学物质之间的反应与扩散。这些方程涉及源自微积分的数学技巧,被称为偏微分方程。有了这些方程之后,默里就可以把生物学、化学等一概置诸脑后,而把精力集中到数学上来。把他的偏微分方程输入电子计算机,默里就可以在屏幕上看到生成的图像,它们表明了化学物质扩散的方式。令他吃惊的是,即使采用只有两种化学物质的简单情况,方程所产生的离散图案看上去非常类似动物的皮肤。

事实上,通过对他的方程尝试采用不同的参数值,默里发现了(反应—扩散过程得以进行,并形成毛皮图案的)皮肤表面区域的形状与大小之间的一种简单的、迄今未知的关联。他发现,极小的表皮区域根本不产生图案;细长的区域将产生垂直于区域长度方向的条纹;整体上略呈方形的区域将导致斑点的出现,其确切图案取决于区域的大小。对于很大的区域,他看不到任何图案(参见图4.4)。

关键因素是反应—扩散过程发生之际动物毛皮的形状与大小。对大多数动物来说,那是在胚胎形成时期,而不是在发育成熟的成年时期。例如,斑马的妊娠期长达一年,在其早期有四周时间胚胎的形状细长,犹如铅笔。默里的数学理论预言,如果反应发生在这一期间,结果将产生条纹状的图案。但就豹的胚胎而言,当反应—扩散发生时,其形状是圆圆胖胖的,从而默里的偏微分方程预言将出现斑点。豹尾是个例外。在整个胚胎发育阶段,尾巴总是长长的,像支铅笔,这就说明了何以豹的尾巴总是带条纹的。

默里的偏微分方程所描述的是不是真正发生的事情?由于生物学家尚未通过实验观察到胚胎皮肤的反应—扩散过程,我们还不能肯定。默

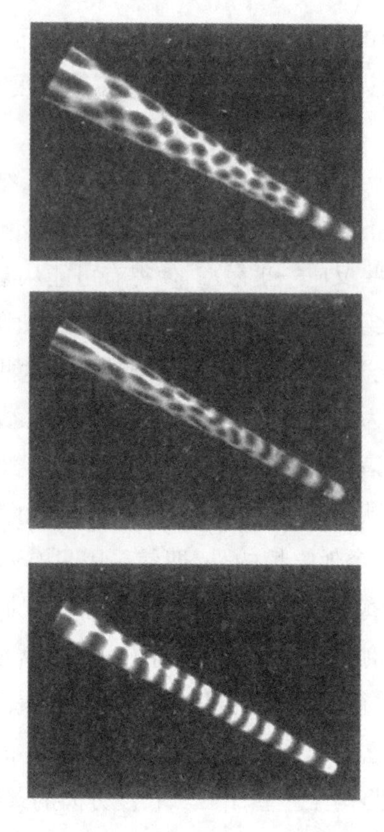

图 4.4　通过求解数学生物学家默里的偏微分方程，在计算机屏幕上产生的由数学手段生成的动物毛皮图案。对方程中的某一参数值加以改变后，默里把一条有斑点的兽尾变成了条纹状的。

里选取了最简单的情况，其中只有两种化学反应物，所以没有理由认为他的方程确切如实地描绘了一切情况。不过，他的那些方程确实产生了自然界中所能观察到的一切毛皮图案。

表明默里是走在正确道路上的部分令人信服的证据是，他的那套数学理论回答了动物学上一个长期悬而未决的问题：为什么有好几种动物有着带斑点的躯体和带条纹的尾巴，但是没有一种动物有着带条纹的躯体和带斑点的尾巴？对于如此奇妙的现象，似乎没有什么进化方面的原因可以解释。然而默里却提供了一个简单得近乎可笑的解释：这不过是许多动物胚胎有着圆胖躯体与瘦长尾巴的直接后果而已，但是没有一种动物胚胎有着瘦长的躯体与圆胖的尾巴。

如果默里**确实**说对了，那么我们就有了一个关于进化如何导致高度有效作用过程的相当了不起的实例。动物毛皮图案有两个很显著的生存优势：伪装与吸引异性。问题在于，它是怎样实现的？

大自然并不需要把完整详细的图案作为代码输入到动物的DNA中去，而只要有效利用默里所发现的数学模式就行了。DNA必需具备的功能只是解读指令，告诉处于成长发育期的胚胎皮肤（对有些动物来说是刚出生时期的皮肤，如达尔马提亚狗[①]，其皮肤图案在出生后才出现），何时要启动反应—扩散过程，何时要停下来。最后形成的毛皮图案就由发育阶段皮肤的形状和大小决定下来了。

动物毛皮图案的数学理论是几种新的生物几何学之一，我在1998年所写的《数字化的生命》一书中对此有过描述。另一个我认为适合在此提出的例子是花卉几何学。

① 达尔马提亚是克罗地亚西南部的一个地区，特产一种有黑斑或棕斑的白色短毛大狗。——译注

4.4 花卉几何学

怎样描述花卉的形状？也许你会说雏菊是圆形的。可是没有什么花卉真正是圆形的，那只是隔着一段距离看上去如此。倘若认真地看一下，你会发现花朵是由许多花瓣组成的，它们描绘出的形状要比圆复杂得多。能否利用数学来描述雏菊的真实形状呢？对于丁香花之类非圆形的花朵又会怎样呢？能不能用数学来描述丁香花的形状？

这问题似乎没什么意义。毕竟，对花卉作数学描述，能得到些什么好处？

答案之一是，科学知识总是会给人类带来福祉，这是历史一再教导我们的。例如，19 世纪早期，数学家开始研究各种纽结模式。他们的唯一动机只是出于好奇。但近 25 年来，生物学家已经利用纽结的数学理论去同病毒作斗争，其中有许多病毒改变了 DNA 分子环绕自身的方式，产生了纽结。

为丁香花找到一种数学描述很可能有助于更准确地预报天气。下面说说其中的道理。

正如前面说过的墙纸模式与动物毛皮图案那样，关键性的第一步是要找出观察现象的正确途径。就动物毛皮的例子而言，问题在于，不要花费太多精力去研究最后形成的图案，而应该着眼于产生这些图案的过程。也许类似的办法对花卉研究也能派上用场。我们能否通过研究大自然究竟如何**塑造**出花卉的形状，来发展出一套花卉几何学呢？

仔细观察一朵丁香花，你会注意到它的一小部分看上去同整朵花极为类似。你可以在其他一些花卉，以及花椰菜、甘蓝等蔬菜上看到类似现象。数学家称此种性质为自相似性。

云层也具有自相似性。描述自相似模式的数学方法可以用来研究云层。给出了云层的数学描述之后，我们就可以利用计算机来模拟云层的形成、增长与移动。利用这些模拟，我们就有可能改进对恶劣天气的预报能力，并利用预报在遭受暴风雨或龙卷风的灾害时更好地保护自己。这些并不完全是幻想。此类研究工作早已进行了若干年。

19 世纪末,一位名叫科赫(Helge Koch)的数学家研究了自相似性。科赫注意到,如果你从一个等边三角形开始,在每条边的中间$\frac{1}{3}$处添上一个较小的等边三角形,然后不断重复这一过程,在每条边的中间$\frac{1}{3}$处添上越来越小的等边三角形,最后你会得出一个令人目眩神迷的形状,如今它被称为科赫雪花曲线,见图 4.5。(确切地说,每当添加一个新的等边三角形时,要将原先的中间$\frac{1}{3}$处的线段抹去。)

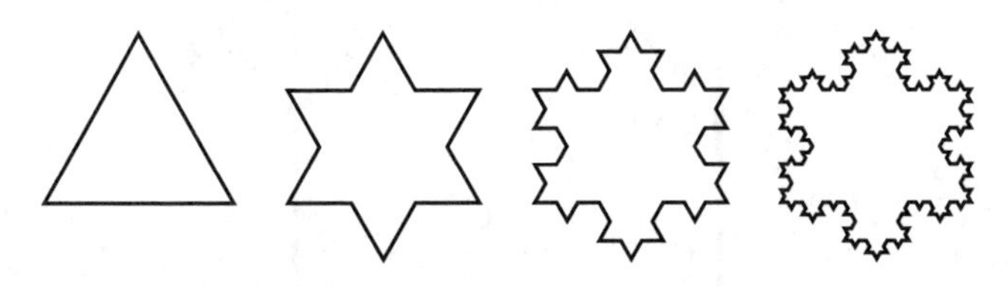

图 4.5　科赫雪花曲线开始成形

这个例子表明,一个极其复杂的形状可能是反复应用极为简单的规则得出的。自相似性就是不断地重复使用同一规则的结果。如今,数学家把自相似图形称为"分形"(fractal),这个名词是数学家芒德布罗(Benoit Mandelbrot)在 20 世纪 60 年代所取的,他记载了自然界中存在的许多自相似性的实例,并对它们加以研究。

为了得出某个分形的几何描述,数学家着眼于寻找那些一旦被反复应用就会产生自相似图形的规则。这类不断重复的生长规则系统被称为 *L* 系统,这是以生物学家林登迈尔(Aristid Lindenmayer)命名的,他在 1968 年建立了一个描述细胞层面的植物生长发育的形式模型。

例如,一个极其简单的、产生树枝图形的 *L* 系统告诉我们,如果从任何一个分支的顶部开始,在那里生出两个新的分支,一起形成三个顶端。当我们反复施行这一规则时,就将很快得出一个树枝状的图形。只须用一张纸和一支铅笔,就可执行该规则的最初几步迭代(见图 4.6)。而当你在计算机上把这个规则重复上百次,你得到的图形看上去就像一棵真正的大树。

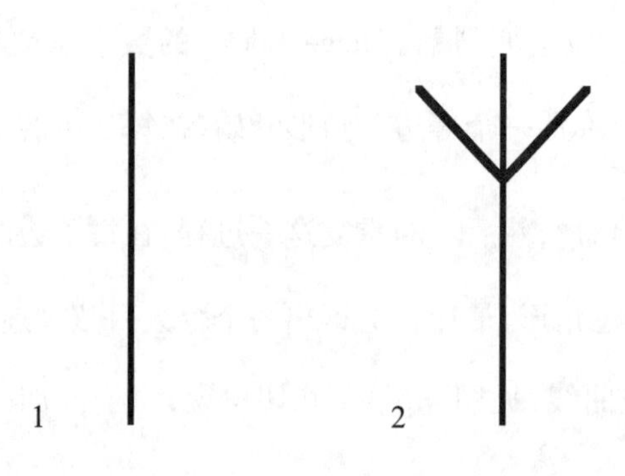

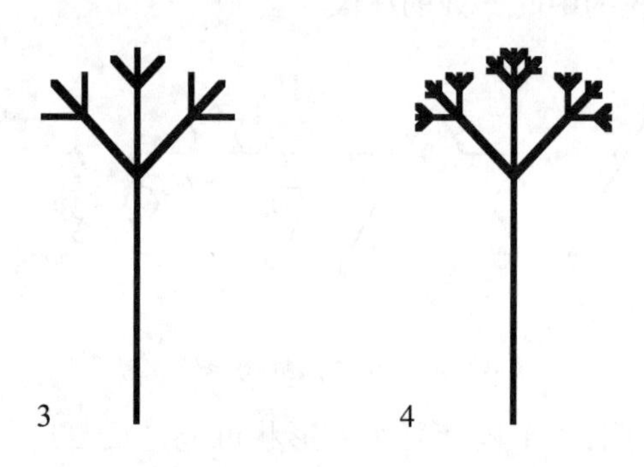

图 4.6　一个简单再生规则的不断重复迅速产生了树状结构。这个规则是：在每根顶端分支的$\frac{2}{3}$高处产生两根新的分支，每根分支的长度等于原来分支长度的$\frac{1}{3}$。

数学家普鲁辛凯维奇(Przemyslaw Prusinkiewicz)利用这种方法在电脑上“生成”了一些花卉。例如，要生成丁香花时，他先用一个非常简单的 L 系统来生成花的骨架。然后，在对一朵真花做出仔细丈量之后，他改进了自己的 L 系统，以便产生出来的图形更贴近实物。使用改进了的 L 系统，他生成了丁香花的分支结构。然后，他又用同样的方法建立了一个不同的 L 系统，来生成盛开的花朵。结果是：一簇丁香花出现在他眼前。不是真花，而是计算机生成的数学花(见图 4.7)。

普鲁辛凯维奇用电脑生成的花朵看起来像什么呢？它看上去简直就像是真花的一张照片。犹如默里的偏微分方程所生成的动物毛皮图案就

图4.7　由简单生长规则的反复迭代生成的电子丁香花。这类例子表明，许多看来似乎非常复杂的自然界中的物质可用极简单的规则产生出来。

像真的一样。

两者都表明自然界中的复杂形状可能来自极简单的规则。正如普鲁辛凯维奇所说："植物一再重复着同样的事情。由于它在许多地方都这样干，最后就得出了一个我们看上去很复杂的结构。然而，它并不真的很复杂，不过是难以分析而已。"

默里与普鲁辛凯维奇两人都看到了有关他们研究工作的非常令人满意的美学价值。例如,默里说道:

当我独自一人,或者同妻子、女儿或儿子漫步于森林中,并有空闲环顾四周时,我觉得很难不去看看一棵蕨类植物,或去观察一棵树的树皮,并想了解它是怎么生成的,为什么会长成这种模样。这并不意味着我是一个不懂欣赏日落或鲜花的美丽的人;这些想法与问题本身就点缀着那种欣赏。

普鲁辛凯维奇也有一种类似的对生活的欣赏,他写道:

当你欣赏植物的形态美时,它不仅来自其静态结构,也往往来自导致该结构的过程。对欣赏花卉或树叶之美的科学家来说,了解这些事物怎样随时间而演变是很重要的方面。我将它称为植物的算法美。它是一小部分潜在的美。

4.5 眼睛看不见的美丽模式

在几何学里我们研究了周围世界的一些可见的模式。这些可见模式可以是古希腊人研究过的、显然具有数学性质的形状——如三角形、圆、多面体之类，也可以是动物的毛皮图案，或者是植物与花朵的生长模式。（至于是否要把这些新近的研究称为“几何”，那不过是一个如何定义的问题。无论如何，这类研究肯定是具有数学性质的，它们所研究的是形状的可见模式。）

不过，我们的眼睛还能察觉到别的模式，它们更多地是属于形式模式而不是形状模式。对称就是一个明显的例子。花朵与雪花的对称显然同它们的几何规整性有关。可是我们并没有真正看到对称——至少不是用我们的眼睛看到它，而是用我们的头脑来察觉到它的存在。“看见”对称性的实际模式（相对于对称模式而言）的唯一途径是通过数学。通过把看不见的能产生美的对称性模式化为可见，对对称性的研究捕捉到了形状的更深刻、更抽象的属性。

在这个例子上，我的讲述将比动物毛皮图案与花卉的例子更深入一些，这会使很多读者感到下面几页文字读起来比较艰深。请大家多多包涵。我正在致力于研究人类如何取得研究数学的能力（以及何以有许多人看来不会运用这一能力），因此想通过这个特例来说明自己的观点。

第一步是要找出一个准确的方法去看待对称性——一种能让数学家开始运用形式逻辑并（有可能）写出公式与方程的方法。要建立数学的一个新的分支，这第一步通常总是最困难的。并不是数学方面的困难，而是那里还根本没有数学可言！可以说，问题在于找出一种看待现象的新思路。

什么是对称性？用日常生活中的话来说，如果从不同的侧面或不同的角度看到的某个物体（例如一只花瓶或一张人脸）是完全相同的，或者该物体在镜子中被反射，我们就说它是对称的。这些通常的观察结论并没有把所有的可能性一网打尽，但它们抓住了主要部分。

首先，我们选取“从几个（或许多）角度看上去完全相同”的一般观念,并将它转化为具体形式。(由一些实物开始,按照对这些物体的具体操作来看待对称性,从而得出对称性的抽象的形式定义,以便将它用于完全抽象的物体。)

“从不同角度看上去完全相同”到底是什么意思呢?让我们以此作为开始。设想你面前有某个物体。它可以是一个二维的图形或者是一个三维的物体。现在设想它正在绕一点或一条直线旋转(参见图4.8与4.9)。在这个操作之后,物体**看上去**是不是和原来完全相同?——它的位置、形状与方向与原来相同吗?如果是相同的,我们就说,**对那个特定操作来说**,物体是“对称”的。

例如,如果我们取一个圆,让它绕着圆心转任意角度,结果所得到的图形与原来的完全相同(见图4.8)。于是我们就说,对任何围绕圆心的旋转,圆是对称的。当然除非正好旋转了360°(或者360°的一个整数倍),否则圆上的任一点在旋转前后的位置是不同的。圆其实是**移动过**的。但是,尽管单个的点都已移动过,从整体看来,圆还是圆,前后完全相同。

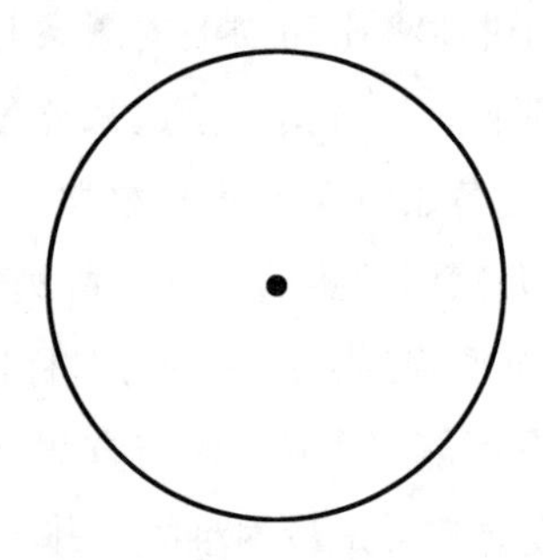

图4.8 将一个圆绕着圆心旋转任意角度,或者以任意直径为轴作镜射,结果看上去完全相同。

圆的对称性不仅仅在于围绕圆心的旋转,也在于相对任意直径的镜射。这里的镜射是指把图形上的每一点转换到所选直径的正对面处。例如,在钟面上,以垂直直径为轴的镜射使9点与3点互换位置,10点与2点互换位置,如此等等(见图4.9)。

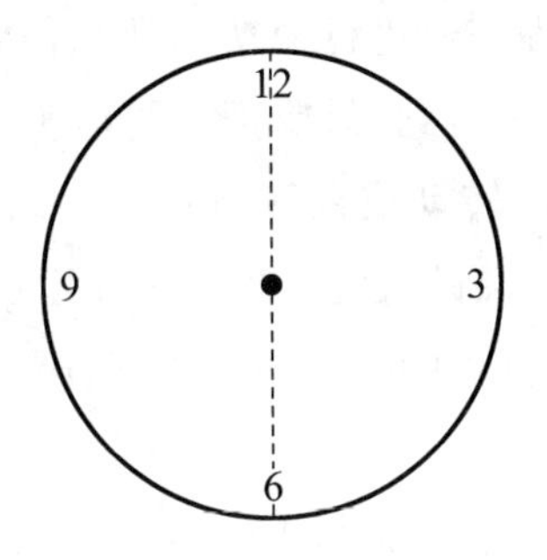

图 4.9　以钟面上 12 点至 6 点的直径为轴作镜射,将使 3 点与 9 点互换位置。

圆这种图形真是非同寻常,因为它有许许多多对称,用日常生活中的话来说,我们可以称它为“高度对称的”。

另一方面,正方形的对称性就要比圆贫乏一些。如果把正方形向任一方向旋转 90°或 180°,它看上去是相同的。但如果把它转 45°,它看上去就不一样了——我们看到的像是一个菱形。使正方形看上去不变的其他操作还有:以平行于正方形一边的穿过正方形中心的两条直线中的任一条为轴作镜射,或者以正方形的任一对角线为轴作镜射。图 4.10 表明,上述的每一个操作都把正方形上的特定点移动到其他位置,但同圆的情况一样,我们看到的最终图形,其位置、形状、方向是相同的。

人脸也有对称性,但不如正方形多。如果通过鼻子中央作一根垂线,

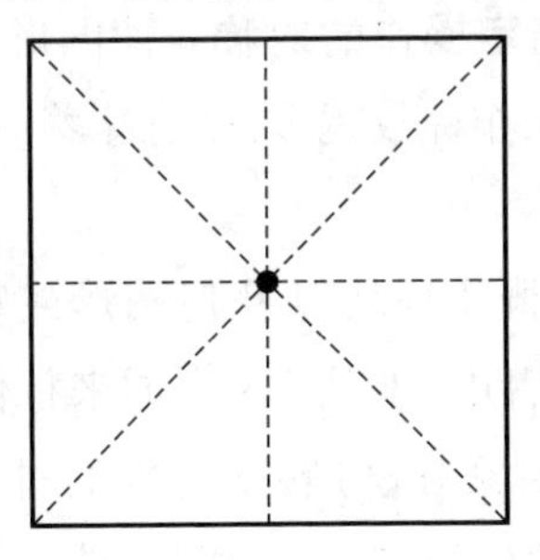

图 4.10　将一个正方形绕其中心转动一个或多个直角,或者以图上任一虚线为轴作镜射,结果看上去完全相同。

以此为轴作镜射(即将左右侧进行交换),那么得到的结果与原来的脸看上去相同。这种变换极易得到,只要把一张透明的相片底片简单地左右翻转就行。然而,其他的转动或镜射所得出的结果就不一样了。(在这里,我假定有一张完美无缺的人脸。现实中并不存在真正对称的人脸,正如没有一种真实物体是真正的圆一样。数学研究的对象往往是现实世界事物的假想的完美形式。)

在三维空间中,人体的对称性同镜射有关,镜射平面自上而下从前到后垂直地通过人体中心——这种镜射使人体的左、右半边互换位置。这种对称性正是使镜子看上去具有一种奇妙性质的原因。当你对着镜子看时,你会看到一个左右对调的自己(如果你举起左手,你会看到镜子里回看你的人举起右手),但是你的镜射像并没有上下对调。为什么镜子对调了左右却没有对调上下?如果你侧躺在镜子前面,左腰在上,头在右边,你又会看到什么?

对这种奇妙现象的解释是:镜子其实并没有交换任何事物。如果你的左手腕上戴着一只手表,那么镜中人正对着你的左手的手腕上就戴着一只手表。与此类似,镜中人的头也正好对着你的头。但是,由于人体的左—右对称性,在你看来,**似乎有另一个人正面对着你**。面对着你的另一个人确实以他(她)的右手正对着你的左手。

接下来,我们将从日常生活中的“对称”观念逐渐过渡到更精确的概念,即**关于物体的一个特定操作的对称**。使图形或物体(在位置、形状与方向上)看上去相同的操作种数越多,就意味着该图形或物体在日常意义上越“对称”。

由于我们想把对称概念应用到几何图形或物理对象之外的事物中去,从现在开始,我们将启用“变换”这个词来替代“操作”。**变换**就是把一个对象(可以是一个抽象对象)转变为别的对象。变换可能是简单的**平移**(把对象移动到别的位置,但不加以旋转),或者**旋转**(二维图形围绕一个定点,三维对象则绕着一条定直线),或者**镜射**(二维图形是关于一条直线,三维对象则是关于一个平面)。它也有可能是现实对象通常不可能实现的转变,例如伸展或压缩。

就对称性所作的数学研究，关键是要着眼于对象的变换，而不是对象本身。

对数学家来说，图形的**对称性**是使图形保持不变的变换。这里的“不变”，是指就整体而言，变换前后的图形位置、形状、方向看上去完全相同，尽管单个的点被移动过。

由于平移包含在可能的变换之中，我们前面讨论过的重复的墙纸模式就是对称。实际上，证明重复一个确定的局部图案恰好有 17 种办法的理由正是对称性的数学知识。可允许的变换（墙纸模式的对称变换）必须作用于整个墙面，而不只是它的某个局部。正是这个限制，把对称的种数限定为 17。

墙纸模式定理的证明涉及对变换方法种数的严密检验。变换可以组合起来得出新的变换，例如在逆时针方向旋转 90°后继之以镜射。事实证明，变换的组合是要遵循一种“算术”规律的，正如（类似的）算术可用来组合数。在通常的算术里头，你可以把两数相加，得出一个新数，也可把两数相乘，得出一个新数。而在“变换的算术”中，你可以通过在一个变换后继之以另一个变换，把两个变换组合起来得出一个新的变换。

变换的算术运算起来与通常的、关于数的算术有许多相似之处，但也存在着一些有趣的差异。18 世纪后期，这门奇特的新算术的建立导致了一大堆令人目眩神迷的新数学成果，它们不仅影响了数学本身，而且还使物理学、化学、结晶学、医学、工程学、通信系统、计算机技术等学科受益匪浅。

4.6 为什么有独立数学观点的人也喜欢在集群中工作

数学家谈到“群(group)”这个话题时,他们指的很可能不是“交心”治疗小组[1]或是浴场聚会的人群,而是指那些强有力的新算术品种——数学家为它取了一个很古怪的名字,叫做“群论”。

对对称性的最初一瞥使我们走上了一条准确性越来越高、抽象化越来越深的道路。从对事物是否“对称”的直觉意识开始,我们被引导到系统地表达数学上的“对称性”的确切概念——使图形或物体在总体上保持不变(看起来完全相同)的变换。然后我们意识到,把图形或物体的两个对称变换组合起来,可以得到(该图形或物体的)另一种对称变换。这又使我们想起了算术中通过加法或乘法可以把两个数组合起来,得出一个新的数。

我们要走的下一步是,看看对称变换的组合模式同把数相加或把数相乘的模式相比,究竟有何不同。

请注意,我们是如何通过持续寻找新的模式(尤其是以新的姿态出现的熟悉模式)来不断改变观点的。我敢肯定,这种对观点的经常改变,以及伴随而来的持续增长的抽象化(从“模式”到“模式的模式”,再到“模式的模式的模式”),正是高等数学中使大多数人感到最难对付的东西。(我也是其中之一。)

对第一次走上这条道路的18世纪数学家来说,我们现在正在走的这条“对称之路”无异于一次走向未知的远征。需要有惊人的洞察力与极大的创造力才能预见到:把对称变换组合起来的简单想法竟会通向一种强有力的新算术——群的算术。

任意给出一个图形,该图形的**对称群**就是使图形保持不变的所有变换的集合。例如,圆的对称群包括所有围绕圆心的(沿任意方向、以任意角度的)旋转,以任意直径为轴的镜射,以及这些变换的任意组合。围绕圆心转动时,圆的不变性称为旋转对称;以直径为轴作镜射时的不变性称为镜射对称。两者均可通过视觉来辨认。

① 英文为encounter groups,是一种精神病集体疗法。——译注

由于它是一个如此简单的例子,下面我就将通过圆的对称群来向你们展示怎样做群的“算术”。这里需要用到一点代数知识,它有点像你们在高中学过的那种熟悉的代数。不过,在高中代数里,字母 x,y,z 一般是指未知数,但这里的字母 S,T,W 却是指(上面例子中所说的圆的)对称变换。

如果你全都忘记了,你可以随时停下来,直接向前跳到下一章的开头。你还是能够读完本书的,不过你也许不能充分领会我的思想了——我认为,数学思维无非是其他思维的一个变种而已。(当然,今后你可以随时回过头来再看一看本章。通读本书以后,我希望能够说服你:你真的有能力去进行这样的研究和探讨。)我开始讲了。

设 S,T 为圆的对称群中的两个变换,那么先执行 S 再执行 T 的结果也是对称群中的一个成员。(何以如此? 这是由于 S,T 都能使圆保持不变,从而两个变换组合之后也能使圆保持不变。)一般用 $T \circ S$ 表示这种双变换。(它读作“T 组合 S”。请注意,先执行的变换必须写在后面,这是有充足理由的。与群和其他数学分支相联系的抽象模式一般都是如此,但我不打算在这里继续深入这种联系了。)

正如我前面提到的那样,这种把两个变换组合起来得出第三个变换的办法令人回想起加法与乘法运算,它们能组合任一对整数,以得出第三个数。对一贯致力于寻找模式与构造的数学家来说,想知道整数的加法与乘法的哪些性质在组合对称变换时被仿效是很自然的事情。

先来看看被称为**结合**的运算:若 S,T,W 为对称群中的变换,则有

$$(S \circ T) \circ W = S \circ (T \circ W)。$$

这一等式的意思是指:如果你想组合三个变换,那么先组合哪两个是无关紧要的(只要保持同样的顺序:S,T,W)。你可以先做 $S \circ T$,然后再将其结果同 W 组合;你也可以先做 $T \circ W$,然后再将 S 与其结果组合。两种方法得到的答案是相同的。在这一方面,新运算与整数的加法或乘法运算极为类似。

其次,存在着一个**恒等**变换,能使与之组合的任意变换保持不变。它就是**零旋转**,也就是旋转角等于 0 的旋转。零旋转 I 可以同任何别的变换 T 组合,得出

$$T \circ I = I \circ T = T。$$

这里零旋转 I 扮演的角色同数 0 在加法中的角色(对任意整数 x 均

有 $x+0=0+x=x$)，或者数 1 在乘法中的角色($x\times1=1\times x=x$)简直一模一样。

第三，每个变换都有一个**逆**：若 T 为某个变换，则必存在另一个变换 S，两者组合之后得出恒等变换。

$$T\circ S=S\circ T=I。$$

旋转的逆也是一个旋转，旋转角相等但方向相反。任一镜射的逆即为该镜射本身。为了得出任意旋转与镜射的有限次组合的逆，可以用相反的旋转与镜射的组合以抵消其效应：从最后一个变换开始，复原它，然后复原前一个变换，再前一个变换，依此类推。

逆变换的存在同另一条我们熟知的整数加法性质非常类似：对任一整数 m，存在着一个整数 n，使得

$$m+n=n+m=0(0\text{ 是加法中的恒等量})。$$

m 的逆，其实就是负的 m。换句话说：$n=-m$。

但对整数乘法而言，同样的结论不成立。对任一整数 m，未必能找到一个整数 n，使得

$$m\times n=n\times m=1(1\text{ 是乘法中的恒等量})。$$

实际上，仅当整数 $m=1$ 或 $m=-1$ 时，才能找到满足上述等式的整数 n。由此可见，就前两项性质(结合性与恒等量的存在)而言，关于圆的群的算术酷似整数的加法与乘法，但对第三项性质(逆的存在)而言，群的算术类似于整数的加法，却与整数的乘法有所不同。

现在来总结一下：圆的任意两个对称变换可以用组合运算加以组合，以得出第三个对称变换，这种运算里有三项性质：结合性、恒等量与逆，同我们中间多数人熟悉的整数算术非常类似。

尽管我们正在考虑的只是圆的对称，但是我们刚才所观察到的一切对任一图形或物体的对称变换群都是成立的。(倘若你不相信，请随便挑选一个别的图形，譬如正方形，回过头来检验一遍。)换言之，对称变换的算术适用于任何图形或物体。尤其是，此种算术与整数加法极为类似(但整数乘法并不尽然)。

数学家一旦意识到他们找到了一种新型算术，他们便立即开始用一种完全抽象的方式来研究它。现在，如果你认为事情已变得够抽象了，那

你就对了。然而,抽象是数学武库中最具威力的兵器之一,只要一有机会,它们便跃跃欲试。对群论来说,下一步抽象就是要彻底忘掉真实的对称,以及这些对称的基础图形或物体,专门着眼于算术。最终得出的结果是被称为“群”的(抽象)数学对象的完全抽象的定义。

一般来说,一旦数学家遇到某个实体的集合 G(它可以是某一图形的全部对称变换的集合,但不一定非要如此),以及把 G 中任意两个元素 x,y 组合起来以得出 G 中的另一个元素 $x*y$(读作“x 星 y”,或简单地读作“xy”)的运算,那么只要以下三个条件能得到满足,数学家就会把这种集合称为**群**:

G1. 对 G 中所有的元素 x,y,z,均有

$$(x*y)*z=x*(y*z)。$$

G2. 对 G 中所有的元素 x,存在 G 中的一个元素 e,有

$$x*e=e*x=x。$$

(e 称为恒等元素)

G3. 对 G 中的每一个元素 x,存在 G 中的一个元素 y,有

$$x*y=y*x=e,$$

此处的 e 即条件 G2 中的 e。

以上三个条件(通常称为群的公理①)正是我们在组合任一图形的对

① 公理的最著名例子兴许就是欧几里得在其巨著《几何原本》里为平面几何写下的那几条。他从两个初始假定开始:

1. 点不可分;

2. 直线没有宽度。

接着,他提出了五个公设,他相信用这些已足够证明平面几何中的一切成立的事实:

1. 任意两点可通过一条直线联结;

2. 直线可以无限延伸;

3. 给定任意一点,可以此点为圆心,任意长为半径画一个圆;

4. 所有的直角都相等;

5. 给定任一直线,以及不在直线上的一点,只有通过该点的唯一一条直线与已知直线平行。(如果两条直线无论如何延长都不相交,则称它们互相平行。)

实际上,欧几里得遗漏了一些非常微妙的、在他的证明中不知不觉地用上了的假定,但他在大的环节上是正确的。19 世纪末叶,被遗漏的公理由德国大数学家希尔伯特(David Hilbert)进行了补充。——原注

称变换时观察到的性质:结合性、恒等量与逆。由此可见,图形的一切对称变换的集合是一个群:G 是该图形的全部对称变换的集合,也是把两个对称变换组合起来的操作。

可以确定的是,若 G 为整数集合,而运算 $*$ 为加法,则此种结构就是一个群。正如我们已观察到的,整数集合与乘法不能构成一个群。但你可以毫无困难地使自己相信,若 G 为除去零以外的一切有理数(即全部整数与分数)的集合,而 $*$ 是通常的乘法,则其结果是一个群。你需要做的就是,证明当记号 $*$ 表示乘法时,上述条件 G1,G2,G3 对非零有理数都是成立的。在这个例子中,公理 G2 中的恒等元素 e 就是 1。

我们用来计时的有限算术是群的又一实例。在这种算术里,12 小时的钟面上刻着整数 1,2,…,12(它们组成了集合 G),在做加法时必须遵循规则:一旦超过 12,必须重新回到 1。例如,$9+6=3$,这个等式看上去有点怪异,但你如果想起

$$9\text{点}+6\text{小时}=3\text{点},$$

就恍然大悟了。

对这种算术来说,结合性条件(G1)是成立的。例如:

(9 点 +6 小时) +2 小时 =9 点 +(6 小时 +2 小时) =5 点。

(你可以自己算一算。)

于是有:

$$(9+6)+2=9+(6+2)=5。$$

恒等量的情况又如何呢? 在钟面算术里,加 12 将回到同一个时点。例如,

$$2\text{点}+12\text{小时}=12\text{点}+2\text{小时}=2\text{点},$$

从而有:

$$2+12=12+2=2。$$

可见条件 G2 也是成立的,数 12 便是恒等元素。(请注意,钟面算术中没有 0。)条件 G3 的情况又怎样呢? 为了得出 G 中任一数的逆,你只要继续绕着钟面前进,直到走到 12 为止。例如,7 的逆为 5,这是由于

$$7+5=5+7=12,$$

而 12 是 12 小时钟面算术中的恒等元素。(由此可见,在 12 小时钟面算术中,我们可以得出十分古怪的等式 $-7=5$。)

钟面群非常有意思,但对数学家来说,它并不特别有趣。我之所以要提到它,只是想说明:除了我们前面探讨过的之外,许多其他地方也都会产生群的概念。实际上,群遍布于各处。群的“模式”隐藏在各类现象之后。这就是每一个数学专业的大学生都要学习群论的原因。

4.7　这里是最难啃的材料

在我们探讨对称群的进一步实例之前,值得再花费一些时间去看看那三个条件,它们决定了一个实体集合与一种运算能不能构成一个群。

问题在于,从三个群论公理出发,还有什么群的其他性质将自动伴随出现?任何能被我们证明是群论公理的逻辑结果的东西,对一切特定的群都自动成立。(可能这是另一个有些读者打算避开并直接跳到下一章的节骨眼。我前面已经说过,只要你坚持阅读本章,坚持得越久,就能越好地理解我的有关数学思维本质的论证。不过,你仍然可以随时回过头来重读这部分内容。)

第一个条件 G1,即结合性,我们在加法与乘法的算术运算中就已经很熟悉了(但减法与除法不适用)。我对它不想再多谈。

条件 G2 断言了恒等元素的存在。在整数加法的情况下,只有一个恒等元素:数 0。对所有的群来说,这是否一定成立呢?或者是整数算术有什么特别的性质?

事实上,任何群都只有唯一的恒等元素。如果 e,i 都是恒等元素的话,只要把条件 G2 接连使用两遍,即可得出:

$$e=e*i=i。$$

由此可见,e,i 不能不是同一个元素。

特别地,上述情况表明,在条件 G3 中出现的 e 只可能是一个元素。(记得 G3 说的是:对 G 中的每一个元素 x,存在 G 中的一个元素 y,有 $x*y=y*x=e$。)利用这个事实,我们可以证明,对 G 中的任一给定元素 x,仅有 G 中的**一个**元素 y 可以满足 G3 的条件。这证明起来有点难度。坚持一下。

设 y 与 z 都是满足 G3 的 x 的逆,即假设

$$x*y=y*x=e,$$

$$x*z=z*x=e,$$

于是有:

$$y=y*e(e\text{ 的性质})$$

$$= y * (x * z)（第 2 个等式）$$

$$= (y * x) * z（G1）$$

$$= e * z（第 1 个等式）$$

$$= z（e 的性质）。$$

因此，y 与 z 是同一个元素。换言之，对一个给定的 x，只能有一个这样的 y。

因为与 G3 中给定的 x 有关的只能有一个 y，从而可以给那个 y 一个名称：它被称为 x 的（群）**逆**，并常用 x^{-1} 来表示。通过这些，我刚好证明了群论中的一个定理：在任何一个群中，每个元素都有一个唯一的逆。我是由群的公理，即三项初始条件 G1，G2，G3，经过逻辑推论来对此加以证明的。

对大多数人来说，上面的代数内容已经把他们搞得很紧张了，但对数学家而言，这却是相当简单明了的。（这种理解上的巨大差别的原因当然是本书试图加以解释的内容之一。）不管你觉得它是易是难，它都阐明了数学中的抽象所表现出来的巨大力量。数学里头有着许许多多群的实例。我们**只利用群的公理**，证明了群逆是唯一的，这一事实可适用于任何一个群的例子，不需要再作进一步的研究了。倘若明天你遇见一种新的数学结构，而且认定它是一个群，那么你将立即知晓，群中任一元素都有一个唯一的逆。事实上，你会知晓新发现的结构拥有可以用群的公理系统（以抽象形式）建立起来的**每一项**性质。

一种抽象结构（例如群）的实例越多，关于它的被证明的定理的应用范围也就越广。效率大增的代价是：研究者必须学会与高度抽象的结构（抽象实体的抽象模式）打交道。

在群论里，群的元素究为何物，群的操作如何进行，一般并不重要。它们的特性不起任何作用。群的元素可以是数、变换或别的实体；而群的运算可以是加法、乘法、对称变换的组合，或者无论什么东西。人们所重视的，只是这些对象与操作必须满足群的公理 G1，G2，G3。

对群的公理系统，最后要说明的一点是顺序问题。熟悉四则运算交换律的人也许会问：为什么我们不把下面的性质收罗进去作为第四条公理。

G4. 对 G 中所有的元素 x,y,均有

$$x * y = y * x。$$

没有这条公理就意味着,在 G2 与 G3 中,组合的方式必须要有两种写法。例如,在 G2 中,$x * e$ 与 $e * x$ 都出现了。如果交换律成立的话,我们可以把 G2 改写为:

对 G 中所有的元素 x,存在 G 中的一个元素 e,有

$$x * e = x。$$

数学家之所以不列出公理 G4,是因为它把许多数学家想了解的群的实例排斥在外了。通过把 G2 与 G3 叙述成前面那种方式,而把交换律排除在外,可以使群的概念比另一种做法有更广泛的应用。

现在让我们来考察一个比圆稍微复杂些的例子——图 4.11 所示的正三角形对称群。这个三角形正好有六种对称,它们是恒等变换 I(不作任何改变的变换),转角为 120°与 240°的顺时针方向旋转 v 与 w,以及分别以直线 X,Y,Z 为轴作的镜射 x,y,z。(三角形移动时,直线 X,Y,Z 固定不变。)没有必要把逆时针方向的旋转列出来,因为逆时针方向旋转 120°相当于顺时针方向旋转 240°,逆时针方向旋转 240°与顺时针方向旋转 120°的作用也完全相同。

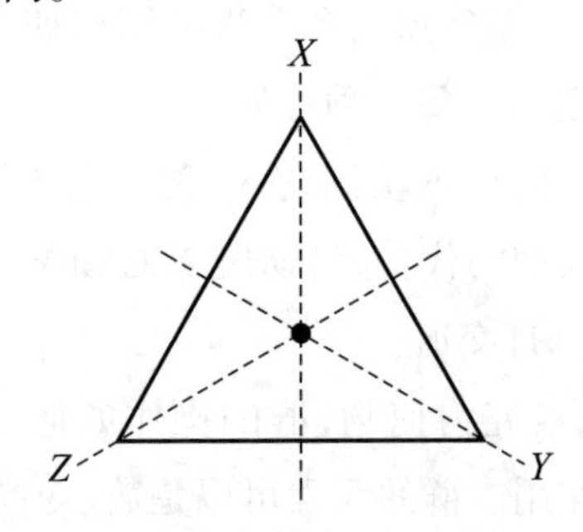

图 4.11　将一个三角形绕其中心按顺时针或逆时针方向旋转 120°,或者以图上的虚线 X, Y,Z 之一为轴作镜射,结果看上去完全相同。

同样没有必要把这六种变换的任何组合收罗进去,因为任意组合的结果相当于六种已有的变换之一。图 4.12 所示的表格列出了应用任意两种基本变换的结果。例如,变换 x 与 v 的组合可得出 y,我们可以记为:

$$x \circ v = y。$$

$\circ$	I	v	w	x	y	z
I	I	v	w	x	y	z
v	v	w	I	z	x	y
w	w	I	v	y	z	x
x	x	y	z	I	v	w
y	y	z	x	w	I	v
z	z	x	y	v	w	I

图 4.12　正三角形对称群的乘法表

如果先执行变换 w,再执行 x,其结果即群的元素 $x \circ w$,它是 z;如果把变换 v 连续执行两次,即 $v \circ v$,它是 w。从群的乘法表还可以看出,v 与 w 是互逆的,而 x,y,z 的每一个都是自逆的。另外,$x \circ y = v$,而 $y \circ x = w$,所以这个群不是交换群。

由于六个变换中任意两者的组合仍是这类变换之一,故而对任何有限组合,情况仍然如此。你只需要连续地应用配对规则就行。例如,组合 $(w \circ x) \circ y$ 相当于 $y \circ y$,而后者又相当于 I。

现在,你有了群论中的乘法表,就是那个在小学时期带给你许多麻烦的东西的等价物。就抽象化而言,我们干的活并不见得比小学算术更为复杂。

那么,为什么人们感觉群论乘法表要复杂得多呢?

部分原因在于它看上去要抽象得多。不过,我并不认为变换的组合要比数的组合更加抽象。唯一的差别是:变换是你**执行的过程**,而数则基于你**计数的集合**。而这种差异并不算很大。两者都能具体地操作——用卡片裁剪出图形来做对称变换，或者用一堆筹码来做算术。倘若我们在童年时期就学习了对称变换的“算术”，成长以后才遇到数，兴许我们会认为群甚至比算术还要容易一些。

这指出了影响我们学习数学的方法的一个重要因素。儿童不仅拥有极强的掌握抽象概念的能力，而且拥有这样做的本能。这正是儿童用来学习语言的能力，每个孩子做起来都十分轻松自如。由于孩子们在小小年纪就开始学习算术，他们对此达到了相当好的掌握程度。等到他们面对学习一种“不同的算术”（不管是高中的代数，还是大学的群论）时，他们不仅丧失了本能地掌握抽象化的能力，更糟糕的是，许多人还产生了一种不良预期，认为他们**不可能**掌握这门学问。同生活中许多事物一样，预期往往变成事实。

第5章　数学家的大脑与众不同吗

5.1　爱米莉X的奇案

50多岁或更大年纪的美国读者也许还能想起我称之为“爱米莉X(Emily X)”的那个人。20世纪60年代,爱米莉就读于美国加州大学伯克利分校数学系,是一位聪明活泼的女大学生。她的父母都是附近奥克兰儿童医院的内科医生,她还有一个弟弟名叫托德(Todd),尚在高中读书。她的数学能力非同寻常,作为大二学生的她,已经在修习本科生课程的同时学习研究生课程了,教授们也开始引导她向研究生学业前进。看来,她的前途一片光明,很有指望。

然而,在读大三的那一年,爱米莉突然失踪了。没有留下字条,也没有给她的朋友留下任何信息。她的父母与弟弟精神上遭到了极大打击。

时间一天天、一周周、一月月地过去,最后连报纸上也不再刊登与此有关的故事了。一年、两年、三年,依然没有关于她的行踪的线索。认识她的人担心最坏的事情也许已经发生——她遭到了诱拐,而且已被杀害。

然而,就在她失踪将近五年的一天,爱米莉重新出现了。她不声不响地走回原来的家,倒了一杯牛奶,做了一个花生奶油果冻三明治,然后打开电视机,坐下来等候她父母下班回家。

她看起来身体健康、不胖不瘦,没有任何受到身体伤害的迹象,表面上十分快乐。但她对离家出走的情况一无所知，也不记得前五年到底发生了什么。她不知道肯尼迪总统已遇刺身亡，也没听说过披头士乐队。在她看来，时间仍然停留在1962年。

唯一明显的改变只有她以前的数学教授方能发觉。爱米莉的数学能力大有长进。五年前，她是一个很有前途的大二学生。现在，她已经能同伯克利分校的世界知名的数学教授们并驾齐驱了。

这一切是怎样发生的呢？很快就发现，她没有进过任何其他大学。即使如某些评论员认为的那样，她可能在国外就读，也无法解释为什么她除了所学的数学之外，别的什么都记不起来。

爱米莉足足花了六个月时间，费尽心机地追思那些丢失的岁月。在此期间，她又恢复了学习。其实，不如说她是与以前的老师们一起对付数学中重大的未解决问题。

就在她"赶上"这个现实世界之后，又发生了两桩大事，再一次改变了她的生活。

第一桩事情是，一天早上醒来，她发现自己似乎丧失了数学能力。尽管她还能做算术，能像任何一位聪明的高中生那样进行初等代数的符号运算，但她已经搞不了最简单的数学论证了——就好像她一点不明白证明为何物。

第二桩事情是，那天夜里，她经历了第一次记忆重现，这些记忆最终让她得以把"迷失的岁月"里的经历拼凑了起来。

迄今为止，一切都还有据可查。疑问出现在爱米莉对她五年"迷失的岁月"里所经过的一段生活的讲述。她对那段在"天寒地冻，到处都是雪，天空闪烁着银色光辉的地方"（引自她的自传体小说《我那迷失的岁月》（*My Lost Years*））的生活，描述得如此详尽，逻辑上无懈可击，很难相信这些是胡编乱造的。然而，我们中间的绝大多数人都会认为她所描述的那个世界只不过是科幻小说，拒绝接受它。

尽管爱米莉最终康复得相当好，足以过上一个外表很正常的人的生活，可是她从未结婚，也没有建立过什么亲密的私人关系。这一点特别值得关注，因为在她所描述的"迷失的岁月"里，充斥着对友谊、爱情、婚礼与婚姻的详尽说明。只是在许久之后，当她恢复了更多迷失岁月的痛苦记忆时，产生这种影响的原因才变得明朗起来。

在爱米莉的另一个世界里，人与人之间的关系有些是很平凡的，但也有些显得很奇特。例如，她用整整一节的篇幅，不厌其详地描述了她在另一个世界的朋友珍妮特(Janet)与埃立克(Eric)，他们是一对夫妻，后来一起爱上了一个名叫保罗(Paul)的年轻人，并随后与之结婚。"三角婚姻"在爱米莉的另一个世界里相当平常。下面引用她自己的话(《我那迷失的岁月》第193页)：

> 法律并不禁止多人婚姻，然而经济上的原因限制了它的规模。例如，在"三角婚姻"中，新来的伴侣与原先的两个人拥有同等的权利。当保罗与珍妮特及埃立克结婚时，他的权利与他们完全一样。如果埃立克同保罗先成亲，然后再一起与珍妮特结婚，情况也相同。先走进婚姻中的人，在法律上并不占据优势。如果一对伴侣同第三个人结婚，他们肯定会放弃一些东西。当然，他们也能获得不少好处。不过，大多数人还是决定不这样搞。

在小说的另一处地方，爱米莉讲述了她自己的"空虚婚姻"。这个词在爱米莉的另一个世界里的意义与现实世界中人们通常理解的失败的婚姻不大一样。爱米莉解释说，"空虚婚姻"是指一种结婚仪式，当事人同一个国家指定的个人结婚，这样的人被称为tolen①。尽管在法律上视为有效，但这个仪式并不改变任何一方的法律地位。它的唯一目的只是使参与者能够经历一次婚姻仪式。

许多美国读者可能会记得《今夜秀》(*The Tonight Show*)电视节目中爱米莉同(主持人)卡森(Johnny Carson)在一起的镜头。卡森在他的自传里详细叙述了这次会谈(《这里是约翰尼》(*Here's Johnny*)第207页)：

① 爱米莉杜撰的英语单词，可能有承认、尊重的意思。——译注

在交谈中，我问她："离婚的情况怎么样？"

"哦，是的。那里当然也有离婚，"爱米莉答道。

"你也许生活在内华达州！①"我调侃道。

她对我的幽默未加理会，于是我又提了另一个问题："请告诉我，在你们那个世界里，离婚该怎么操作？容易不容易？"

"不容易，根本不容易，"爱米莉答道，"离婚简直就是一种特殊形式的结婚。你必须先找到你那位配偶的'婚姻解除者'，然后你同那个人举行正常的结婚仪式。事毕之后，你就不再是已婚者了。"

我评论说这件事情听上去不难办，并且开玩笑说伊丽莎白·泰勒②始终都在玩这种游戏。然而爱米莉对我试图活跃气氛的插话置若罔闻。她继续滔滔不绝，一步步地讲解这种离婚过程，就像是在手把手地教一个孩子如何煮熟鸡蛋。她说道："每一个人都有一个'婚姻解除者'，但只有唯一的一个，所以困难在于如何找到他。而这需要花费大量时间，甚至永远找不到那个人。那样的事情确实可能发生。当然，有些中介机构在寻找'婚姻解除者'方面很在行，很专业……"

听到这里，制片人向我猛烈地挥手，示意我控制局面，于是我不得不及时打断，以免将会谈变成一次听课。"我敢打赌，中介收费一定很贵。"我再次插话道。

不幸的是，爱米莉再次毫不理会我的插科打诨。她用一本正经的态度，肯定了离婚不仅代价昂贵，而且极难安排。制片人面露绝望之色。我只好再作尝试。

"那么，我猜你当时肯定不在内华达州！"

这句话总算起了作用。她理解了我的意图。"不，我可以肯定，那个地方不是内华达州。"她笑着作了回答。那可真是一场大笑。

① 20世纪上半叶，美国人离婚并不普遍，也不自由。但内华达州的里诺市离婚比较方便，只要住够规定时间，交纳一定费用就可完成。于是成千上万的美国人为了顺利离婚蜂拥至此。——译注

② 伊丽莎白·泰勒(Elizabeth Taylor)，好莱坞著名女明星，曾多次结婚、离婚。——译注

这个时候，脱口秀节目到了尽头。爱米莉最后的大笑给观众留下了一个很正面的印象。爱米莉本来会被看作一个荒诞怪异的人，她也几乎做到了这点，但最后时刻她改变了人们的看法。那最后一句评论挽救了她，也挽救了这段节目。

事后回想起来，它应该是我平生最喜爱的脱口秀节目之一。爱米莉是一个极有魅力的人。我没有会谈的其余部分的录像，不过它同节目播出后我接待客人的时间差不多一样长。

不过，如果爱米莉真的不在内华达州度过她那迷失的岁月，那么她会在哪里呢？许多人把爱米莉的故事斥为精神分裂症患者的妄想幻觉，可是他们无法解释以下事实：整整五年之中，没有一个人看到或听说过她，而在同一时期，她无师自通地从一个聪明的数学系女大学生成长为第一流的数学家。要知道，数学是作不了假的。

在下一节，我将对"爱米莉 X"的案例提出一些自己的解释。或许它会改变你对数学的想法。

5.2 数学家如何思考

爱米莉曾经是位数学家,这个事实是否重要?数学家的思考方式是不是同常人不一样?他们的大脑与众不同吗?上面三个问题的答案分别为“是”“部分是”“不是”。在我作出解释之前,请大家不妨先来做一个简单的逻辑推理能力测试。(问题说起来挺简单,可是许多人认为它很难,而且许多人都答错了。)

设想在你面前的一张桌子上放着 4 张卡片。每张卡片有两面,一面印着一个数,另一面印着一个字母。

你在各张卡片朝上的一面看到四个符号:

E K 4 7

然后我告诉你,所有的卡片都是按照下列规则来印制的:**如果卡片的一面印着一个元音字母,那么其另一面必须印着一个偶数**。

你的任务是:确定必须翻转哪几张卡片,才能保证所有四张卡片都遵循上述规则?

在你继续看下去之前,请试着回答上面的问题。

做好了吗?让我们看看你是怎样做的。

我几乎能肯定你会把印着元音字母 E 的那张卡片翻转过来。你肯定会意识到,如果背面的数不是偶数,你就可以推翻规则。几乎每个人都会正确处理这张卡片。与此类似,大多数人意识到他们不需要去翻转那张印着辅音字母 K 的卡片,因为规则根本没有涉及印有辅音字母的卡片。到目前为止,一切顺利。只剩下两张印着数的卡片了。你也许已经决定要翻转印着 4 的那一张。有些人认为你必须翻转这张,也有些人不以为然。实际上,你不需要翻转它。如果你把它翻转过来,而另一面印着元音字母,那是符合规则的;反之,如果你发现背面印着辅音字母,也可以自圆其说,因为规则并未涉及印有辅音字母的卡片。最后,你几乎肯定没什么理由要去翻转那张印着奇数 7 的卡片。然而,它却是非翻不可的:如果另一面上印着元音字母,规则就被推翻了。你必须加以验证,以便消除这种可能性。

换句话说,你必须翻转印着 E 和 7 的两张卡片。如果你用另一种稍稍不同的思路去看待你的任务,想到这一点也许会容易些。与规则对立的唯一组合是一个元音字母与一个奇数。为了了解四张卡片是否都遵循这一规则,你只要检验这种犯忌的组合是否没有出现。这就意味着要去查看印有元音字母或奇数的卡片——在这个例子中,就是印着 E 与 7 的卡片。

这个测试就是认知心理学界赫赫有名的沃森测试,它是以英国心理学家沃森(Peter Wason)命名的,他在 20 世纪 70 年代引入了这个测试。许多被测试者都做错了。

为了恢复你在逻辑推理能力上的信心,下面再来做一个更简单的问题。你要负责一个有年轻人参加的聚会。有些人喝酒,其他人只喝软饮料。有些人已到法定的饮酒年龄,其他人则尚未达到。作为组织者的你必须保证不能触犯有关饮酒的法令,因此你已要求所有的人把他或她的带照片的身份证放在桌子上。在一张桌子周围坐着四位年轻人,他们有可能超过或者尚未达到法定饮酒年龄。其中一人点了瓶啤酒,另一人点了可口可乐,可是他们的身份证正好面朝下,你一时看不到他们的年龄。不过,你可以看到另外两人的身份证。一人不足法定饮酒年龄,另一人则已超过。不幸的是,你不能确定他们喝的是七喜还是加补药的伏特加。你必须查看哪些身份证或饮料,才能确保没人触犯法律?

几乎所有的被测试者都能正确地回答这个问题。你必须查看喝啤酒者的身份证,再用鼻子去闻一闻身份证上表明尚未到达饮酒年龄的那个孩子所喝的饮料究竟是不是酒。

“这有什么大惊小怪的?”你会说,“这个问题容易透顶,比四张卡片的题目简单多了。”那么,我又如何看待它呢?

我的观点是,这与第一个问题实质上是同一个问题!下面是它们的对应关系:

有一个元音字母	在喝酒
有一个辅音字母	在喝软饮料
有一个偶数	达到法定饮酒年龄
有一个奇数	不足法定饮酒年龄

法律规定的"倘若你在喝酒,你必须达到法定年龄"对应于我们前面的规定"如果卡片的一面印着一个元音字母,那么其另一面必须印着一个偶数"。而查看聚会上喝啤酒者的证件与不足法定年龄者所喝的饮料,就相当于卡片问题中翻转 E 与 7 两张卡片。

那么为什么大多数人觉得第一个问题很难,而第二个问题又如此容易?以逻辑观点来看,它们是毫无二致的同一个问题。差别应当在于陈述方式,即问题的提法。第一个例子中的问题是人为设计的任务,同现实世界几乎没有什么联系。而第二个例子中的问题涉及的是人们非常熟悉的具体对象和环境:年轻人,聚会,饮酒法令。就是这些造成了全部的差别。①

沃森测试如此出名,是因为其结果很有戏剧性。陈述方式的改变足以使大多数人会做错的难题转化为大家都能答对的简易题目。事实表明,即使逻辑结构完全一样,人们对熟悉的、日常生活中常见事物与情况的推理能力总要超过不熟悉的抽象事物。

掌握了这些以后,让我们回到爱米莉 X 的案例。

对于爱米莉的传奇故事,你有什么反应呢?几乎可以肯定,你的兴趣一开始主要是从人的角度出发的,你想知道在五年迷失的岁月中,爱米莉究竟遇到了什么事情。

倘若你和大多数读者一样,你感兴趣的就是这些东西(除非你在 20 世纪 60 年代初期住在美国加州,那么你也许会努力回忆真实的事件)。如果你是位人类学家、社会学家或心理学家,那么你也可能对爱米莉那"另一个世界"中的男婚女嫁与有关法律颇感兴趣。(如果你缺乏这类专业兴趣,那就很可能对她的描述一带而过,深感厌烦,就像卡森与他的制片人对《今夜秀》节目的观众的看法一样。)

① 我要指出,正是**问题结构**的抽象化程度造成了人们在沃森测试中成绩的巨大差异。即使利用卡片等实物来作道具,也不见得比(像我已做过的那样)简单地叙述问题更有帮助。纵然用人们熟悉的物体或活动来陈述问题,只要逻辑结构不熟悉,人们还是会感到很困难,例如:"如果一个人吃热辣椒,那么他得喝冰啤酒。"——原注

现在,就某些读者而言,爱米莉的传奇故事为他们提供了另一层兴趣。并不是这些读者没有以正常人的方式对此作出反应,而是他们的专业训练与专业兴趣使他们得以去挖掘与发现被大多数读者忽视的另一层含义。

如果你是位数学家,你很有可能对爱米莉的描述产生与众不同的第二反应。几乎可以肯定,你开始起疑了。

好了,是坦白的时候了:爱米莉的传奇故事纯属虚构。是我临时编造的。不过我之所以这样做,是为了达到一些具体目的,因此希望大家原谅这种欺骗行为。这个故事的目的之一是想把沃森测试的经验推向寻常百姓之家:如果数学概念能讲得通俗易懂的话,你们就能较容易地理解它们。

有可能向数学读者泄露天机的是爱米莉关于婚嫁习俗的描述。那里的三条法律——三角婚姻中的公平原则,无婚姻实效的"空虚婚姻"仪式,以及离婚的奇怪程序(必须找到一位"婚姻解除者"并与之结婚)——实际上就是第4章中列出的群的三条公理G1,G2,G3。但爱米莉没有像我那样用代数语言来描述,而是用了普通的语言。爱米莉把"对称变换"或"抽象的群元素",说成了婚嫁法规。然而,从本质上看,它们是完全相同的。如果用上一章的术语来表述的话,爱米莉"另一个世界"中的婚姻法规充分表明,她的"另一个世界"是一个数学上的"群"。

这最后一个结论的后果之一是,我们可以对爱米莉的那个世界应用第4章末尾的抽象群的一个定理,证明(正如爱米莉在《今夜秀》节目中所声称的,)在她的"另一个世界"中,每个人都恰有唯一的一个"婚姻解除者"。①

数学思维的大幕就在前方,我们已经开始逼近它了。

---

① 对于那些"数学纯粹主义者",我们要作些学术方面的补充:严格来说,组成爱米莉故事中的某个群的对象不是个别的人,而是已婚的家庭。为了让一切都作为群来行事,每一个未婚者都必须被视为已组成了一个"已婚家庭",只是该家庭仅有一个同自己结婚的成员。作出这种规定的理由是:群中任意两个对象的乘积(或组合),必须是同一种类的另一个对象。如果数学家打算把一个数学概念(这里是群的概念)应用于某些现实世界(甚至是虚构的现实世界,就像爱米莉的"另一个世界"),这类策略通常总是必需的。——原注

5.3 抽象思维的四个层次

其他生物种属似乎都不拥有的、仅属于人类大脑的一个显著特征是思考抽象事物的能力。许多生物种属似乎能对当前环境下的事物进行非常初步的推理。包括黑猩猩与类人猿在内的某些生物看来还拥有一些附加能力。例如,倭黑猩猩能够对它非常熟悉的、但目前不在现场的单一事物进行非常有限的推理。相比之下,人类的思考范围却是如此广阔,足以把不同种类的活动组合起来。实际上,我们可以思考我们想要的任何事物:我们熟悉的但目前不在现场的事物;我们从未见过但听到过或在书本上读到过的事物;或者是纯属虚构的事物。于是,尽管一只倭黑猩猩有可能在推断如何重新得到驯兽员藏起来的香蕉,而我们在想的却可能是两只粉红色的独角兽一起拉着一只长达1.8米的镀金大香蕉。

人们怎么会去考虑根本不存在的事物呢?换句话说,当我们想到一头粉红色的独角兽时,我们思维的对象究竟是**什么**?这肯定是哲学家争辩得无休无止的问题之一,然而标准答案却是,我们思维过程中的对象是**符号**(即代表或指示其他事物的事物)。我们将在第8章中较为详细地探讨这个观念,目前让我们先来关注以下事实:构成类人猿或黑猩猩思维对象的符号仅限于世上真实对象的符号表示。另一方面,构成我们的思维对象的符号则还可以代表真实事物的虚拟化身,例如假想的香蕉或假想的马匹,甚至是将真实对象的符号表示拼凑而成的纯属虚构的东西,诸如金香蕉或独角兽。

我发现,按照四个层次来看待抽象思维,对我们很有帮助。

第一层次的抽象就是根本没有作过抽象的场合。思考所涉及的各种事物都是在当前现实环境下易于见到的真实对象。(不过,思考当前环境下的事物,也包括设想它们移动到不同位置,或者以不同方式重新安排位置。因而,我认为把这种过程看作一种抽象思维是合乎情理的,尽管所思考的对象都是当前环境下的具体事物。)有不少动物看来都能进行第一层次的抽象。

第二层次的抽象涉及思考者熟悉的真实事物,但在当前环境下并不能轻而易举地见到。黑猩猩与类人猿看来能进行第二层次的抽象。

据我们所知,迄今只有人类才能进行**第三层次的抽象**。思考的对象可能是听说过但从未真正遇到过的真实事物,也可能是真实事物的虚拟化身或虚幻变种,甚至是许多真实事物的虚幻组合。尽管第三层次抽象中的对象纯属虚构,但是却可以通过实物来描述。例如,我们可以把独角兽描述为额头上长出一只角的马。正如我将在本书第8章中阐明的,就意图与目标而言,以第三层次的抽象进行思考的能力实际上相当于拥有了语言。

第四层次的抽象就是数学思维的发生之处。要知道,数学对象是全然抽象的,它们同现实世界没有简单或直接的联系,而是像第4章结尾处所讨论过的群的实例那样从现实世界中抽象出来的。

人类大脑怎样进化到足以从事数学研究的程度,对此我心中自有一本账(在第8章中,我将提出一些有说服力的论证)。现在,我可以提出其中的一个中心论点。对于高一层次的抽象对象,并不需要获得多少新的思维过程,更多地是利用现有的思维过程。换言之,进展的关键在于抽象化程度的提高,而不是把思维过程搞得更加复杂。

正如我前面已经指出的,我将在适当时机提供充分的论证以支持上述主张,包括研究人类大脑是如何作为一台物理(电化学)仪器而运作的。与此同时,让我们再来看看这些场景同数学思维的某些实例究竟是如何联系的。

还记得沃森测试吗?那个参加假想聚会的虚构年轻人问题涉及的是第三层次的抽象。而四张卡片的问题涉及的就是第四层次的抽象。因为印着字母与数的卡片本身至多属于第三层次的抽象,但是字母与数都是象征性的符号,从而使整个问题提升到第四层次的抽象。即使向你提供货真价实的卡片实物,抽象的层次依然不变。卡片问题的实质与你试图解决问题的方式没有多大关系,它本质上是个纯逻辑问题。如果字母与数显示在计算机屏幕上,而你通过按键来答题,你的思维过程仍然是一样的。(换句话说,卡片问题的意图和目标是彻头彻尾的数学性质的。)反之,你对聚会问题的解答,则在很大程度上取决于年轻人及饮酒法令。你正是根据这些东西解决了问题。这就是为什么,即使已经向人们展示了它与卡片问题的对应关系,人们仍然在求解卡片问题上存在困难。解决聚会问题的轻松愉快并不能传递到与之逻辑等价的卡片问题中去。

在第8章中,我将探究人类大脑取得第三层次抽象能力的方式。我将提出,大脑实质上取得了(以符号方式)充分模拟现实世界的能力,脑中的线路足以使它在没有直接输入的情况下也能正常运作。(用物理术语来说,大脑取得了产生活动模式的能力,这些模式与外部世界通过感觉器官输入大脑的形象相似得惟妙惟肖。)

我们坐在家里读书,解决书中的聚会问题,这个心理过程同我们真的在聚会上面对四个年轻人的情况几乎没有什么两样。

能够以数学方式思考的关键是把此种能力向"虚构现实"更推进一步,进入一个纯粹的符号王国——第四层次的抽象。数学家知道如何在纯粹的符号世界中生活并进行推理。(我在这里所说的"符号世界",并不是指数学家用来写下数学思想与结果的代数符号,而是指构成数学思维焦点的对象和条件都是在脑海中生成的纯粹符号。)尽管肯定不需要另一个大脑来应对这个世界,但它确实是颇费脑力的。只要肯用点心思,所有数学家都能解决上述的四张卡片问题。不过,像别人一样,他们会觉得它比聚会问题要难些。

5.4 生活在符号中

什么是数学思维的本质？栖息于这个符号世界中的它感觉像什么？虽说我已做了30多年的数学家，但仍然不能确切地说清数学思维过程的本质。

我能肯定它不是语言性质的。数学家不通过句子来思考，至少大多数时间不是。你在数学书籍与论文中所看到的严谨的逻辑文字是旨在**交流**数学思维成果的一种尝试。它与思维过程本身并不相像。

在数学思维的问题上，我有幸与许多名家持有同样的观点。1945年，著名法国数学家阿达马（Jacques Hadamard）出了一本题为《数学领域中的创造心理学》（*The Psychology of Invention in the Mathematical Field*）的书，书中引证了许多数学家的观点，谈论搞数学的感受。许多人坚持说他们不利用语言来思考数学问题。例如，爱因斯坦（Albert Einstein）写道：

> 在我的思维过程中，单词与语言看来毫无作用，不管是在写还是在说。作为我的思维构成材料的是一些心理实体，它们是一些若明若暗的符号或形象，我能够将这些东西自由地加以复制和重组。

阿达马也持有同样的观点，他写道：

> 当我真正思考时，单词在我心中是完全不存在的……甚至在读罢或听完一个问题后，当我开始思索的那一刻，一切单词就忽然消失了。

特别有意思的是数学家对他们获得正在冥思苦想的问题解法的描述。一次又一次，答案都在意外时刻出现。研究者往往在从事别的活动，并没有刻意地思索这个问题。而且灵感到来之际，完整的解答忽然就位，就像大型拼图游戏的一片片组件落到地板上，不可思议地拼出了完整的图形。数学家"看到"了解答，而且本能地感觉到了它的正确性。

这一过程中没有语言参与进来。事实上，当某一问题的解答极为复杂时，数学家可能会花上数周或数月时间（通过语言方式）写出一步一步的逻辑论证，这构成了问题的正式解答——对结果的**证明**。

既然数学思维不是语言性质的，数学家不通过单词（或代数符号）去思考，那么数学家思考数学问题时究竟是什么样的确切**感受**呢？我可以告诉你我的感受是什么，而且通过与其他数学家的交流，我相信他们也有同样的感受。但就问题的主观性质而言，我并不能够十分肯定。

当我面对一个需要了解的新数学分支，或一个需要解决的新问题时，我的首要任务就是把所涉及的数学概念带回到现实生活中。可以拿建造与装修房屋来作比喻。我已经有了非常详细的指示（包括计划和模型）。仔细研读了这些指示以后，我就可以购置必要的材料、设备、室内装饰品，并一步一步地建造房屋。这一切完成之后，我就搬了进去。由于我是亲手盖的房，当然对一切布局了如指掌。尽管在开头几天感觉有点奇怪，但很快就会对它极其熟悉，以至在一团漆黑之中也能自由进出。

当然，屋子里有些东西是作为完整的单元买回来的，比如家用锅炉。我并不完全了解这些东西的构造与工作原理。例如，我只知道锅炉制造厂家的说明书，以及怎样把它安装到供热系统。我没有时间也没有必要去学习锅炉的设计与制造工艺。我完全相信设计与制造它的厂家的话，相信它能按照他们所说的那样正常工作。如果后来发生了问题，我会去找他们来帮助解决。

我可以安然住在屋子里，不需要念念不忘地去想它的建造过程。房子在那里，我住在里头，也知道出入的周边环境。下一步的任务是把家具移动到合适的位置，以便使它适应我的生活方式。由于我非常熟悉房子与房子里面的东西，我无需对每件家具都评头论足。我只要集中精力去考虑家具的**布置**，哪几件东西应该放置在一起。

与此相似，当我开始思考一个新的数学分支或面对一个新的数学问题时，我的首要任务就是要“造房子”——一座由抽象的数学对象构成，并且用抽象的逻辑与结构关系固定的“房子”。**理解**数学就好像是建造房屋，并了解其进出途径。

时至今日,数学知识的总量已空前庞大,其中有许多十分复杂,几乎没有一个数学家能全面掌握,只能精通一小部分。(20 世纪产生出来的数学知识比以往整整 3000 年所产生的还要多得多。)于是,我只好像别的数学家一样,相信大部分内容是正确的。例如,为了解决一个特定问题,我会应用其他数学家的研究结论。为了得出自己的解答,我必须理解那些结论,并将它们应用到我自己的问题中去。但我很可能既无时间,也无必要去了解其他数学家是怎样得出那些结论的。我相信他们的专业知识,而且他们为了能正式出版,必须对结论详细核查验证,并请求别的数学家对正确性作出鉴定。正如我把一台复杂的、由计算机控制的锅炉买回家里,我只要知道它的压力值与安装步骤就行了。我不需要知道它的详细工作原理。我相信设计师与生产这种装置的厂家,而且有认可其安全性能的政府证明。

我确实需要弄懂一些数学知识来解决我的问题,其中包括一些来龙去脉不甚清楚的数学事实。为了解决我的问题,对这些支撑力量究竟要了解到什么程度,这是一种数学上的判断。日后我可能发现对另一个人建立起来的某个特定事实需要了解得更多——可能是因为我想从某些方面改进早期的研究结果。但在这种想法开始出现之前,我不需要对此操心。

一旦我理解了某个特殊问题所涉及的数学内容,我就能试着去解决它。**尝试解决问题**就好比是在屋子里头搬动家具,以找到最佳的布置方式。

至少,这就是在数学里头开始起步时的我的感觉。现在,我作为数学家已有 30 年的历史,已经盖好了相当数量的数学房子,并对它们的周边情况了如指掌。这些日子里,我大部分时间都住在那些很久以前建造的古旧而熟悉的老房子里。我不再建造新房子。碰到一个新问题时,我现在更像是把已有的旧家具重新布置一下,以适应新添置的成员。(为了确保不让我的下半辈子耗费在建造新房子上,我小心翼翼地挑选那些用我熟悉的数学方法可以解决的问题。换句话说,同现今的所有数学家一样,我只是在很少的几个领域里比较**专业**。)

请注意,一旦房子造好,各种指示、计划就被束之高阁了,也就不再需要语言了。我只要在房子里**生活**就行。除非有什么问题需要我重新回查造房计划,或者我要重新设计,或购置什么新物品,我才需要用上语言。当然,如果我要向别人说明我怎样建造房子,或者为什么我这样重新布置家具,那是需要语言的。

于是对我来说,**学习**一门新数学就好比在我的头脑中建造一座新房子;**理解**那门新数学就好比熟悉我头脑中的新房子的内部状况;而**研究数学问题**就好比是在布置家具。**思考**数学问题就好比在房子里**生活**。作为数学家,我在心中创造了一个符号世界,并且进入了那个世界。

它把我重新带回到爱米莉 X 的案例。我把爱米莉塑造成一个数学家是因为搞数学将关系到进入另一个世界——一个心中的世界。爱米莉的"另一个世界"实际上就是她的数学符号世界。使她成为一位如此优秀的数学家的原因之一是,在她进入另一个世界后,她浑然忘却了在现实世界中会发生些什么。我将在本章稍后部分对此多谈几句。

5.5 有人行，有人不行——或者说，他们能行吗？

那么为什么有许多人认为数学完全不能理解，同时另一些人却能轻而易举地运用它？

当我们第一次进入一座房子，自然会觉得它不熟悉。在它的周围转了转，察看了各个房间与橱柜之后，我们很快就了解它了。但如果不准我们进屋，有关房子的知识只能来自据以造房的指示与计划，情况将如何呢？更进一步，如果这些指示与计划都是用晦涩难懂的高技术语言书写的，情况又将如何？如果经过屡屡尝试，我们始终不能在头脑里形成房子的任何形象，情况又将如何？估计我们会没有心思生活在这座房子里了。在我们的想象中，我们甚至不能进入这座房子。

请注意问题的另一面。一旦你进入了房间，你需要非同寻常的能力漫步四周，并逐渐熟悉它。使你感到困难并需要经过训练的是，要去理解用技术语言书写的计划。我敢肯定，大多数人就是这样看待数学的。他们面对的是倾泻而来的指令，而书写这些指令的语言又是他们搞不懂的。并不是他们不理解数学，而是**他们根本不得其门而入！**只要能摆脱那些造房计划，真正进入房子里，他们就会发现在数学屋子内漫步，同在普通屋子内一样容易。

我并没有说数学家认为一切数学都很容易。像在大部分事物中一样，某些部分要比别的部分更困难些。在一座多层的大房子里，爬到顶层去总是要付出很大努力的，而且有时可能有一扇门被钉住了，或者有一间屋子的照明很差劲。确实存在一部分数学知识，连数学家自己都感到很难理解。可是他们仍然同大多数人不一样（在大多数人眼里，数学不过是由一些似乎随意制定的规则组成的毫无意义的集合，用来处理数、代数符号及方程之类的东西），数学家摆脱了符号与方程，并最终进入了那些由符号与方程所描绘的房子。如果没有房子，那些规则、符号与方程就真的丧失意义了。所以进不了房子的人会感到它们不可理解，这并不奇怪。然而，如果你能够登堂入室，那么一切事物看上去都会是真实而有意义的。由此看来，不管入门有多么困难，都只是兴趣和坚持不懈的问题而已，并不要求拥有什么超凡入圣的天赋或不可思议的能力。

当然，任何比喻都有局限性。我的数学房子的比喻低估了人们同数学打交道时所遇到的问题。即使看不懂模型，只要你对造房计划略有所知，你对其使用目的总会有点模糊概念的。但对面对数、符号、方程及运算规则的多数人来说，他们不仅看不出那些数、符号、方程及规则所描述的是哪一类对象或世界，甚至完全不明白它们描述的任何东西。绝大多数人摆脱不了写在纸上的符号迷魂阵。就像你在查看一整套技术图纸，而无法分辨它们究竟描述的是建筑物、机器、宇宙飞船还是现代雕塑，甚至不明白它们是否真的涉及什么东西。难怪许多人觉得数学不仅非常困难，而且完全缺乏意义。

你还可能认为，房子比喻的另一缺陷在于，一旦你进入了房间，不费力气就能到处走动，但搞数学则不然，它需要一种特殊能力，只有少数人才拥有。我不相信这一点。虽然我承认数学能力存在许多级别，大有高下之分，然而我不相信基本数学能力比说话能力更不平凡。在下一章中，我将论证下面的观点：我们的大脑是为了在心中的数学华屋内徘徊而配备的，正如我们的身体是为了在有形的房子内走动而配备的。我还将试图说明，在我断言拥有这种能力的人中，为什么仅有为数极少的人能够运用它。

在那以前，在本章的剩余部分，我将尝试让你们进一步体验一下生活在数学房子里头究竟是什么滋味。

5.6 在房子里,不时向外看

对一位数学家来说,开始解决一个数学问题或从事某项数学研究意味着他首先要建造出心中的“房子”:理解有关的数学知识,并使它成为关注的中心。当我说思考问题务必高度集中,把通向外部世界的门统统关死时,我满有把握地认为我在为所有数学家代言。这样做的持续时间,可以是几分钟、几天甚至几星期。(这里又和爱米莉 X 案例的寓言有关。)

如你们所料,面对生活的压力,多数数学家都学会把集中思考的持续时间定得很短。但任何同我们生活在一起的人都会证实,当一位数学家正在一门心思地思考问题之际,她或他并没有真正卷入到外部世界中去。在涉及日常生活中的事务时,数学家的行径更像是一台自动驾驶仪。

心不在焉的数学家,一心专注于他们内心中的数学世界,结果产生了许多有趣的故事。我特别喜爱的故事之一,与20世纪名列前茅的美国数学家维纳(Norbert Wiener)有关。那时他在麻省理工学院,他家要搬到邻近的一座较大的房子里去。搬家的那天早上,他太太唠叨了半天,提醒他晚上下班以后要到新家去,不要去旧家。意识到一到晚上他会忘却此事,她还递给他一张纸条,上面写着他新家的地址。当然,到了晚上,维纳仍然深深地陷入数学思索之中,心不在焉地走回了他的旧家。当他走向花园小径时,猛然想起他是应该回新家的。可是,地址是什么呢?于是他开始掏摸衣服口袋,试图找出那天早上太太亲手递给他的纸条。它到哪里去了呢?衣服口袋里的纸条多达好几打,上面绝大多数写着数学内容。正在这时,他发现有个孩子坐在他的旧家的门廊边。于是他问道:“小姑娘,你可知道,原先住在这儿的那户人家搬到哪里去了?”小女孩抬头看了看他,然后笑了。“是的,老爸!我当然知道啊。妈妈说,你会走错家门,地址也会丢失,所以她让我到这里来接你回家。”

这个故事无疑是被高度夸大了的。在我认识的数学家中,没有一个人连他或她自己的儿女都不认识,不过,走错家门或者丢失地址之类的事情倒是很典型,是经常发生在深深陷入问题中的数学家身上的那种事情。事实上，不久前有个大胆的人果真访问了维纳的女儿，她说她想不起父亲曾经认不出她的事，但她确实能证实他常常失魂落魄。各地的故事版本略有差异。

我可以肯定，研究数学所需要的那种高度集中的程度，影响了许多人对自己搞数学能力的感受。如此高度的集中程度与使大脑演化的一切事物背道而驰。如果大脑对来自外部世界的刺激有健忘症，那么作为大脑主人的他或她就很有可能活不长久，无法把基因传给下一代。时至今日，这样的规律仍然成立。而对于我们人类的祖先来说，这种风险自然要大得多。

据说，伟大的古希腊数学家阿基米德就因为深陷在数学问题之中而惨遭杀害。故事的通常说法是：阿基米德没有听到那个罗马军团的百夫长进了他的屋子，并命令他停止工作、自报身份。遭受挫折的士兵拔出剑，刺穿了他的身体。如此高度的集中程度表明，数学思考需要巨大的意志和努力，远远大于其他任何心智活动。

正如我刚刚说过的那样，我可以肯定，这就是许多人不能精通数学的一大因素。并不是说他们做不到高度集中，而是他们不懂得增进到所要求的集中程度。于是，他们不再去集中注意力，而是干脆认为自己没有数学基因。我并不是说其他职业不需要高度集中。但是，它们所需要的那种高度集中，基本上是**把事情做好**。而数学所需要的高度集中，则**完全是为了能够进行工作**。没有集中，大脑就无法建造符号的房子。而没有符号的框架，最有本事的人也只能寄希望于学一点**语言**符号的处理，在纸面上下工夫而已。其结果就是产生了大家所熟知的印象：数学是一些随意制定的规则的集合，以一种枯燥无味、基本盲目的方式被应用。

回到我的主题，数学家在研究问题时，他或她会有什么感受呢？这里的所谓“问题”，指的肯定不是那种能够通过已经建立起来的计算步骤解决的算术问题。例如，把一长串数字加起来不能算一个数学问题，它只是一个计算任务。一般来说，你能用一台计算器解决的任何问题都不算数学问题。

然而，问题本身可以是计算性质的，答案也可以是一个数或一个代数公式。不过,作为一个数学问题,它的解答需要有一些原创思想。

除了计算问题之外,有一些问题涉及建立不同数学对象之间的逻辑关系。还有另外一些问题要求数学家提出新的假设并予以证明。

下面来看一个所有的数学家都一致认为的确是个数学问题的实例。

5.7 现在来看看欧几里得

古希腊人得出过一种略显平凡的观察结果:有些数能被较小的数正好整除,而另一些数则没有此种性质。例如,6 能被 2,3 整除,但是 7 却不能被任何(其他)数整除(1 和 7 除外,但 1 不能算,因为 1 可整除任何数,7 本身也不能算,因为任何数都能被本身整除)。不能被任何其他数整除的数称为**素数**。例如,2,3,5,7,11,13,17,19 是 20 以内的素数。所有其余的 20 以内的数,即 4,6,8,9,10,12,14,15,16,18,统统都是**合数**(即非素数)。[①]

表面上,合数与素数的这种区分看不出有什么重要性。但素数已变得极其重要了,而且数学家发现的有关素数的事实越多,其后续的素数也就越大。素数之所以如此重要,部分原因是,素数在整数中的地位犹如化学家眼中的原子——建造一切其他东西的基石。确切说来,任何一个合数都是素数的乘积,例如:

$$24=2\times2\times2\times3。$$

任一合数都是素数的乘积这个结论尽管并不特别难证,但它在数学中是如此的重要,以至于人们给了它一个令人注目的名称:"算术基本定理"。

关于素数,一个明显的问题是:有多少素数?我们已看到,前 20 个正整数中,有将近一半是素数。但是你越往上去,[②]素数似乎就越稀少。古希腊人问自己:素数最终会枯竭吗?

欧几里得在《几何原本》中给出的解答,直到今天仍被认为是数学中所产生的最辉煌的篇章之一。在我给出那个解答之前,我应当指出:严格说来,整个问题所需要的只是一个"是"或"不是"的回答。但在数学中有点不一样。数学家需要知道为什么某个命题成立或不成立,而且理由必须以**证明**的形式出现,即通过一段完整的逻辑推理,论证命题的真伪。

在《几何原本》中,欧几里得证明了素数可以永远延续下去,它们在数量上是无穷多的。《几何原本》里头的证明是否出自欧几里得本人已

① 这里的数指正整数,1 既非素数又非合数。——译注

② 指沿坐标轴往上,数越来越大。——译注

无从考证。除了提出他自己的工作成果外，欧几里得还编辑收集了许多当时已知的数学知识。不过，一般认为，上述证法是欧几里得的原创。

为了证明素数可以永远延续下去，欧几里得显然不能把所有素数都列出来。如果它们真有无穷多个，那么列举全部素数的尝试从一开始就是注定要失败的。于是他只能间接地入手。他所做的就是证明：不存在最大的素数。

下面就是他的做法。假定确实存在一个最大的素数。把它称为 P。

欧几里得说，现在把从 2 到 P 的所有素数（包括首尾）一个不漏地统统乘起来。你不必真的去执行计算。这怎么可能呢？你又不知道 P 的确切数值。你只需要用 N 来表示计算结果，不管它究竟等于多少。也就是说：

$$N = 2 \times 3 \times 5 \times 7 \times 11 \times \cdots \times P。$$

现在，请注意 $N+1$ 这个数。显然它大于 P。欧几里得断言 $N+1$ 这个数必有大于 P 的素因子。如果他是对的，那就表明不存在最大的素数。何以见得？好吧，让我们回过头去，看看我们刚才究竟说了些什么。我们是从假定（也许有悖于我们的更好判断）存在一个**最大**的素数出发的。我们决定称之为 P。现在，按照欧几里得的做法，我们却发现了一个比 P 更大的素数。竟然比最大的还大？别胡扯了！这种状况不合逻辑。因为我们假定存在一个最大的素数才出现了这种状况，这一定是矛盾的根源。（我们所干的其他事情不过是给这个最大素数取名叫 P，再说明如何通过连乘得出数 N，以上这些步骤都不可能产生矛盾。）从而结论只能是：实际上不存在最大的素数。

欧几里得用的是反证法。分别用 $2,3,\cdots,P$ 去除 $N+1$，都会得到余数 1，即 $N+1$ 不能被 $2,3,\cdots,P$ 中的任一个整除，因此 $N+1$ 没有 $2,3,\cdots,P$ 这些素因子。于是 $N+1$ 要么本身就是素数（当然大于 P）；要么它是合数，但必有大于 P 的素因子。[①] 无论哪种情况，$N+1$ 都必有大于 P

① 形如 $N+1 = 2 \times 3 \times \cdots \times P + 1$ 的数称为欧几里得数。前五个欧几里得数都是素数：$2+1=3$，$2 \times 3 + 1 = 7$，$2 \times 3 \times 5 + 1 = 31$，$2 \times 3 \times 5 \times 7 + 1 = 211$，$2 \times 3 \times 5 \times 7 \times 11 + 1 = 2311$。第六个欧几里得数是合数：$2 \times 3 \times 5 \times 7 \times 11 \times 13 + 1 = 30031 = 59 \times 509$，它有两个大于 13 的素因子 59 和 509。——译注

的素因子。这与 P 是最大素数的假定矛盾。因此,不存在最大的素数,即素数的序列是无穷的。

这就是欧几里得的证明。数学家一致认为它是简洁、巧妙、优美的证明的最好实例之一。

优美?如果你是位数学家,很难想象有什么人会看不到欧几里得证明中的逻辑美。而且,证明的结构安排得如此出色,数学家很难理解居然会有人不能步步紧跟论证,在不可抗拒的逻辑威力面前心悦诚服。没有一个法庭遇到过像两千多年前欧几里得证明素数有无穷多个那样在逻辑上如此完美而令人注目的法律辩论。可是我通过教数以百计的学生数学,得知确实有一大批人不仅看不出欧几里得的证明究竟“优美”在何处,而且无法步步紧跟论证,因此对它并不信服。

我的所有那些声称理解不了欧几里得证明的学生从各方面看来都是很聪明的人,他们有能力跟上大学课程中的逻辑论证,洞悉各种政策的利害,知道正确的投资方向。我只能认为,他们之所以不能紧跟欧几里得的论证,纯粹是因为命题所涉及的是一个完全抽象的、符号化了的世界。换句话说,这就是我们前面在沃森测试中观察到的现象。如果有可能重新叙述欧几里得的论证,改用大家熟悉的、日常生活中的情景,那么人人都可以跟得上它,对此我没有任何怀疑。如果我真的能提供欧氏证法的这种“戏说”,那我可以肯定,人人都会说那是“显然”的。不幸的是,由于它谈到了无穷集合,又涉及乘法,欧几里得的证明并不存在一个与之等价的、现实世界中的“戏说”。因此,如果你理解不了它的数学描述,那么你就完全搞不明白了。

请注意,尽管欧几里得的证明是关于整数的,它却不是计算性质的。的确,素数概念本身包含了除法,而且证明过程中涉及乘法与加法。但你根本不需要去执行任何实际计算。无论问题本身(是否存在无穷多的素数),还是欧几里得的回答,都是在讲数的**概念**,而不是具体的数。对绝大多数现代数学来说,这是很典型的。在所有的科学家中,也许数学家的算术能力是最差劲的。其原因或许是,数学家难得去做实际的计算,这种情况在科学家中是独一无二的。这倒不是因为他们把一切算术运算都交给了计算机,而是在当代数学中,数值计算几乎从来没有出现过。现代数学是专门研究抽象模式、抽象结构与抽象关系的。

5.8 回到房子里

面对一个待解问题时,数学家的第一步工作就是把所有相关的数学知识都集中起来,以构建心中的合适的符号房子。一旦相关的数学知识都被彻底弄懂并且成为关注的中心(我们已说过,这一过程需要高度集中思想),数学家就开始寻求解答。这一过程究竟涉及哪些东西,自然要取决于问题本身。我还是用欧几里得的证明来说明吧。它不能算是一个典型例子,理由十分简单:根本没有典型例子。不过它至少能提供一些涉及特定例子的观念。

设想你自己就是欧几里得,打算搞清楚是否有无穷多个素数。首先你得确定哪个答案更有可能:有无穷多个或有有限多个。也许你已经找到一些证据,使你倾向于其中的这一个或那一个答案。否则的话,你必须轮流对它们加以验证,直到其中之一被证明为真。就这个素数的问题而言,欧几里得大概在两方面都茫无头绪。或许他对两者都作了试探,或许他运气好,一开始就猜对了——存在无穷多个素数。

假定现在,不论基于何种理由,你(欧几里得)认为存在无穷多个素数。你怎样着手来证明它呢?由于你不可能同无穷大打交道,有意义的第一步只能是重新设定目标,即你要证明不存在最大的素数。(这种新的提法没有涉及无穷大,尽管它同原先的问题全然等价。)朝着那个目标,有一个很好的方法,就是研究如果真有一个最大素数存在,将会发生什么情况。(法庭上的律师老是在干这类事情。他们会说:"各位陪审团成员,我请求你们扪心自问,如果事实与起诉书所宣称的情况相反,在问题发生的时刻,我的委托人不是单独一个人留在屋子里,那又会发生什么情况呢?")现在,你可以从讨论可能有无穷多个的素数,转向专注于一个单一的数,一个假定的最大素数了。当然,你不知道它究竟是几。其实你希望能证明它不存在。但在目前,你先假定存在一个最大的素数,并把它称为 P。

在你心底里,你相信压根儿就没有这样一个数 P。因此你下一步的任务就是要看看 P 的存在是否会导致矛盾,使许多事情无法自圆其说,从而证明其不可能。如果你能做到这一点,你就证明你的结论了。

如果 P 存在,什么样的后果将会导致矛盾呢?你没有多少选择余地。关于 P,你唯一知晓的只是它是最大的素数。因而产生矛盾的唯一可能性在于:证明存在一个比 P **更大**的素数。你怎样才能做到这一点呢?

迄今为止,每一步都有条不紊。许多数学证明就是按照这种方式进行的。正是这下一步需要数学创造力。没人会知道在整个思维过程中他首先跨出了哪一步,但欧几里得所走的下一步,委实是真正有独创力的数学家的一个标志。

欧几里得说,把一切素数都乘起来,得出

$$N = 2 \times 3 \times 5 \times 7 \times 11 \times \cdots \times P,$$

然后再加上1。走出这一步之后,定理就是他的囊中之物了。任何一个数学家都能易如反掌地得出证明的余下部分。由于用所有的素数2,3,5,…,P 去除 $N+1$ 时余数全是1,数 $N+1$ 必有大于 P 的素因子。

我已经说过,不存在什么典型的证明。然而,欧几里得的证明显示了一个巧妙的论证里头可以如何涉及一些任何有才华的数学家都能运用的常规步骤,又如何同一个或多个真正有创造性的步骤相结合,而后者通常是在数学家对问题经过长期思考之后才能出现的。

我不知道在欧几里得走出他的证明中的关键性一步之前,他对素数的无穷性究竟思考了多久。可能是几天,或者是几个月。

在那期间,欧几里得很有可能也在思考其他问题。一旦完成了最初的、思想高度集中的"造房"阶段,数学家就可以不时地放松放松。在问题牢牢地扎根于脑中以后,潜意识经常会接过手去,在不知不觉中继续工作。许多数学家往往在做其他事情(可能是洗澡或骑自行车之类俗事)时突然产生最妙的想法。

著名英国数学家,近代数论的先驱者之一李特尔伍德(J. E. Littlewood)曾经写道(《数学家的工作艺术》(*The Mathematician's Art of Work*),第114页):

近来我有过一次奇妙而清晰的体验。我已经努力了两个月,力图证明一个我自认为肯定成立的结论。当我攀登一座瑞士的山峰，集中精力全力以赴时，一个非常奇妙的策略突然浮现出来。它是如此奇妙，因而尽管它非常管用，可是我一下子还不能从总体上把握由此得出的证明。

另一位著名英国数学家彭罗斯爵士（Sir Roger Penrose）在他的著作《皇帝的新脑》（*The Emperor's New Mind*，第418—425页）中也报告了类似的体验，他还追加了美学可能在此起作用的看法：

> 我的感觉是，对灵感闪现的**正确性**的强烈信心（应当补充一句，它未必百分之百可靠，但至少要比纯属巧合可靠得多），是与它的美学性质紧紧捆绑在一起的。一个美丽的想法很可能是一个正确的想法，其正确的概率远远大于一个丑陋的想法。至少，它曾经是我的亲身体验。（黑体字强调部分出自原作。）

数学中的美？它来自何方？它似乎比优雅更不合情理！除数学家以外的人们总是难以理解竟然有"美丽的数学"这种东西。

数学之美是一种极其抽象的美。就像美妙的音乐与伟大的诗歌一样，它是用头脑而不是用感官来察觉的。这种美只能被精通抽象的符号思维的头脑所领会。伟大的英国哲学家罗素（Bertrand Russell）试图通过雕塑的比喻来表达对数学之美的感受（《数学研究》（*The Study of Mathematics*），第73页）：

> 准确地看，数学所拥有的不仅是真理，而且是至高无上的美，这种美冷峻而质朴，就像是雕塑……升华般的纯洁，其近乎苛刻的完美只有最伟大的艺术才能体现出来。

数学家辛格（J. L. Synge）则把数学比作大自然（《坎德尔曼的克里米亚》（*Kandelman's Krim*），第101页）：

北冰洋是美丽的，雪花融化消失之前的优雅缠结美得无以复加。但这种美，对陶醉在数字之中，摒弃了生活中的不合理现象，并藐视自然规律复杂性的人来说，简直是微不足道。

正如欣赏某些艺术与音乐形式需要经过培训一样，为了欣赏数学之美，你必须走进数学的殿堂。如同1996年去世的著名匈牙利数学家埃尔德什(Paul Erdös)所说的那样(引自霍夫曼(Hoffman)《数字情种》(*The Man Who Loves Only Numbers*))：

这就像是在问：为什么贝多芬的第九交响曲很美。如果你说不出所以然，别人也不能够告诉你。我**知道**数是很美的。如果它们不美，那就没有美的东西了。

显然，数学家在谈论数学中的美时，他们想的一定不是算术。(特别是当埃尔德什说他"知道数是很美的"时，他指的是数编织的错综复杂的模式，其中有许多就是他发现的。)数学家是从我们在前几章中提到过的众多模式中看到了美，也从同一种抽象模式出现在不同外观的方式中看到了美。

证明本身也可以很美。就像我们说一篇小说可以在许多不同层次上表现出美，一个数学证明可以美在它的逻辑结构，美在各种概念拼合起来的方式，有时还美在关键步骤那令人惊奇的程度。埃尔德什经常提到"上帝之书"，一本假想中的、包含一切数学定理的最完整、最美妙证明的书。当一位数学家证明了某一结论后，同事们经常会根据他使用的推理方法的高下，将该证明称为"笨拙的""繁琐的""粗糙的""别扭的""简洁的""巧妙的"或者"优美的"。偶尔也会有好得无以复加的证明出现，每一位数学家都一致同意它已经不可能再改进。此时，按照埃尔德什的说法，这个证明来自"上帝之书"，它是上帝亲手所写的证明的一个拷贝。(埃尔德什曾经指出，你们不需要相信上帝是一名数学家，但你们务必相信"上帝之书”。)欧几里得对素数无穷性的证明,就是一个表明证明直接来自“上帝之书”的上好例子。

作为仅仅存在于符号世界中的美,数学之美既属于人类心灵,又是人类心灵的反映。因此,绝大多数数学之美仍然隐藏在大众的视线之外,仅仅在该领域中很有造诣的人才得以稍稍接近,这实在是一种莫大的悲哀。

5.9　是发明，还是发现？

有一个问题老是被人提到：数学究竟是被发明的还是被发现的。根据我自己的经验，搞数学确实**感觉**像是发现。当我试图解决一个数学问题或者完成一个数学证明时，我的感觉是解答或证明“就在那里”，正等着我去发现。欧几里得的素数无穷性证明中明明白白地蕴含着人类**创造力**的元素。但这是发现的创造力而不是发明的创造力。如果当初欧几里得未能找到证明，几乎可以肯定会有别人找到它。数学上这样的事情并不少见：相互独立研究的几个人同时发现了某个新结果的几乎相同的证明。数学中的创造元素同戏剧创作中的创造元素不一样。倘若莎士比亚没有在这个世界上存在过，没有任何其他人可以写出《哈姆莱特》(*Hamlet*)。

不过，如果说数学是一种发现的过程，那么这种发现是极为奇特的。它发现的事实都是属于抽象世界的，而这种世界全然属于人类心灵的创造——可以证明，5000 年前这种抽象世界根本不存在，其中的许多部分只有几百年的历史(某些部分甚至更加年轻)。

我们还有另一个谜题。如果数学是心灵的创造，那么究竟是谁的心灵创造了它？有可能我们各自在头脑中创造了各自的数学世界。那么我又如何能肯定我头脑中创造出来的数学世界同你的完全一样呢？存在着许多不同的数学世界吗？

问题的答案是：只有一个数学世界。当提出新的数学概念或证明所需要的有意识、有针对性的创造力出现在头脑中时，数学世界本身的结构受到人类大脑的通常构造的支配和制约，而我们所有大脑的构造是完全相同的。数学世界是人类心灵与现实世界相遇的产物。因此，它由我们周围的世界与大脑的通常构造共同决定。

例如，用来计数的数对人类的动物伙伴来说是并不存在的。大约 8000 年前(也许为时更短一些)，对人类来说它也不存在。数是人类心灵的了不起的创造。它们从人类一一列举物体的能力中抽象出来。然而，一旦真有一种动物拥有了列举能力，所能得到的计数数也只能是独一无二的模式：从一个单位(即 1)开始，然后一个单位一个单位地递增上去

(2,3,4 等等)。当然,不同的头脑可能采用不同的语言标记与语音来代表那些数。但就数本身而言,它们是完全相同的,这是列举能力的必然结果。

我们用上一章所介绍的群的概念作为另一个例子。回想一下,要成为一个群,你需要(a)一些物体的集合;(b)某种组合方法,以便使集合中的任何两个物体能组合成该集合中的另一个物体;(c)上述组合物体的方法必须满足上一章中所列举的 G1、G2、G3 三个条件。从某种意义上说,群概念的初始定义是一个创造性的行动过程。19 世纪的数学家认定这个概念十分有用、有趣,值得研究。基于这样的认识,他们创造了群。但这项创造意味着,必须确定现实世界与数学现象中的各种不同特征之中,有哪些应该包括到群的定义中去。(可以回想起,他们决定不把交换律包括进去,即不包括公理 G4。)一旦作出了决定,群的抽象世界就完全确定下来了。在群的领域里作出发现需要创造力,但人们已经没有把群的世界搞成另一种模样的自由了。在群的定义给出之前很久,世上就已经有了许多群的实例。数学家只是把已经存在的东西加以抽象而已。

因为它是从我们周围的世界抽象而来的,所以数学反映了那个世界,也反映了作出那种抽象的生物(我们自己)的心灵结构。所以当我说数学是一种发现的过程时,我的意思是指:这既是发现周围世界的过程,也是发现生活在那个世界上的、能够思考的我们人类自身的过程。

我们的祖先是怎样获得创造这个抽象的发现世界的能力的呢?

我给出的回答同我们语言能力的获取密切相关。不幸的是,对语言的本质,存在着相当程度的混淆与误解。其后果之一是,在我展示语言能力的获取如何为随后的、许多人(错误地)认为自己所知甚少的数学的发展铺平了道路之前,我必须首先好好地关注一下语言,这是几乎每一个人都(错误地)认为自己懂得很多的学问。特别是以下几个问题:究竟什么是语言?它与信息交流系统有何不同?为什么我们中的几乎每一个人都在年纪很轻时就能做到至少精通一门语言?

第6章　生来会说话

6.1　莎士比亚知道这个差别吗?

算了,算了!
她的眼睛里,面庞上,嘴唇边都有话,
连她的脚都会讲话呢;
她身上的每一处骨节,每一个行动,
都透露出风流的心情来。①

这种风格毫无疑问是莎士比亚的。引文选自他的剧本《特洛伊罗斯与克瑞西达》(*Troilus and Cressida*)第四幕第五场。与通常情况一样,诗人莎士比亚努力寻找确切的词句来表达他的意思。当然,其中的某些词句需要从隐喻义去理解。克瑞西达的脚是不会真正"讲话"的,她的风流的心情也无法被真正"看到",只能是透露出来。但是,莎士比亚本人是否意识到,他所采用的"话"这个词也是一种隐喻呢?这就要看他对"话"这个字眼究竟怎样理解了。不过,对现代语言学者来说,那是没有问题的:从"她的眼睛里,面庞上,嘴唇边"发现的"话"并非语言,而是信息。

① 译文引自朱生豪先生的《莎士比亚全集》。——译注

语言与信息交流是一回事吗？语言是否仅仅是交流信息的一种途径？倘若你认为以上两个问题的答案都是"是",那么你肯定不会孤单。许多人都把两者混淆起来了。下面我将说明语言与信息交流不完全是一回事,以此作为本章的开始。

如果我声称我们不能用语言来交流信息,那当然非常可笑。说到底,通过语言把我的观点传输给你正是我编写此书之目的！语言确实是交流信息的一种途径,但它不**仅仅**如此。而且,我将在第8章中论证语言不是主要作为交流工具而发展起来的。为了说明这一点,我必须付出很大努力,因为许多权威人士的说法正好与我相反。

另一方面,我觉得要使你信服语言与信息交流不是一回事看来要容易得多。实际上,只有当人们没有机会停下来仔细分辨在一项活动与实践这项活动的方法之间的差别时,人们才会把两者混淆起来。比如说,汽车是驾驶工具,但汽车与驾驶不是一回事。一个是活动,另一个是方式。类似地,笔是书写的工具,但笔与书写不是一回事。语言与信息交流也是如此。信息交流是我们通过语言来进行的,语言是我们交流信息的媒介。两者不是一回事。

工具与应用的差异构成了我的看法的基础。我认为,在引文中莎士比亚是用"话"来隐喻"信息交流"。不过,我想最好还是不要那样说它,因为那样做会使我遭到了解人类行为的人的反击。有可能听到的反击的话是:

"当有人用眼睛、面庞、嘴唇、脚,乃至风流的心情来交流时,他们确实是在使用一种'语言'——我们称之为**肢体语言**。肢体语言也许不同于英文、法文、中文,但它仍然是一种语言。它有着单词的等价物——扬扬眉毛,皱皱眉头,耸耸肩膀,销魂一瞥,如此等等。何时何地,如何使用这些姿势是有章可循的,就像如何使用英文、法文和中文单词是有章可循的一样。"

也许你会点头表示同意。那么我将暂不继续下去,而是来说说,为什么这种说法是错误的。错就错在所谓的"肢体语言"根本不是一种语言。它是一个**信息交流系统**。在很多场合,它是一种极好的信息交流系统。

更有甚者，早在语言产生之前很久，咱们的祖先几乎肯定是使用姿势、咕哝声等来进行彼此之间的信息交流的。

可是对语言学家来说，肢体语言不是语言。信息交流系统（其中有许多很成熟、很精巧，表达力很强）肯定也不是，尽管在这个地球上，我们所有的生物朋友都会用到它。

那么，专家们所指的语言，究竟是什么意思呢？语言与类人猿、猴子、蜜蜂、狗和海豚使用的信息交流系统究竟有何不同？让我先来提纲挈领地说说我的看法。

信息交流系统一般是声音、姿势、面部表情、皮肤颜色和肢体动作的混合物，其作用是让生物可以向他们的同类传递有关信息：他们目前的感受，现下的需要、欲望，将要采取的行动，迫在眉睫的危险，以及能获取食物的地点等等。它们可以传递单一的意思，比如："危险！""豹来了！""我饿得很"，"物体 *A* 具有性质 *B*"，或"*X* 就在那里"等等。然而，它们不可能传递更复杂的信息。而且，它们一般只能传递当前环境下的有关信息。事实上，它们的信息携带能力大部分取决于当前环境。（也存在某些例外，例如存在某种特殊的符号系统可以传递某个其他地方或某个远处物体的有关信息。著名的蜜蜂"摇摆舞"就是一例，蜜蜂们用它来告诉它们的集群成员何处有食物来源。）

与之相比，语言是有着组合结构的（语言学家称之为句法或语法），可以表达远为复杂的意思。句法规则告诉你怎样组合单词，以得出可以传递复杂意思的、有意义的措辞。因为有了这种结构，语言就能把有关远离当前环境的状况与事件的意思传递出去。

任何人类语言都有一个显著特征：存在着一些与现实世界的事物完全沾不上边的单词。在动物的信息系统中，一切符号、信号几乎都指向世上的某些特定事物——某个物体、方位、行动或情绪状态，然而语言却不然，它拥有大量只为语言本身服务的符号。例如在英语里头，if, then, because, unless, and, or 及 every 等单词都具有一个语法功能：它们的任务就是提供把简单的意思组合成为复杂措辞的方法。

用最简单的话来说，词汇加语法就是语言。为什么这种说法最简单呢？部分理由在于，它对“添加语法”所造成的巨大差别一点没有作出提示。我们将会看到，添加语法结构的作用，远远超出了扩充系统的表达能力。它将系统转变成了与原来极不一样的东西，使它能以完全不同的目的用于相当不同的环境。

在本章及随后的两章中，我将力图传递语言与信息交流系统之间存在的巨大差异的一些认识。为了获得对这种差异程度的最初的(也是粗略的)认识，让我们看看用至多20个英语单词，按照英语语法，原则上可以造出多少句子。

首先，随着语言的进展，英语的词汇量相当庞大。一部好的英文词典会大致收入450 000个单词，但这个数字要远远大于一个普通的以英语为母语的人所掌握的词汇量。一个聪明的六岁美国孩子所知道的单词，大致有13 000到15 000个。普通美国成年人的词汇量在60 000到100 000之间，酷爱读书的人会更多一些。不过这些数据都是针对认识与理解文章而言的。我们在日常生活中实际使用的词汇量要小得多。例如，莎士比亚在其全部作品中大约使用了15 000个单词。不妨假定你用于说话的词汇量和莎士比亚一样多，有15 000个单词。那么，用至多20个单词，你原则上能造出多少句子呢？

对语言的统计研究业已表明，如果一个以英语为母语的人在说一个英语句子时被随便打断，那么平均下来会有约10个可能的单词可让他继续说下去，产生一个符合语法的句子。在某些中断处，可用的单词也许只有一个；而在其他一些地方，则可能有数以千计的选择。其平均数大约是10。这就意味着，用至多20个单词可以造出的符合语法的英语句子，其数量级可以达到15×10^{22}(15的后面加上22个“0”)。(这个数据是这样得出的：第一个单词有15 000种可能选法，第二个单词乘以10，第三个单词再乘以10，依此类推。)如果每5秒钟能造出一句，那么即使你不吃饭、不睡觉，把它们全都说出来，将花去你15亿亿年的时间。

句子数量之大，令人吃惊。用所有你能理解的小于或等于20个单词所能造出的符合语法的句子，其数量还将更大一些，大致在6×10^{23}左右，这是基于你所认识的更多的单词。你的大脑怎么能够处理如此庞大的可能性呢？很明显，肯定不是把它们全部存储在你的记忆中，直到在需要时把它们提取出来。你的大脑里头必然存在一种机制，可在匆忙之中生成符合语法的句子，并对之进行分析。

不论这种机制看上去像什么，它总是无意识地运转的，而且其效率相当高。例如：

Rearrange these ten English words to give another grammatical sentence.

（重排这 10 个英语单词，以得出另一个符合语法的句子。）

最多几秒钟工夫，你就会得到：

To give another grammatical sentence, rearrange these ten English words.

（为了得出另一个符合语法的句子，重排这 10 个英语单词。）

进一步思考之后，你可能会找到其他的重排方法，尽管其中有许多没多大意义。但那 10 个单词总共有 3 628 800 种可能的排列方法，其中绝大多数不符合语法要求。你肯定不是通过随机筛选的办法来寻找为数甚少的符合语法的句子。如果你真的那样做，也许连一句可用的排列都找不到。不管怎样，你知道什么样的重排**有可能**会得出符合语法的句子，然后对**它们**加以检验。

请注意，上述练习的唯一困难之处在于生成另一个合适的句子。要判定一系列给出的单词是不是组成一个符合语法的句子不需要花费多大力气。把单词凑拢起来组成符合语法的句子，这种机制看来是我们大脑的一种基本构件，如果给出至多一打左右的单词串，（除了偶而犹豫或意见不合之外，）几乎所有说某种特定语言的当地人都能够**即时地、本能地、条件反射般地**一致作出准确判定：那串单词究竟是否符合语法。

我们是怎样做到这一点的？看来，它并不只是把单词"按照正确的顺序"安置的问题。符合语法的句子中的词序仅仅是深层结构的表面现象。那个深层结构才是人们称之为语言的事物的核心。

6.2 同一主题的各种变化

目前在使用的不同语言大约有5000种——确切数字不好说,因为语言学家有时对某两种语言是确实不同,还是一种是另一种的同语系语支往往持有不同看法。

在19世纪末叶语言学破土而出之前,对语言的研究主要由探讨某一特定语言(英语、法语、罗马尼亚语,或它们的前身:原始日耳曼语、原始印欧语等等)的历史演变,以及这些语言之间的联系组成。

然而,从20世纪初瑞士学者索绪尔(Mongin-Ferdinand de Saussure)所作的研究开始,语言学家把语言视为一种现象,一种人类智能。他们的意图是建立一门研究语言结构的科学,同物理学家寻求建立研究宇宙结构的科学多少有点类似。

语言学家作出的最有意义的发现之一是,尽管有着不同的词汇与不同的词序,一切人类语言都具有共同的基础结构,它们全是同一主题的各种变化。首先发现这一事实的语言学家之一是一个美国人,名叫乔姆斯基,时间是在20世纪的50至60年代。

乔姆斯基是从以下事实入手的:他注意到符合语法(不管它是什么)与有没有意义是两码事。例如:

Colorless green ideas sleep furiously.

(苍白的绿色思想,在愤怒地沉睡。)

任何一个以英语为母语的人都会立即同意,上述句子符合语法,但却毫无意义。每一对相邻的单词用的都是矛盾形容法。

由于符合语法不要求句子必须有意义,乔姆斯基断定,它肯定是有关结构的问题。于是有可能制订一系列规则,明确说明单词应该如何组合才能产生符合语法的句子。乔姆斯基把这种规则的集合称为语法,从而赋予那些以往被束缚于语言规则教学的、经常被加上"好"、"坏"等字眼的单词更准确、更科学的含义。

这种语法(或句法)规则的一个例子是,在单数名词短语后面接一个单数动词短语,可以造出一个句子。例如,取一个单数名词短语,The big dog,在它后面接上单数动词短语,ran into the street,于是你就有了句子 The big dog ran into the street。(这条大狗跑到了大街上。)在他的开创性名著《句法结构》(*Syntactic Structures*,1957 年出版)中,乔姆斯基提出了这种类型的一系列规则,用一种类似代数的记号表达出来。例如,我们刚才看到的规则就是:

$$NP_S\ VP_S \rightarrow S。$$

它的意思就是:一个单数(第一个下标 S)名词短语(NP),后接一个单数(第二个下标 S)动词短语(VP),即可得出(→)一个句子(S)。进一步的规则指明了名词短语与动词短语的构建方法。例如,规则

$$DET_S\ A\ N_S \rightarrow NP_S$$

的意思是:一个单数限定词(如 a 或 the),后接一个形容词,再接一个单数名词,即可得出一个单数名词短语,如上面提到过的 The big dog。

由于这些规则指明了符合语法要求的句子的生成方法,乔姆斯基把这类规则的集合称为生成语法。

尽管生成语法在设计与执行高级计算机程序语言方面变得很有影响,但它们几乎很快就被语言学界弃置不顾了。(虽然发生在它们把语言学从一种狭隘的、明确的"软"社会科学转变成为兼顾数学方法与社会科学方法的一门广博的学科之前。)一大堆问题导致了它们的失宠。其中之一是,需要一大堆难以处理的规则来生成大量日常生活中常见的、符合语法要求的句子。其中有些规则互相矛盾,需要在它们之间制订补充规则。

即使有了相当大的规则集合,仍然需要提供相当复杂的机制来确保做到格(单数或复数,第一、第二、第三人称)与时态的一致。生成语法构造出来的似乎是呆板、机械的句子,类似科幻电影中机器人发出来的人工声调,极不自然。为了应对这个问题,乔姆斯基提出了"深层结构"的概念。下面,让我们简短地谈论一下它。

首先,我们观察到,存在着好几种不同类型的句子。说明事实的句子称为陈述句。提出问题的句子称为疑问句。要求听的人执行某种动作(就像是命令)的句子称为祈使句。表达某种心理状态,例如道歉或称赞的句子称为感叹句。最后还有一些句子,当由极有身份的人说出时,其内

容只包含宣布的主题,例如一位总统或总理宣布战争开始,或者一位牧师宣布一对情侣结为夫妻。这种句子称为述行句。①

任何句子都有深层结构,这取决于它的类型。例如,陈述句旨在说明谁对谁干了什么,怎样干的,何时,何地,也许还有为了什么原因。说得更确切一点,这种句子对以下部分或全部事实进行了说明:行为者、行动、对象、方法、地点、时态,以及原因。句子的深层结构就是对指代各种行为者、行动、对象等的特定单词或短语的配置方案。这些成分的顺序是可以变换的,得出不同的"表层结构",但深层结构保持不变。例如,以下各句表达的是同一信息:

The major killed the maid in the library with a dagger.

(少校在图书馆里用一把匕首杀害了少女。)

The major killed the maid with a dagger in the library.

(少校用一把匕首在图书馆里杀害了少女。)

The maid was killed by the major in the library with a dagger.

(少女被少校在图书馆里用一把匕首杀害。)

The maid was killed by the major with a dagger in the library.

(少女被少校用一把匕首杀害在图书馆里。)

乔姆斯基会说,以上四个句子有着同一个**深层结构**,但**表层结构**不一样。

乔姆斯基的看法是:生成语法产生了深层结构,进一步的规则集合(他称之为转换法则)则通过交换词序,添加词尾使人称、数、格等保持一致等方法,把深层结构变换成各种符合语法的句子。

由于我们没有办法得知产生语言的智力过程,我们无法了解人们在造句时是否真的首先生成深层结构,然后进行各种改动,使之成为合适的符合语法的句子。但即使作为一种理论工具,这种方法也还有许多不足之处,不光是由于它的复杂性。

① 述行是指用言语促成具体行动,两者的时间必须一致。与之相对的是述愿,即讲述事实。——译注

6.3 盒子里的单词

对生成/转换语法的最强烈的反对,也许是指这种方法过分突出了词序。诸如"一个 *X* 后接一个 *Y* 即可得出一个 *Z*"之类的语法规则告诉你如何把单词和短语以线性方式串起来,就像串在线上的珠子一般。然而句子实际上并非如此。

科学上最困难的挑战通常是决定哪些是真正重要的问题,而哪些只是表面现象。在语言这个问题上,当语言学家意识到词序只是语言的一个相对次要的表面特征时,他们真正地向前跨了一大步。例如我前面说过的那个例子,10 个英语单词可以给出 3 628 800 种可能的词序排列,其中只有为数极少的部分能够成为符合语法的句子。这种事情一点不奇怪,除非你认为造句主要是按线性方式来安排单词的先后顺序。其实,排序只是构成句子的最后一道工序,在那个时候,可能的排列数已经非常小了。

找到正确的途径来研究句法花费了几十年时光,但语言学家(乔姆斯基是其中之一)最终还是琢磨出来了。问题的关键在于将短语,而不是单词认定为构成句子的基本单位。

句子本身便是短语,从句也是如此。任何短语都是由更小的短语组合而成的,直到最后分解为单个的单词。(语言学家坚持认为单个的名词与动词也是短语,这是他们的权利。)

采用这种方法时,句子不再是串在线上的珠子了,而是一组嵌套的盒子。打开一个句子盒子,你会看到各种从句或短语盒子。打开一个短语盒子,你会看到另一些短语盒子,可能还有一些单词。倘若你不断打开盒子,最终会看到只含单词的盒子,里面不再有其他盒子了。

例如,考虑图 6.1 所示的句子:Noam wrote that book。(诺姆写了那本书。)把它看作标号为 S(代表句子)的短语盒子。当你打开盒子 S 时,你会看到里面有两个较小的短语盒子,一个标号为 N(代表名词),另一个标号为 VP(代表动词短语)。盒子 N 里只有一样东西,单词 Noam。但盒子 VP 里头又有两个小盒子,一个标号为 V(代表动词),另一个标号为 NP

(代表名词短语)。倘若你打开盒子 V,你会看到里面只有一样东西,单词 wrote。但盒子 NP 里头还有两个小盒子,一个标号为 DET(代表限定词),另一个标号为 N(代表名词)。盒子 DET 里有一个单词 that,盒子 N 里有一个单词 book。到此地步,再也没有未打开的盒子了。

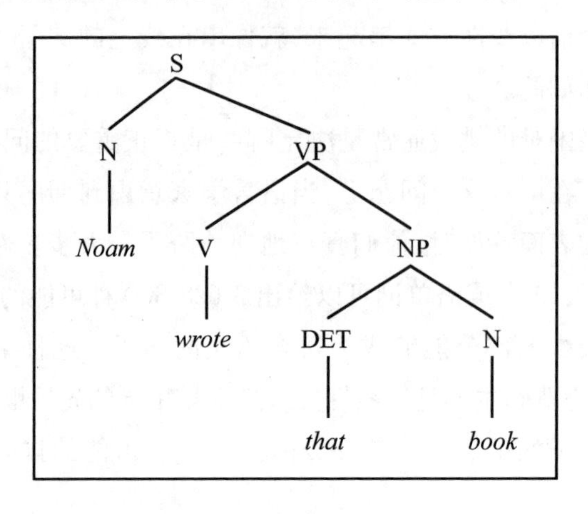

图 6.1 一棵简单的语法分析树

数学家把图 6.1 那样的图形称为树图(简称树)。树是一种极方便的表示各类层次的办法。家谱树是人们熟悉的一个例子,另一个例子是大公司的组织结构(或者叫汇报树)。像图 6.1 那样说明一个句子或某些其他语言单位如何进行分解的树称为语法分析树。标号分别为 S,N,VP,V,NP,DET 和 N(树的"结点")的盒子统统都是短语。总之,语法分析树确切地表明了每一个短语是怎样由更简单的短语构筑起来的。

语言的语法就是一系列规则的集合,这些规则规定了如何把各种盒子放到另外的、更大的盒子里。例如,生成语法中的规则 NP_S $VP_S \rightarrow S$(在这里,顺序是不可颠倒的)所对应的规则是:如果你取一个单数 NP 盒子与一个单数 VP 盒子,就可以把它们两个一起放进一个 S 盒子。其语法分析树如图 6.2 所示。

请注意,同表示真实句子的短语结构的图 6.1 不一样,图 6.2 表示的是一条语法规则,所以树枝的末端没有包含单词。在标号为 NP_S 与 VP_S 的空白盒子填入了适当内容之后,你就得到了一个句子。

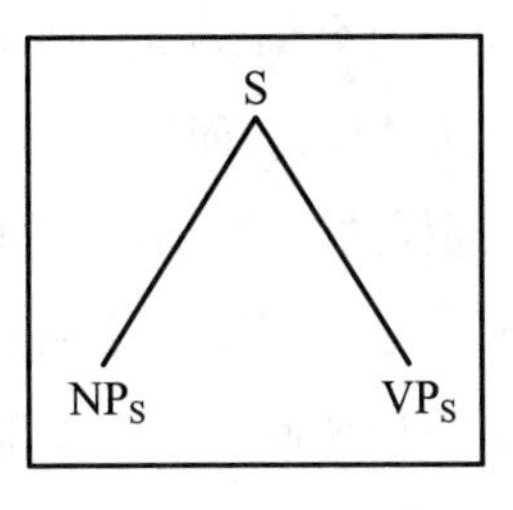

图 6.2　一棵极基本的语法分析树

有关树图的一个要点需要记住:线段表示了结点之间的唯一联系。树图的水平配置只是一种在书页上表示的方便措施。为了能便于"读出"树图的结构,并把它联系到一个实际例句,通常把树图画得与句子中的标准词序互相一致。但这是一个具体表达的问题。从左到右的顺序不一定就是树图的真实结构。(当你打开一个盒子,发现里头有两个或更多个小盒子时,你可以按任何一种你喜欢的顺序打开它们。)因而图 6.3 中的两棵语法分析树是**同一棵树**的两种不同画法。

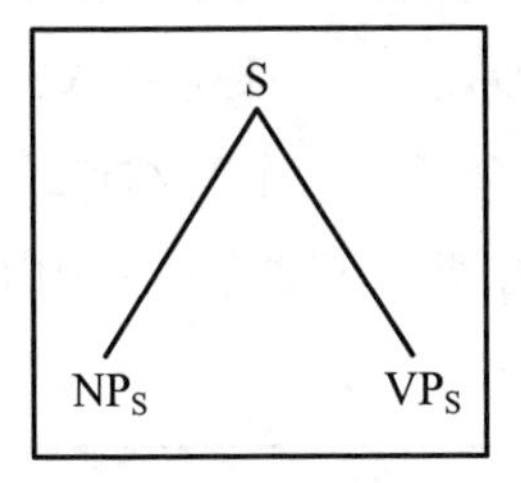

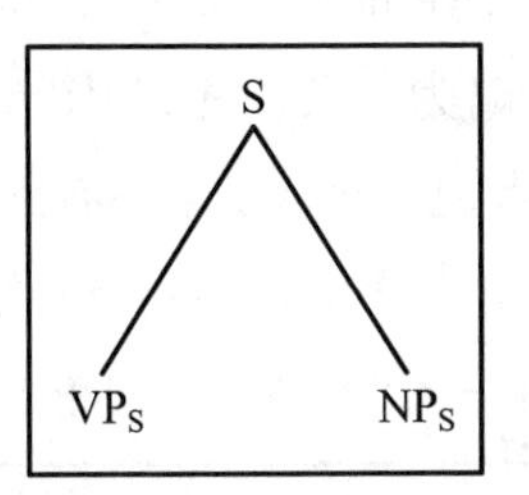

图 6.3　同一棵语法分析树的两种画法

有关树图的这一事实,反映了语言学家已经意识到词序不过是特定语言的一种表面特征。语法分析树抓住了乔姆斯基的深层结构,而忽略了表面结构。因此,树图比代数公式提供了一种更准确的方法来表达语法规则。图 6.2 中的一棵树就相当于两条代数法则:NP_S $VP_S \rightarrow S$ 与 VP_S $NP_S \rightarrow S$。

"嵌套盒子"语法(其中的规则由语法分析树表示)一般被说成是短语结构语法。对不同语言(包括聋哑人使用的哑语)的研究表明,当词序被忽略时,不同语言的基础语法结构在实质上是一样的。这个值得关注的事实使短语结构语法备受重视。除了细微的差别之外,各种不同的语言有着同样的短语结构语法。它们全都有名词、动词、修饰词(形容词与副词)、代词与介词。它们有着相同种类的短语。而且除了词序及其他一些细节方面的差异之外,它们都以几乎同样的方法把较小的短语拼合成较大的短语。

于是,我们在世上发现的这许多不同语言好像都是一路货。除了词汇不同(有时书写的字母也不尽相同)之外,它们彼此之间的差别就是每种语言各自有一套规则来管理每一个短语中的单词词序,以及每一个句子中的短语顺序。

我要着重指出,各种语言所共有的,不是某些特定的树图结构,而是根据树图结构把短语拼合起来的一般方法。在任何一种语言中,从一个特定的句子中得到的树图自然要随着句子而变化。例如,图6.1给出了Noam wrote that book的语法分析树。那是一个特别简单的句子,它的语法分析树是二元的,即每一个结点正好分解为两个"子"结点(每一个短语盒子恰好有两个成员),直至最后得到各个单词为止。现在来看看这个句子:Noam gave that book to Susan.(诺姆把那本书给了苏珊。)它的语法分析树就要略为复杂一些,如图6.4所示。在这棵树中,VP结点有三个子结点(或者说,VP盒子里头有三个小盒子):一个V结点,一个NP结点和一个PP(介词短语)结点。PP结点有两个子结点:一个P(介词)结点指向单词to,一个N结点指向单词Susan。

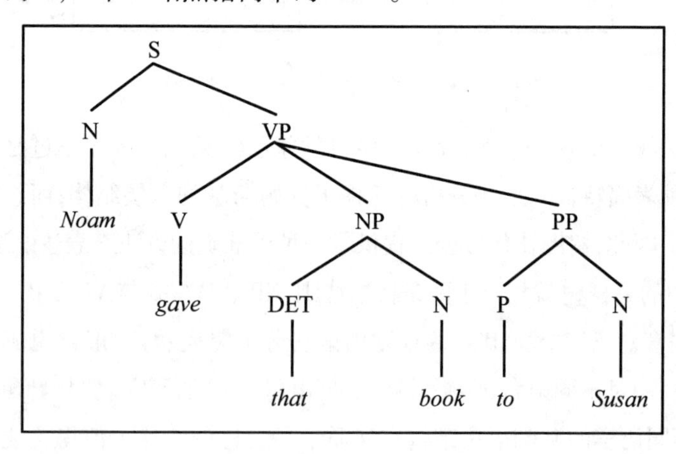

图6.4 另一棵语法分析树

任何语言中都有相当数量的不同树结构可以成为语法分析树。因而，虽然短语结构语法能帮助我们了解世上的一切语言如何共有一个相同的基础语法，但我们仍然面临着相当程度的复杂性。为了了解我们怎样生成、认识与理解符合语法的句子，我们需要搞清那种复杂性的意思。我们必须寻找确定何种树图可用的规则。正是在那里，语言学家得出了令人惊讶的观察结果。

6.4 句法的关键

当我们仔细审视短语的树图结构时，情况表明一切短语（名词短语、动词短语、形容词短语、介词短语，乃至句子本身）都具有同样的基本控制结构，由我称为基本语言树（如图6.5所示）的东西表示。

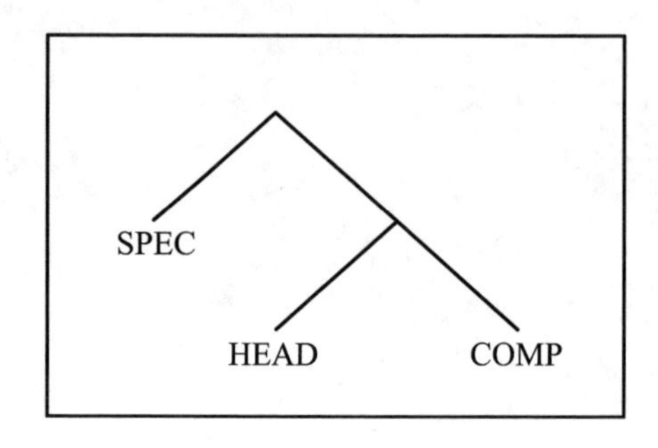

图6.5 基本语言树

基本语言树有点像基本的乐高积木块。正如一种标准形状的积木块可以通过各种方法拼搭出不同结构那样，反复应用基本语言树就能得出所有词类语法的树状结构。

我们可以把基本语言树视为一种规则，其作用是把三棵短语树（或其他语言单位）拼合起来，得出一棵更大的短语树。当三棵短语树以基本语言树的规则拼合在一起时，由此得出的短语树中的主要成分称为中心语，它永远处在图6.5中标号为HEAD的那个位置。如果中心语是一个名词，则该短语即为名词短语；如果中心语是一个动词，则该短语即为动词短语，依此类推。同中心语在一起的是补足语，处在图中标号为COMP的位置。最后，整个短语还有所谓的指示语，一般处在图中标号为SPEC的位置。指示语与补足语实际上为中心语提供了信息包装。

例如，我们可以用图6.6来说明怎样利用基本语言树构造出名词短语the red door（红色的门）。这个名词短语的中心语是名词door，door的补足语是形容词red，而指示语则是定冠词the。

根据一个简单的例子，似乎还不足以说明这一规则能构造出一切人类语言的所有符合语法的句子。可惜，要我一一说明在其他情况下规则

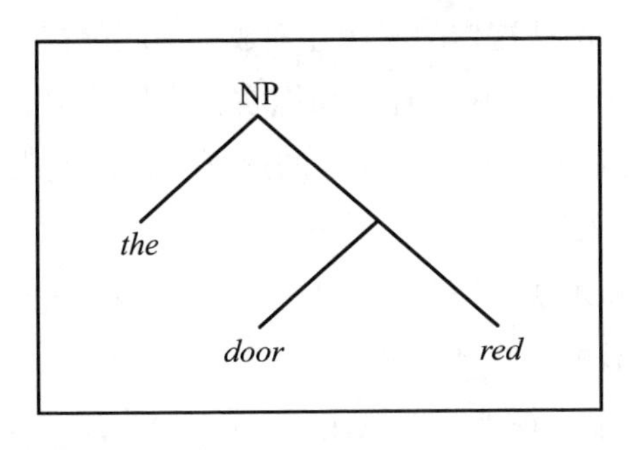

图 6.6　名词短语 the red door 的结构

同样有效,那就离题太远了。(请注意,我们的目标是了解人们怎样获得研究数学的能力。)因而,我在这里只能再举一个简单例子(另一个简单的名词短语),并且提示你到附录中寻找完整的实例。在附录中还将对中心语、补足语和指示语等学术名词的意义进行解释。

在"the red door"这个例句里,我们用基本语言树组合了三个单词。我们也可用同样的规则组合单词与短语。图 6.7 表明,我们可以构造出更复杂的名词短语 the house with the red door (有着红色的门的房子)。在这个例子中,单词 house 是中心语,介词短语 with the red door 是它的补足语,而单词 the 则是指示语。

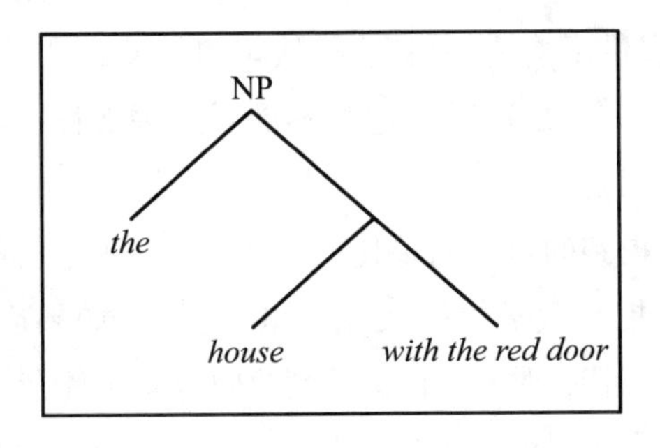

图 6.7　名词短语 the house with the red door 的结构

重要的是:一种**单一的**、**极其简单的**结构(经过反复应用)足以生成一切句子。但是,为什么我们要用图 6.5 中的树图作为基本构件呢? 诚然,图 6.2 中的有两个分叉的树图(去掉结点上的标号)无疑更加基本,而基本语言树可以由两棵这样的树构建而成。但问题在于这种分析将会导致语言的复杂性。图6.2中的那种树图实在太简单了。如果我们把它作为基本构件,那就必须列出一张详细的规则清单来说明这种树图的组合方法。然而,如果采用了基本语言树,我们就不必列出这样一份清单。(与此类似,乐高积木块的形状使我们可以将它们拼搭出许多丰富多彩的结构。单纯的矩形积木块自然更简单,但它们完成不了同样的工作。)

事实上,基本语言树极好地抓住了一切人类语言的句子核心,人们不得不断定这就是人类大脑用来处理语言的方式。由基本语言树表示的组合规则看来就是植入大脑中的"固定线路"。

这为我们提供了构造符合语法的句子的简单情景。通过反复应用这条"把东西放在一起"的规则,再加上一些安排词序的规则(如主语应在动词之前,动词应在宾语之前),使人称、数、格等保持一致的规则(如单数/复数、名词、代词等的词性,以及时态等),我们构造出了各个符合语法的句子。词序和一致的规则随语言的不同而有所差异,具体的语法分析树也句句有异,然而"把东西放在一起"的基本规则——基本语言树——却是普遍通用的。基于此种理由,由基本语言树(一切人类语言的核心语法结构)确定的语法有时被称为通用语法。

对一位有经验的语言学家来说,基本语言树看起来十分简洁。它简明、紧凑、准确,提供了构造一切短语、从句和句子的单一机制。

好吧,事情不完全是这样。它并不像看上去那样简洁。还有一些我没有提到的技术问题。

对于我刚才提到的过于简单化的说法,有一种反对意见是:同所有的比喻一样,"怎样把小盒子放进大盒子里"的情景如果运用得过了头,将会产生误导作用。特别是,一个盒子里的内容有可能影响到与它一起放进大盒子的其他盒子里的内容。例如,时态、(名词、代词等的)性、单/复数必须保持一致,各种语言的处理方法各不相同,包括变化词尾、改变元音、使用代词等等。

另一个问题是,当某人用一种特定语言说(或写)一个句子时,实际使用的那些单词是怎样反映潜在的树图结构的?(它们必然应该如此。)

其中大部分的工作是由无义单词承担的。在一个典型的英语句子里头，大约有一半左右的单词同现实世界无关。它们不是有实际意义的单词，只是在执行语言内部的语法职能。粗略地说，它们的目的在于协助完成盒子的组装记录，以便正确地打开这些盒子。与此类似，使人称、数、格等保持一致的规则及安排词序的规则（谁应该接在谁的后面，谁同谁应该靠在一起等）也帮助我们记住大大小小的盒子是怎样嵌套组合起来的。

现在，事情已经很清楚，由各种语法单词、一致规则、词序规则等执行的功能都可以用基本语言树来解释。但因为片面集中于树状结构，忽视了语言结构的所有其他方面，我们冒了很大的风险，把句法描述得过于简单，脱离了实际。不过，我已事先作了防止误解的说明，提供了该学说的核心部分。我觉得不妨用物质的（经典）分子理论来作比喻。我们知道，这个理论不过是物质本性的一种极其粗略的简化。尽管如此，它作为化学与大部分生物学的基础已有整整一个世纪了，而且无疑还会继续维持许多年。

6.5 三岁大的孩子如何学习所有这些材料?

语言要比基本语言树复杂得多的事实似乎只会增添下列问题的分量。鉴于理解我作过大大简化的对基本语言树的介绍都要付出相当大的努力,那么三岁大的孩子又是怎么掌握句法结构的呢?

首先,我们必须小心翼翼地去区别一种能力与对那种能力的科学分析。三岁大的孩子已能用两条腿走路,但他们不能胜任对两条腿的漫步进行(高度复杂的)数学分析。要想了解一个特定的短语或句子怎样从基本语言树产生出来(详见本书附录),那是需要花费相当大的努力的,然而整个理论却建立在反复应用由基本语言树说明的**一种极其简单的组合规则**之上。倘若人类大脑能以某种方式包含这种树图结构,那么学习说话与理解符合语法的句子就不见得比学习走路更难。

如果句法结构(按基本语言树的形式)已经作为"固定线路"植入我们的大脑之中,那么"学习说话"就只需要学习我们本国语言的单词,再加上一些有关词序的知识就行了。然后我们就可以简单地把合适的单词放到短语结构树中的不同位置,构造出符合语法的句子。

这一来就很好地解释了我们在所有低龄孩子身上都能观察到的两阶段语言获取过程:一个普通儿童在他生命中的前两年总是在不断地积累有用的单词数量,但从他嘴里吐出来的只是单个单词,或者简单的双单词——主词—属性组合。然后,在他第二个生日与第三个生日之间的某一时刻,这个孩子突然开始说出近乎完美的符合语法的句子。这就是(有可能)发生的事情。

在第一阶段,通过注意倾听周围成人的谈话,幼儿只是学习新单词,认识普遍的词序模式。然后,当学到的词序与单词数量已经足够造出有意义的句子时,植入大脑的句法结构(基本语言树)便开始活跃起来,参与构造符合语法的句子了。换言之,词汇与词序是学来的,而语法结构则是内在的,就像蜘蛛的大脑中天生就植入了结网的"固定线路"。

因为对世上一切语言来说,基本语言树都是一样的,但词序与其他表面特征则有所不同,这种理论也解释了为什么孩子能学会他接触到的任何语言。例如，在日本长大的美国孩子能说流利的日语，尽管日语与英语的差别非常之大。首先是词序不一样。在日语中，动词一般置于宾语之后，但在英语中，动词通常置于主语之后。（于是在英语中，我们说 Syun eats sushi（休恩（人名）吃寿司），而把日语句子逐字直译过来却是 Syun sushi eats。）

有一种语言学说认为，作为“固定线路”的基本语法中，词序部分是通过基因传递的，这预示着不管一个美国孩子在何处长大，他或她都将采用英语中的词序。但若语言树所拥有的基本句法结构是内在的、可以遗传的，而词序等表面特征则是培养的、学来的，那么我们就不仅能够理解年幼的孩子怎么会突然开始造出符合语法的句子，而且也能知道为什么世上一切语言都具有同样的通用语法。

当我们说人类大脑中已经把基本语言树作为“固定线路”植入了时，这究竟代表什么意思呢？这肯定不是指神经科学家有朝一日会发现大脑中存在树枝状的线路。我们的意思是：(a)我们拥有掌握语言的内在能力；(b)这种内在能力可以通过基本语言树所拥有的短语结构语法来加以描述。

足以说明人类拥有内在句法能力的证据大多来自对幼儿获取语言能力的详细研究。下面我将引用许多这样的研究中的一个例子，它研究的是把陈述句转变为疑问句的过程。

为了便于论证，不妨假定孩子们不是利用植入脑中的句法能力，而是通过建立单词移动规则来将陈述句转变为疑问句的，依照的是他们听到的成人们说话和提问题的方式。

请看例句：

The mailman is at the door.

（邮递员站在门旁。）

将它转变为疑问句的最简单办法是把助动词 is 放到句首，从而得出：

Is the mailman at the door?

（邮递员站在门旁吗？）

假定某个孩子通过建立一种简单的词序移动规则来进行这种变换。最明显(也是最有可能)的规则是:浏览全句,找到助动词 is,然后把它移到句首。

如果这个孩子遇到下面的句子,将会发生什么情况呢?

The woman who is going to take your photograph is at the door.

(来为你拍照的女人站在门旁。)

如果这个孩子简单地浏览句子,直到找到助动词 is,然后把它放到句首,结果将是:

Is the woman who going to take your photograph is at the door?

这个孩子显然选择了错误的 is 出处。但实际上,孩子们从不会犯这类错误。20 世纪 80 年代中期,心理学家克雷恩(Stephen Crain)与中山峰治(Mineharu Nakayama)对三到五岁的孩子作了一系列广泛的测试,结果表明他们几乎总是能完成正确的变换。他们并没有简单地挑出首次出现的助动词,而是在句子的主要动词短语中寻找助动词。为了做到这一点,孩子必须能够识别一些词类,例如主语短语、动词短语、宾语短语等,并且了解这些词类应该如何组合以形成句子。

换言之,如果说年幼的孩子们能够理解基本语言树(以及支持这种看法的学说),那当然很可笑,然而他们确实掌握了基本语言树所拥有的一切短语结构。有了对句子结构的这种内在理解后,孩子们便能运用正确的规则(在句子的主要动词短语中寻找助动词 is,并将它移至句首),来构造正确的疑问句:

Is the woman who is going to take your photograph at the door?

(来为你拍照的女人站在门旁吗?)

顺便提一下,乔姆斯基多年以前就观察到,年幼的孩子们并不能通过模仿相当数量的特定例句,来获取这种复杂的、把陈述句转变为疑问句的能力,理由很简单:父母在同孩子谈话时,极少会使用类似于 Is the woman who is going to take your photograph at the door? 之类的句子。他们更不会提供陈述句与疑问句的实例对来说明转换的规则。

乔姆斯基的观察得出了一个不可避免的结论。如果年幼的孩子不是通过模仿成人来学习句法的,那么他们肯定是生来就有了这种能耐。换言之,深层结构法则肯定是植入他们大脑的"固定线路"。

现在我们已经作好准备,可以转入我前面已经提到过的问题了:人类怎么会首先掌握句法的?出于何种目的?

第7章　逐渐成长,学会了说话的大脑

7.1　语言进化的两个难解之谜

对于人类大脑是怎样取得语言能力的,我们最熟悉的进化论的说法是它得益于日渐丰富的信息交流手段:由相当原始的发声交流系统开始,逐步演变为复杂化程度与日俱增的系统,直到最终形成了成熟的语言。按照这种学说,沿着这条通向语言之路所迈出的第一步便是人类先祖对越来越丰富的词汇量(没有句法)的逐步获取。我们会看到,有证据表明,在长达350万年的时间里,人类所掌握的词汇量一直在稳步增长。在这段时间里,口头的信息交流由复杂程度不超过诸如"给!"或"去!"的原始发声组成,也可能是简单的"对象—属性"式的话,例如"我生气了"或"狮子来了",并极有可能伴随着手势与其他肢体交流方法。语言学家把这种简陋的信息交流系统中的语言部分称为原始母语。这种原始母语的语法规则(句法)就是图7.1所示的有两个分叉的树图,我把它称为原始母语树。

原始母语树同图6.2中的树是同一棵树,只是在结点上没有标号。标号的缺失暗示了我们把树图看作一种描述如何把东西拼凑起来的规则。将规则画成树的形状则表明两件东西放在一起时的顺序是无关紧要的。另外,它也为人们提供了一个与基本语言树的形象对照。

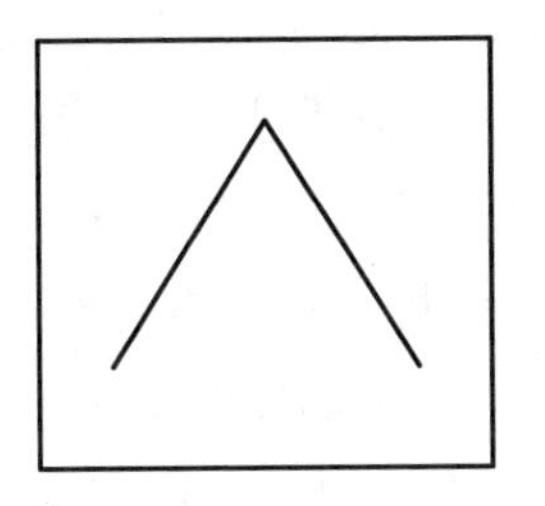

图 7.1　原始母语树

有证据表明，可以把原始母语教给黑猩猩、猴子与类人猿。（不过，我应当指出，对动物取得语言能力的研究引起了一些争议，即对观察到的种种现象应该如何解释。主要的问题是，我们不可能进入它们（例如一只黑猩猩）的内心世界，了解它们究竟在想些什么。我们只能解释它们的行为、动作。）关于类人猿使用原始母语的某些最引人注目的研究出自萨维奇-伦鲍（Sue Savage-Rumbaugh）同她的倭黑猩猩坎奇。她在许多书籍与文章中描述了坎奇掌握原始母语（用图片进行交流）的熟练程度，最近的一本书是她与尚卡尔（Stuart Shanker）及泰勒（Talbot Taylor）合著的 1998 年出版的《类人猿、语言与人类智力》（*Apes, Language, and the Human Mind*）。

语言进化的第二阶段，即对句法的掌握，大约发生在 7.5 万到 20 万年之前。按照标准学说，不断丰富的信息交流需要导致原始母语逐渐增添了各种语法特征，我们在现代语言中可以发现这些特征。这种学说可能是正确的。但在接受它之前，必须先解决两个令人困惑的谜。

首先，如果语言真的是逐步进化的，那么它们肯定会有不同的演化速率。这样，我们会看到同时代的语言会存在不同程度的语法复杂性。然而，我们并没有看到这些。在当今世界的一切语言中，没有一个拥有介于原始母语与成熟语言之间的较简单的结构。最原始的土著部落所用的短语结构同纽约那些老于世故的人所用的实质上是完全一样的。

再来看看第二个谜。语言的进展发生在唯一的人际交流为面对面的形式时，此时肢体语言（莎士比亚所谓的“她的眼睛里，面庞上，嘴唇边都有话……她的脚……她身上的每一处骨节，每一个行动，都透露出风流的心情来")可以发挥很大作用。但是我们前面已经指出,有关此时此地的几乎一切面对面的日常交流,都可以通过两三个有义单词的简单组合,再辅以身体姿态来充分表达。由此可见,你需要的只是一种足够丰富的原始母语。你不需要句法(语言的语法结构),也不需要支撑它的、消耗巨大能量的脑力。那么,掌握句法为人类带来的额外生存益处究竟是什么呢?

只有当生活已经变得足够复杂,允许人与人之间协同合作时,才能体验到成熟语言所带来的好处。例如,一种发展得相当好的原始母语可以让一个直立人对他的同类说"死去的猛犸",并用手指向北方,或者一面说"水果",一面朝西方打手势。然后他们就小跑着去找寻食物。但是,原始母语对传递复杂信息是无能为力的,例如:"那里有一头死去的猛犸(手指北方),但在昨天,那里附近出现了几只老虎,如果我们到那里时发现它们仍在附近,那么我们就应转移到另一个地方(手指西方),那里有许多大水果,几乎没有危险。"对于像这样的信息交流,你当然需要语言的句法结构了。不过,只有当正在交流的生物产生了如此复杂的思想时,才需要进行这样的交流。

我的观点是,有关语言进化的标准解释是错误的。语言**原先**不是为了对更多的信息交流提供方便才进化的。毋宁说,它的兴起纯属偶然,是我们的祖先获取进一步**认识**他们的周围世界(既是指自然环境,又是指他们日趋复杂的社交圈子)的能力时得到的一个副产品。我将证明,关键性的进展就是被我称为"离线思考"的那个环节。(观念和名称都不是我原创的。)

粗略地说,所谓离线思考,指的就是抽象的"如果……,该怎么办"的推理能力。通过研究离线思考的本质,以及为了应对这种新智能而引起的大脑结构的变化,我们将会看到句法(以通用语法的面貌出现)与数学思维能力是如何产生的。另外,我们也将看到,从原始母语演变到成熟语言是如何能够(有可能是必须)迅速发生的,也许快到只经历了一代人的时间,从而丝毫没有留下语言的中间状态的任何痕迹。

我已经说过,语言出现在原始母语350万年不断进化的末期。① 此

① 350万年这个数据来自人类颅骨的考古学证据。——原注

时,人类的颅骨(以及位于其中的大脑)已经相当于与我们体型差不多的普通哺乳动物的九倍,或者相当于普通类人猿的三倍。由于成人大脑要消耗全身能量的20%(尽管其重量只占整个体重的2%),它的增大需要付出沉重的新陈代谢代价。原始母语的成长壮大(主要目的是为了认识世界,其次才是交流信息)为这种代价高昂的大脑发育提供了一个解释。

由此可见,语言进化的这本账应当从人类大脑的成长发育算起。但是我的主要目标是要搞清楚我们的数学能力从何而来。为了做到这一点,我们必须在时间上追溯得更远。让我们从远古恐龙灭绝时期开始。(实际上,有证据表明,数学思维的前身甚至在恐龙时代已经有迹可寻了。)

7.2 一颗大陨星如何导致了更明智的类人猿的产生

6500万年以前,一颗直径约为6英里的巨大无比的陨星撞击了如今墨西哥的尤卡坦半岛,形成了一个巨大的陨石坑,宽度约有186英里。厚厚的硫磺味尘埃云被冲击波抛入大气层,又被风刮到各地,席卷全球,完全封闭了太阳光线,足足持续了数年之久。地球的表面一团漆黑,寒冷异常。由于不耐寒冷和长时间没有食物,所有的恐龙都灭绝了。在长达一亿五千万年的时间里,它们一直处在食物链的顶端。恐龙对地球上的任何生物都无所畏惧,能让它感到害怕的只能是另一条恐龙。恐龙之所以能长期维持统治地位,并保证它们的生存,主要靠的是无与伦比的身躯、力量及速度。然而一旦受到天灾的打击,世界这个大舞台就要让位给一种新的生存策略:举动明智。

假定你在陨星撞击前正好在场,看来你不见得能够猜中,生活在恐龙阴影下的这许多生物种属,何者能熬过漫长的"陨星隆冬",存活下来繁衍子孙,并且有朝一日其某个后裔居然能被送上月球。实际上,也许你根本就没有看到过这种特殊的生物种属。它是一种小小的、松鼠般的动物,有着一个长长的尖鼻子,在稠密的热带雨林(当时覆盖着如今欧洲与北美洲的大部分)的树丛和灌木丛中奔来奔去。它们依靠水果与坚果为生,活命的主要手段是不让别的可以把它们吃掉的野兽看见。

很难想象,依附于微小的生存环境,时刻都处在被过路的恐龙压扁的危险中的如此胆怯的小动物,其中的某一个成员居然会有一个直系子孙,有朝一日在月球上漫步。然而,进化是变幻无常的。那句流行的"适者生存"的确是一种非常合理的描述,但你必须认识到,所谓"适"就是指最适合当时的各种条件。巨大陨星撞击我们行星的那一刻,生存条件发生了剧烈的变化。维持了亿万年优势的生存条件——"大而快"或"大而强",转瞬之间成了死亡判决。陨星撞击之后的那些年月里,讨巧的是小小的个子,不必依赖充沛的阳光,靠少量枯死的植物就能过活,一冬眠就可以维持几个月，消耗能量极小。阿姆斯特朗的600万到1000万代前的曾祖母突然能够发挥所长了。①

当尘埃最终落定，太阳光又一次穿透大气层时，那些弱小的松鼠般的动物，终于设法熬过了漫长的寒冷与黑暗活了下来，它们发现自己活在一个没有恐龙的新世界中。在随后的一个个千年里，他们不断分化出大量新的物种，逐步主宰了北半球的丛林地带。这些物种是原猴亚目的猴子。它们的现代子孙有马达加斯加岛上的狐猴，以及非洲与亚洲的丛猴、懒猴等。

地球上的生存条件在3000万年中保持着相对稳定，原猴亚目的猴类物种迅速地繁衍开来。又经过了200万年之后，地球上的气候开始变冷，太平洋上的表面温度从23℃降到了17℃。这听起来好像没有什么大不了，然而它已经足够引起巨大的环境变化。特别是，原先覆盖了大部分地球陆地表面的广阔的热带栖息地退缩成了赤道附近的带状区域，即如今我们称为“热带”的地方。

为了适应这种气候变化，原猴亚目中的某个种群开始沿着一条全新的路线进化，即成为类人猿这种灵长目动物(现代的猴子与类人猿都包括在内)。这些早期的灵长目动物拥有更大的脑袋和更圆的面孔，生活在如今非洲、亚洲与南美洲的赤道附近地区。(目前被分隔开来的美洲与亚洲大陆当时是连成一块的。)

距今3500万年左右，美洲与亚洲大陆分离了，此后生活在如今南美洲一带的灵长目动物进化得甚为缓慢。现代的南美洲猴子与它们的先祖极其类似。可是，栖息在非洲与亚洲的灵长目动物却仍在不断进化。大约3000万年前，进化路线被一分为二：其中一类是旧世界的猴子——它们的现代后裔有狒狒、猕猴、叶猴等，另一类则是类人猿，我们就是由它们

① 与阿姆斯特朗相距600万到1000万代，这个数据是从两代之间平均年龄跨度为6至10年而估算出来的。顺便说一句，如果你追溯这个家族的女性成员，从陨星撞击地球时的那位松鼠般的曾祖母，一直延伸到阿姆斯特朗，你将会得到的人数大致与目前纽约市的总人口数相当。——原注

进化而来的。

在随后的2000万年中,类人猿是主宰森林的物种,它们的主要食物是高高地长在树上的、充沛的果实。然后,距今1000万年左右,气候又发生了巨大变化,变得更加干燥,气温下降了10℃左右。繁茂的森林逐渐退缩,留下来的类人猿们不得不为了生存而拼命挣扎。

大约700万年前,一些类人猿开始冒险穿越森林边界,进入了开阔的大草原。究竟是什么原因引发了这次大迁移,目前尚不清楚。(就像大多数关于进化的说法一样,有一些权威人士对事情是否真的以这种方式发生提出了质疑。)

一种有趣的观点是,大迁移是由猴子消化系统中的某一种酶的进化而引起的。根据这一学说,这种酶让猴子能够食用尚未成熟的果子,而这种事情是类人猿(还有我们——它们的后代子孙)直到今天都还做不到的。这种酶保证了猴子有充沛可靠的食物供应,但却减少了类人猿的食物来源,因为大多数果子没有等到成熟就被猴子吃掉了。为了生存,类人猿的唯一办法就是从树上下来,到森林的地面与森林的边缘寻找食物。不管这一学说是真是假,我非常喜欢其中的一点,即它证明了进化往往取决于极微小的改变。

无论如何,越演越烈的食物争夺战肯定对类人猿形成了巨大的生存压力。可能就在那个时候,它们获得了分辨颜色的能力。这样一个重大进展(当然需要经历若干代)肯定对它们的生存大有裨益,因为它们能从一大片树叶的绿色背景中比较容易地分辨出哪些果子已经成熟了。

不幸的是,我们没有直接证据来表明类人猿掌握分辨颜色能力的确切时间。可以肯定的是,在某个阶段,我们的类人猿祖先能够分辨不同颜色了,此事似乎发生在我们人类从进化路线上分化出去之前,因为现代类人猿也是有色彩感觉的。但是,不管它是何时发生的,都需要付出代价:分辨颜色的能力需要大脑进行复杂得多的视觉信息处理,要有一个更大的器官,消耗更多的能量。因而,不管此项变化发生于何时,它必定是在一个获得的好处超过了付出的代价的临界时刻。毕竟,类人猿确实活下来了。

即使分辨颜色的能力确实是“为了能更好地确定何处有果实”而建立起来的，我们仍然需要谨慎小心。这种说法有可能造成一种错误印象，即“大自然”会以我们每天解题那样的方式去解决一个重大问题。例如，就个人而言，如果你牙齿痛，你可以去找牙医，他会帮你治好。但对类人猿掌握分辨颜色的能力这样一项重大进展来说，受益者不是任何一只单独的类人猿。较确切的说法是，经历了连续的若干代后，那些能较好地分辨颜色的类人猿将有更高的可能性能活到复制它们的基因，并传给后世子孙。于是，随着时间的流逝，分辨颜色的基因越来越普及，类人猿的**总体**变得越来越能够分辨颜色了。

对我们来说，关注的重点不在于分辨颜色的能力本身，而在于脑容量的扩大。更大的脑子在开始时可能只是作为更有效地找到可食用的果实的代价——这是一种挣扎在生存边缘的不顾一切且代价高昂的赌博。但在1000万年以后，那些类人猿的后裔——我们人类——得以利用他们较大的脑子去干许多事情。

7.3 要在开阔的空间里生存，必须举动明智！

类人猿迁移到开阔的草原之后，面临了一个新问题。没有了森林的庇护，它们更易受到食肉动物的攻击——狮子、老虎、豹、鬣狗、猛犬，有时是老鹰，偶而也有别的类人猿。

三项进展让它们活了下来。首先，它们长得越来越大了。尽管饥饿到极点的食肉动物会攻击与它们身材差不多的动物，但绝大多数情况下，它们还是宁愿去捕食较小的猎物。接近现代人身材的动物通常都是单独活动的。其次，它们的举动开始变得很明智——预知危险并设法逃避。第三，类人猿开始组成集群。由于采用集体行动，类人猿往往在数量上居于优势——绝大多数食肉动物都更愿意去袭击一只落单的猎物。他们的某些后裔采用了简陋的原始母语这种改进了的信息交流系统，从而大大有助于集体行动。关于这一点，我将在适当场合再作阐述。

所有这三项适应措施都促进了人类大脑的成长，后两项更标志着某些数学思维的前身已经开始形成。我将依次阐述后面两项给人类生存带来重大益处的举措——本章先讲举动明智，第 8 章再说组成集群。

首先是，举动明智。我们应当注意到的第一件事情是，所谓的"举动明智"取决于行动者与环境。让我们来看几个例子。

向日葵不停地转动其花冠，使之面向太阳。由于它的生存与成长需要阳光，它的行为从"向日葵的角度"来看，可以说是"举动明智"的。向日葵的转动有点像我们感到饥饿时会向冰箱走过去。但我们中的大多数人都不愿意去谈论什么向日葵的"角度"，更不可能把它的动作说成是"举动明智"。

有一种低等水基细菌，总是游向水中的营养物质，并避开含有有毒化学物品的水域。从细菌个体的观点来看，这确实称得上是明智的举动了。然而，作为一种相当简单的、低水平的、由化学物品刺激引起的反应，它并不是我们通常所指的那种"举动明智"。

有一种学名叫做 *Stomphia Coccinea* 的海葵，它们生活的海洋环境里有十一种海星，其中只有两种要捕食海葵。如果九种不具威胁的海星中，碰巧有一种触碰了海葵，后者是不会作出反应的。但当两种有威胁的海星之一碰到海葵时，后者会立即退却。同上面说过的细菌的例子一样，这纯粹是仅存在于两种捕食性海星体内、但在其他九种海星体内不存在的某种特殊化学物品或一批化学物品所引起的自动反应。不过，海葵拥有的识别两类(危险的与无害的)海星的能力是一种非常重要的认知能力，能帮助它生存。我们是否应该仍然坚持认为它不算“举动明智”呢?

再来看看拥有大脑的动物。当白嘴鸦看到一只动物走近它们的鸟巢时，它们会捡起石头，掷到入侵者身上去，把它赶跑。这算不算“举动明智”呢?

一只切叶蚁碰到一个狭隘的入口挡住了它带的叶子，于是它反复地把叶子摆来布去，直到能够让叶子通过入口为止。这符合“举动明智”的要求了吗?

章鱼了解如何旋开有螺旋盖的玻璃瓶的瓶盖，以取得瓶内食物。这可以算是“举动明智”了吗?

再来看黑猩猩，当把一只香蕉高高地悬挂在兽笼顶上，使它够不着时，经过一些思考后，黑猩猩会从兽笼另一边拉过来一只箱子，把它放在香蕉底下，然后爬上去，抓到了香蕉。从适用于人类的“问题解决”的角度来看，很难不把这种行为算作“举动明智”。

上面这许多例子可能使你想到，存在着一个反映“举动明智”程度的连续谱图，一端是向日葵，另一端是我们人类。以后我将论证，尽管确实存在着一个谱图，但它不是连续的。黑猩猩与所有其他例子之间存在着质的差别。第二个本质差别则存在于黑猩猩的智能与人类的智能之间。此外，这些差别也对应了描述清晰的“语言”概念。

我所给出的第一批“明智行为”的例子，尽管复杂程度有所不同，但基本上全是简单的“刺激—反应”机制。来自现实世界的某些影响会自动地引发可以预知的身体反应。

相比之下，黑猩猩解决香蕉问题却需要一个行动计划。黑猩猩不但**举动**明智，它**本身**就很明智。请注意，不管怎样，在黑猩猩的行动计划中，所有的要素都是现实存在的——用计算机术语来说，黑猩猩在接收它正在思考的那些对象的视觉信息输入的同时,“在线”制订了它的行动计划。按照我在第5章中对抽象思维的分类,黑猩猩的思维能力处于第二层次的抽象。可以合理地假定,咱们的祖先走出丛林,迁移到开阔的草原时,他们大体上也处于同等水平。通过在现代的猴子、类人猿、黑猩猩(以及人类)的智力与交流能力中寻找共同点,我们可以对这些早期草原居民的智能水平有所了解。

首先,我们已经看到,许多动物具有数的意识,这些意识带来了明显的生存益处,涉及从识别哪棵树上果实最多,到判定面对可能的对抗时它们的集群在人数上是否存在优势等问题。

除了数的意识之外,生活在树上,经常在树枝间跳来跳去,需要很好的三维空间意识;生活在开阔的草原上,需要二维空间意识,包括判断距离的能力。我不认为会有人把这些能力说成是几何能力,但它们确实是几何能力的必要前提(你可以把它们称为前几个步骤),几何意识的起源同数的意识很类似。

数学思维的另一个必要成分是意识到因果关系。由于现代的灵长目动物似乎都拥有这种能力,可以合理地假定它们的(也是我们的)丛林中与草原上的祖先也同样(也许只是有限地)意识到了一件事情可以引发另一件事情。

由此可见,早在700万年以前,已有一些大脑具有了进行数学思维所必需的若干功能。这并不是认为那些早期的灵长目动物已经拥有诸如“数学能力”之类的东西。我们没有理由假定它们已完全拥有思考或抽象思维的能力。我的观点是,如今这种熟练程度的数学思维利用的是已经发展了数十万年(有时甚至可达数百万年)的智能。从事数学研究不需要什么新的智力,只是对业已存在的能力作些新奇的应用而已。(当然,严格来说,以一种新的方式去应用已有的能力实际上构成了一种“新的智力”。)

不过,尽管有这许多智力发展,有证据表明,我们的人类先祖在当时的最重大变化不是智力上的,而是身体上的:他们开始改变了行进方式。他们在移动身躯时越来越多地单独依靠后肢,空出他们的前肢来完成其他工作。大约350万年前,他们与别的类人猿已有显著差异,因而人类学家把他们归入到另一种属:**南方古猿**,这是第一种原始人类。他们的外貌大体上介于类人猿与现代人之间,这些早期原始人靠两只脚直立行走,并将他们的手作为工具使用。

采用完全直立的姿势所产生的一个特别的后果是,我们能够发出辅音了。这对我们发展语言能力,并进而发展我们研究数学的能力是至关重要的。正是我们用辅音来分隔相对较少的元音的能力,让我们得以产生丰富多彩的声音序列,用于信息交流。如果没有辅音,我们的口语交流只能由咕哝声组成。简而言之,我们不会拥有"语言"这种东西了。(回想起,尽管我提出过表述推动了语言的发展,但我并没有说信息交流不起作用。)

同别的灵长目动物不一样,人类的声道在口腔与咽腔的会合处以直角向下弯曲。(其他灵长目动物的声道是慢慢地向下倾斜的。)人类声道的这种改变,是我们采用直立姿势的一项直接后果,此时我们的头部位于脊柱的正上方。倘若我们的头部像类人猿或黑猩猩那样向前倾斜,我们就不可能在用两条后肢走路时保持身体平衡。

采用直立姿势之后,人类的头部垂直地稳定在脊柱之上,舌根底部的那段舌头以及咽喉附属物下移到了颈部,形成了声道里的一个锐角地带,嘴巴也因之变小。这种改变有它不利的一面:不像其他哺乳动物,我们变得无法同时呼吸与吞咽了。为了防止窒息,我们的祖先不得不建立一个复杂的系统来协调这两种行动。为了吞咽,我们通过完全封闭鼻腔与口腔之间的通道(这一过程有个专门名称,叫"软腭闭合")暂停呼吸,时间少则半秒,多则四秒。正是这种完成软腭闭合的能力,让我们拥有了一大堆辅音,并进而产生了我们的语言。①

① 萨维奇-伦鲍认为,其他灵长目动物之所以不能获取语言,无法形成一大堆可以识别的声音很可能是唯一的原因。如果情况真是这样,那么语言的交流作用在其进化历程中所起的作用要比我所设想的更加重要。不过我还是认为,最主要的原动力依然是离线思考。——原注

7.4 昂首行走，灵活思考，有效交流

紧随着南方古猿之后，距今约200万年时出现了**能人**，他们的外貌仍旧像类人猿，但似乎长得高大了些。它们的大脑要比南方古猿或现代类人猿的大脑大50%左右(640立方厘米对440立方厘米)，尽管这只是现代人大脑的三分之一大小，但已足以导致很大的变化。

在其后100万年中，有一支原始人类逐渐长得越来越不像类人猿，而同现代人日益靠拢了。大约100万年前，另一个新种属出现了：**直立人**。(现在还不清楚，直立人究竟是从能人遗传下来的，还是来自一个独立的、源自南方古猿的平行分支。)至此，新物种的最显著特征是它的大脑尺寸，约有950立方厘米，相当于现代类人猿的两倍多。

大脑以惊人的速度持续不断地增长。当**智人**(聪明的人)在30万年前出现时，它的大脑约有1350立方厘米。如此惊人的增长，不过用了350万年时间。

我们已经知道，要维持这样庞大的大脑，能量消耗实在惊人，因此，大脑增长所带来的益处必定是非常重大的。是什么推动了这种改变呢？坦白地说，我们知道得并不确切。这倒不是说，我们不能提供一种看似有理的解释。事实上，这本书就是建立在一种我个人认为高度可信的学说之上的。然而它同我们所知晓的一大批有关进化的知识不一样，后者是建立在化石记录之上的、牢不可破的确切证据，而告诉我们人类大脑是如何发展的证据却少得可怜。我们拥有的只是空空的头盖骨，只能说明这些大脑有多大。一旦这些大脑被用来制造工具，在岩洞壁上画图或刻出记号时，就有东西留下来供现代人类学家研究了。但是，制造与利用工具是脑力的最晚近的应用，因而决不可能是它们推动了大脑的增长。

重要的是，人们应该认识到：对我们有意义的进化变异并不需要一项明确解释。19世纪流行的观点是把进化视为“攀登预定的楼梯(人类处于最顶端)”，这完全是错误的。个别的进化变异随时都可由一个物种新成员遗传密码的微小变化而引起。如果某个因素能够保证一个特定的遗传变异能使物种的成员比没有产生遗传变异的物种成员繁衍得更好，更

能把它们的基因传给后代,那么这种变异就能站住脚跟,并逐步传遍整个物种。那个关键因素并不需要提供一个立竿见影的即时生存益处。不妨让我们来看看孔雀的尾巴。

在它们进化的某个阶段,有些雄孔雀开始长出更大、更艳丽的尾巴。由于大尾巴让它们很难移动与飞行,它们明显吃亏了。合理的情况是,大尾巴处于自然选择的**不利地位**,会很快消亡。然而事实并非如此。一种可能的解释是,雌孔雀们把奢华的羽毛视为力量的象征,尾巴越大、色彩越丰富就越好,并更愿意与这种天降佳偶结成伴侣。如果真是这样的话,那么大而艳丽的尾巴就会处于自然选择的**有利地位**,纵然有明显的缺点也不要紧。

是否有一种类似的说法可用来解释人类进化进程中大脑的变大呢?大脑的进展是否基于一个简单的原因,即我们的祖先喜欢选择脑子较大的人来相伴终生呢?经过思考,可知这样一种解释是不成立的,至少不能等同于雌、雄孔雀那种简单的方式。由于大脑是看不见的,优越性并不是由大脑袋本身表现出来,而是要看这个脑袋的所有者用它干了些什么——也许是行为更聪明,或更善于交际等。不过,现在要解释的东西变成了如何识别聪明行为的本质,或者长着一个大脑袋的个体运用其更强的交际能力能带来什么益处。因而,尽管这种学说把遗传的选择因素从举动明智转移到了选择异性伴侣上面,我们却依然面对着老问题:较大的脑子究竟为其所有者提供了什么对生存带来好处的能力。

我个人的观点是(它构成了本书的基底),推动大脑成长的因素正如你们所料:更大的大脑能使我们举动更明智,交流更顺畅。我们的任务是更准确地了解"举动明智"包含了哪些具体内容,以及我们的祖先把他们大大改进了的交际能力施展到了什么程度。此外,光凭大脑的尺寸是不足以获得明智的行为与更强的交际能力的。我们也必须考虑到它的结构。

7.5 能学会新把戏的狗

我们一般是根据智力上的问题,尤其是需要高度集中,用抽象思维(学术名词叫"符号思维",详见下一章)才能解决的问题的解决能力来看待明智行为或智能的。但这种思维能力来之不易,相对说来只有少数人能够很好掌握它。事实上,正是由于此种能力的稀缺,而使拥有它的人得到了很大的回报——更诱人的工作,更高的薪水,更好的生活方式,甚至难得的诺贝尔奖。

发展此种能力还需要非常努力,要有多年的培训(我们称为教育)与实践。在某些情况下(例如背九九乘法表),培训中有相当一部分内容会试图违反人脑的自然倾向——自然"智能"。

简而言之,那些通常会被看到的人惊呼"那个人聪明绝顶"(例如在数学上有杰出才能)的问题解决能力,即使在认为此种能力最为可贵的社会里也是脱离常规的。(可以肯定,咱们的直立人与早期智人祖先更加不需要这种"智能"。)然而,进化的变异却在任何一个族群的大多数成员身上显示出来,决不是少数成员。因此,要说解决难题的能力是选择更大脑袋的推动力,看起来非常不可能。

如果我们要识别出这种推动力,最好的策略是反躬自问,究竟何种智能是**所有**的人都拥有,而不只是少数几个"聪明人"才有的。我们试图回答的问题是:**任何**人的大脑都能干得很好的是什么?究竟是什么行为方式,让我们中间的任何一个人都能被说成"举动明智"?

我们要提防一种想法,即认为问题中提到的那种能力需要经过培训,或付出很大努力才能获得。实际上,**我们可以作出相反的预期**。进化所提供的适应性改变(如果曾经有过的话)极少需要经过培训或付出很大努力。确切地说,进化会产生出适合完成某项特定任务的能力。(重申一下,适应性改变并非为了满足某项特殊需要而产生,而是由于它确曾偶然满足过某种需要,从而被自然选择保留了。)

由此可见,我们所寻找的智能必须是人人拥有,而且不需要花费力气就能获得的。由于没有任何其他生物物种能发展到直立人那样程度的大脑对全身的比例(更不用说智人了),这种关键能力必须是目前只有现代人才掌握的能力。(如果别的生物物种也拥有这种关键能力,那么这种能力肯定不需要如此大的一个大脑,从而根据定义,它不可能是我们正在寻找的能力。)

语言是一个显然的候选对象。除非考虑到下面这个事实:人类语言是一项极其晚近的进展。就我们所知,语言(按照第7章中的说法)大致出现在距今7.5万至20万年之间。可是大脑的成长在大约350万年前就已经开始了。

由此可见,我们寻找的关键能力不是语言。然而,可以肯定它是语言的前身。另一种可能性是,人类的进化路线发展出了两种相互独立的能力,其中之一推动大脑成长了350万年,另一种则使语言在那350万年的末段登上了历史舞台。尽管从技术上可以自圆其说,即在进化过程中由两种相互独立的进展(不是单一的进展)共同护佑了某个物种分支,使它与其他所有生物在许多方面存在差异。但这样的可能性实在是微乎其微,因而一开始就可以把它放弃。更有可能的情况是,一种进展为另一种进展打好了天下:即语言的兴起是另一种更加基本的能力的副产品,后者推动了大脑在350万年间持续成长。

那么,这种能力是什么呢?如果我前面的说法正确,那么答案正面对面地盯着我们看呢。它是如此明显,以至于我们都忽视了它;它是如此常见、普遍,以至于我们从不把它看得不同寻常。这是一种对我们来说理所当然的东西,一种我们生来就拥有的能力,一种隐藏在语言背后的能力。

有些眉目了吗?再提示一下吧。当我认识到人人都有数学基因——搞数学的能力时,我就意识到这种关键能力究竟是什么东西了。

倘若你对此仍然困惑不已,那么几乎可以肯定,你已成为一个关于人类头脑的观点的受害者,这种观点是法国著名哲学家笛卡儿(René Descartes)在17世纪传播的。笛卡儿观点的现代解读是:头脑是一台计算机,它是按照一系列离散的逻辑步骤来思考的。按照这种观点,要想理解人们在头脑里研究的一切事物(例如识别人的面孔,理解故事情节等),关键在于把这些智力活动用逻辑规则表达出来。

正如我在拙作《别了,笛卡儿》一书中主张的,认为一切心智活动都可归结为逻辑规则的假定不成立。而且,正是这种假定的错误解释了某些工作失败的原因,例如试图为电子计算机编制程序,让它能够识别场景,处理自然语言,并显示出人工智能等。在《别了,笛卡儿》这本书的末尾,我提出了关于人类头脑的另一种观点,即把它视为识别模式的装置,包括视觉模式、听觉模式、语言模式、活动模式、行为模式、逻辑模式等等。这些模式可能是世上实际存在的,也可能是出自于人脑的对世界的观点的一个组成部分。(有些哲学家会争辩说,上述许多模式中,仅有第二种模式是可能的。我的文章不受这种观点的约束。)

我们所认识的模式中,有些可用语言加以描述(其中包括一些特殊语言,例如音符可以描述某些听觉模式,数学记号可以描述各种数学模式等)。但另一些模式却似乎不可能被清楚地描述。例如,我们一般都能认出几十年不见的朋友或亲戚,不会感到多大困难。其实,他们的面孔很可能在所有的细节方面都发生了变化。事实上,我们看到他们时的第一个反应就是惊讶于他们的巨大变化。然而我们还是可以认出他们来。不管他们的面貌产生了多少局部差异,我们仍然知道,那是**同一个面孔**。对面孔的识别看来是一种高水平的模式,它能经受得住无论多少局部改变的考验。

在《别了,笛卡儿》一书中,我也论证了人的专业技能并非得自学会了很好地遵守各种规则,而是由于获取了识别(也可能是创造)一大批模式,并据以作出反应的能力。我认为,规则对掌握一门新技术来说是有用处的。而专业技能产生于大脑适应了那项新技术的时候——大脑学会了识别关键的类型,并能自动地、毫不费力地作出适当的反应。在那个阶段,就不再需要规则了。

驾驶汽车是一个很明显的例子。把对任何个人的驾驶技术的评论搁在一边,事实上任何人都能够熟练地驾驶汽车,而且许多人已经做到了。当我们开始学习驾驶时,我们毫不含糊地按照规则办事——它起作用了!在经过一番实践之后,我们变得有点得心应手了。我们仍然按照规则来驾驶,不再死抠条文但是效率更高。当碰到没有经历过的异常情况时,问题出现了，我们典型的反应是重新回到完全初学时的状态，明确、认真地想想该怎么办。最后，当我们开了相当长时间的车之后，对驾驶时会遇到的各种情况与应对都已胸有成竹，于是我们在开车时就可以不把它当作一回事，而在面临突如其来的情况时，会本能地立即作出反应。我们不再需要那些指导学习过程的规则了。

开车能力的发展几乎不对人类进化产生影响，注意到这点可能并非完全多余。然而我们在开车方面确实可以变得非常内行。进化为我们提供的是认识新模式并对这些模式作出动作反应的能力。

按照古老的谚语，你不可能教一只老狗学会新把戏。也许更确切的说法应该是：你不可能教一只老狗学会许多新把戏。这句话也适用于年轻的狗，和一切其他生物，只有一个例外。我们是唯一能学会一大堆新把戏的“狗”。事实上，我们在一生中可以学到无数新事物。这就是带领我们取得成功进化的关键能力的一个重要特征。

7.6 追随学习曲线

我所描绘的人类进化图景包含两个发展阶段,其起点是350万年前人类分支的出现。

第一阶段几乎占据了整个时期,那时大脑的尺寸不断地增大。之所以如此,主要是为了给那些较大脑袋的所有者提供对世界的更宽广的视野(辨认更多的模式),更多的生存本领(表现为对各种特定的刺激模式作出相应的反应),以及更有效的交流方式。但是,此时大脑的结构改变得很少。发展主要由**量增**,而不是**质异**构成。

第二阶段发生在过去的20万年,甚至近在7.5万年前。大脑不再增大,但它们的结构改变了。不管我们认为这些结构在构造上是否具有重大改变,它们对大脑活动产生的后果却是非常重大的。它们赐给我们符号思维(即"离线思维",我将在下一章中作进一步解释)、语言、时间意识、提出与执行复杂行动计划的能力,以及设计制作光彩夺目的、数量不断增长的人工制品的能力。(这些似乎是迥然不同的能力,但它们实质上全都来自同一基本智能。)

从某种程度上说,这些发展阶段中的第一步——大脑的成长壮大——是如何发生的似乎很容易理解。然而,如果对世间事物认识的不断扩容所带来的益处足以抵消维持一个大脑袋而付出的代价,那么为什么在整部地球史上仅有一个物种走了这条道路?

部分答案也许是:大脑发达、举动明智的这条生存道路是一条孤注一掷的路,采用这条道路的生物物种绝大部分时间都生活在濒临灭绝的边缘。我们的所有人类先祖在身材、力量、速度等方面都能被其他物种轻易超出。直立人既没有致命的利爪,也没有大而有力的颚和又长又锋利的牙齿这些明显优势。他也没有厚厚的外皮,以及其他足以抵御被撕裂、吞食的构造上的防范手段。他没有固定居所,维持生存全靠保持高度的适应性,为寻找一切能发现的食物——果实、坚果、叶子、禽蛋,乃至偶尔一见的兽肉,不断从一个地方到另一个地方,从一种地形到另一种地形。

要想以这种生活方式取得成功,需要依靠对世界的宽广的视野——

认识一大批模式的能力。我们的祖先对世界的认识理解越深、越丰富,他们的生存机会就越大——通过预见,逃避危险;通过估量下一餐来自何方,立即采取行动。

有一个很明显的例子,足以说明认识大量模式可以带来巨大好处,这就是跟踪。一头受了伤的犀牛仍旧足以抵挡一群恰好路过的直立人。但如果这群人能利用脚印、折断的树枝、粪便等线索继续跟踪它几天,那么他们就能以一个安全距离来跟随它,直到它衰弱不堪、无力抵抗时,走过去把它杀掉。猎手能识别的模式数越多,能利用的线索就越多,他们跟踪猎物的本领也就越大。人类跟踪猎物的能力极强,常常会相距数天的路程,这种能力是类人猿或黑猩猩所没有的,因此它很可能是推动原始人类大脑增长的因素之一。

如果咱们的直立人祖先还能用原始母语相互交流捕猎信息,那就能协调他们的行动,增加成功的机会。

换言之,咱们的直立人(以及早期智人)祖先是有着高度适应能力的流动的食腐者,他们活在世上靠的是智慧。生存有赖于他们比别的物种更明智,也极有可能有赖于他们比别的物种更善于交流详尽的信息。他们对周围环境与其他物种有着极为旺盛的求知欲,力图了解与(至少对他们自己)解释所看到的事物。这种生存要素为人类所独有,我们甚至在小娃娃身上也能或多或少地看到一些。

由于大的脑袋要消耗许多能量,我们祖先所走的“举动明智”的进化之路几乎肯定是一条非常冒险的路,极有可能招致灭绝的恶果。结果,这条冒险道路走对了,为数寥寥的几千名原始人繁衍了多达60亿的人类后裔,他们发现了如何应用祖先们孤注一掷的生存技巧,建立了地球生物中独一无二的生活方式。

以上便是我对大脑成长所作的解释。至于人脑的第二个发展阶段——用符号推理——问题就更多了。我们从化石记录与语言证据中了解到它出现得很快,带来的后果简直是戏剧性的。但它为什么会出现呢?

一个可能的解释是:这完全是个偶然事件。当然,严格来说,一切遗传变异都是“偶然的”。但一般来说,遗传密码上的一个单一的、随机的改变至多只能在生物形态方面产生一点微小的变化,只有经过很长时间,许多微小变化积累起来才能让某个特殊物种产生重大差异。不过,对符号推理能力的获取来说,其变化是即时的,而且是戏剧性的。

就个人而言,对上述"幸运的偶然事件"一说我并无异议。诚然,该事件不发生的可能性很高,但我们不需要在这里对没有发生过的事情多加考虑。既然我们已经**存在**,认为这种事件极不可能发生的说法就无关紧要了。这情形同人们熟悉的对彩票中奖问题的讨论类似。有人认为,彩票中奖的概率微乎其微,购买彩票无异于浪费金钱。这种议论(作为一种概率论证来说)自然十分合理,然而它并不能(在事后)适用于刚刚中头奖的人。

我将较详细地探讨一些其他不同解释。不过在此之前,我还是要谈谈那个拖了很久的、有关人类大脑成长的话题。在我对大脑发展第一阶段的解释中并不包括问题解决与工具制造,我断言这两者都来自发展的第二阶段。这种看法同其他人提出的意见相左。例如,托拜厄斯(P. V. Tobias)在他1971年的著作《人类进化过程中的大脑》(*The Brain in Hominid Evolution*)中提出,大脑的复杂程度在长达200万年的时间中随其大小一起进展,这种有两个分叉的发展伴随着人类日趋复杂的生活方式,并由这种生活方式所推动。我是根据什么证据来反驳这个以及其他那些说法的呢?

答案很简单。化石记录表明,在能人时期,**根本没有产生工具**,而这一时期的大脑已经增大了50%;在直立人时期,也只有几种非常简陋的工具,而该时期剩余部分的大脑成长已经发生了。(顺便说一下,有的学者认为我们的先祖可能使用的是木质工具,所以没有留下化石记录,这种说法不值一驳。试问:他们用什么工具来制造木质工具?即使一个木质长矛也需要用石头工具来把它的一端削尖。)

考虑到智人出现后工具使用的爆炸性发展,认识到直立人的工具是**何等**简陋就显得非常重要了,尤其是某些工具的来源给我们留下了错误的印象。例如,最知名的直立人工具是硬石"斧头",但这个名字会令人联想起比实际情况更完善的原始工具。其实,它只是一块硬石头里碎裂出来的一片有锋利边的薄片。我们相信，它是原始人拿在手里将已死动物剥皮的工具。这样一种工具对原始人的生存益处意义重大。例如，一个使用“斧头”的人走到一头垂死的犀牛边时，他就可以立即用它来割破厚厚的牛皮，取下一些肉来吃，而不必等到尸体开始腐烂。

然而，像所有直立人时期的工具一样，硬石斧头更可能是偶然的发现，而不是“发明”或“设计”，而这个主意可以简单地通过示范或复制传播开来。毕竟，类人猿与黑猩猩也知道用石头来敲开坚果的外壳。一个偶然的机会，一块硬石裂开了，留下一片有能割破皮肤的锋利边的石片。当然，意识到锋利边的潜在功能，本身就是一个非常聪明的举动，我们也不能忽视把各种同工具有关的技能传给下一代的能力。然而，在直立人时期的末尾，大部分直立人的脑袋大小已到了现代人的将近一半的程度，而他们的工具仍然又少又简陋。当你考虑到这些因素时，似乎可以清楚地认识到，不管那个大的脑袋在干什么，它的成长并不是由设计与使用工具来推动的。

还可以得出的结论是，初始的大脑成长也不是由日益增长的策划能力推动的，因为很明显是较好的工具导致了提出计划能力的获取（不同于执行一项特定行动时的单纯意图）。这是什么道理呢？因为两者所需的智力过程实质上是相同的。提出计划与制造工具，两者都基于一种关键能力：能提出一串“如果这样，就会那样”的命题。

例如，首先设计出带倒刺的矛头的那个人，可能经历了如下的思维过程：“经常发生这样的情况，当我用一根尖尖的木棒刺中一只动物时，那只动物猛地一跳，木棒就掉落下来，我的午餐就跑掉了。但如果我在矛头处向前切出一道凹槽，长矛就掉不下来了，而且随着动物的跑动，倒刺会使创口变得越来越大，所以即使那只动物没有立即死去并且逃开了，它也将不断流血，最终难逃一死，而我要干的事就只剩下跟踪它了。”如果没有**事先**根据上述推理来设计，很难想象第一只带倒刺的矛头会被制造出来。

这个例子引自比克顿的佳作《语言与人类行为》（1995 年出版）。事实上，我在这里提出的人类智力的两阶段发展观点正是基于比克顿的人类语言的两阶段发展理论。（除了一个重要的例外，它们实质上是相同的。)当然,我们两人提出来的所有这些理念都经过了许多其他学者的思考与讨论。许多新奇事物出现在我们编织在一起的这些理念中,构成了一个连贯的故事。然而,在我为了阐明自己关于人类认知能力发展的观点而茫然无助之际,比克顿让我受益匪浅。

说到这里,看看直立人在沿着取得数学能力的道路上已经走了多远很有益处。我在第1章中已把有关的智力属性都列举了出来:

1. 数的意识
2. 数值能力
3. 算法能力
4. 抽象能力
5. 因果意识
6. 构建与遵循事实/事件因果链的能力
7. 逻辑推理能力
8. 关系推理能力
9. 空间推理能力

早在遥远的能人时代,我们已经有了能力1(数的意识)与能力9(空间推理能力)的萌芽。另外,鉴于现代的高级灵长目生物都表明他们具有因果意识(第5项能力),我们可以假定能人也拥有这种能力。带倒刺的长矛的设计提供了一个明显不过的标志,表明直立人拥有能力6(构建与遵循事实/事件因果链的能力)。社会化生活方式(我将在下一章讨论的直立人以及其后的智人的一种特征)的产生则需要能力8(关系推理能力),因为维持这样一种生活方式的智力机制正是牢记集群的各种关系并进行推理的能力。

在上面列举的各种能力中,直立人缺乏的是第2,3,4,7项。事实上,他们缺乏的关键能力是第4项:抽象能力(也就是我在其他地方时常提及的离线思考。一旦你拥有了它,上面列举的所有其他能力几乎都会自动伴随而来。正如我将在下一章中论证的那样,一旦有了离线思考的能耐,你就获得了语言;(正如我们已在第3章中谈过的,)有了数的意识再加上语言,你就获得了第2项的数值能力。此外,算法能力(第3项)与逻辑推理能力(第7项)只不过是第6项能力的抽象形式而已。

由此可见,在直立人时代,咱们的祖先已具备了构成数学思维的许多智力属性。而一旦某个直立人的后代能够形成并应用抽象思维,所有的关键智力要素就全部到位,可以为随后的数学发展服务了。

抽象就是那最关键的一步。

第8章　出乎我们意料

8.1　你算什么类型?

上一章中我已说过,在人类认知能力进展的第一阶段,我们祖先那引人注目的大脑成长,主要是由以下各种需求推动的:对世界的更宽广的视野,对更多的特定刺激模式作出的反应,以及更有效的交流方式。下面我将给出若干例子来作进一步的说明。

不过,我们首先应在使用的术语上取得共识。请耐心听我说。本书不是技术性很强的研究专著,也不追求科学上的准确性。但在此刻,适度的准确性能有助于阐明我提出的论点的核心内容。

我想提出的论点是:确切地讲,“模式”与“类型”究竟是什么意思?

就我在这里使用的情况来说,“模式”这个字眼并不够理想。不仅因为它暗示了一个视觉模式,而且有时在说到用于“对世间事物进行分类”的模式时,它显得不够恰当,而后者正是我要做的。

例如,绝大多数动物都显示出一种性别模式:或雌或雄。我们可以根据性别来把人分成两类(此人为男,那人为女),我们也经常根据此种分类来调节我们的行为举止。性别模式是由遗传决定的,它对动物在生育与抚养后代方面所担当的角色有重大影响。男—女的**模式**与性别的**属性**(是男,是女)紧密联系在一起。

地球自转为我们提供了昼夜模式。时间方面的模式一般被称作节奏。昼夜节奏与白天、夜晚的属性联系在一起。这一模式影响了我们所从事的活动种类，我们有时也用在夜晚或在白天的属性来为我们的行为作出解释，通常说的是“这是在夜晚”“这是在大白天”之类的话。

按模式选择事物时，常用的字眼有“属性”（property）、“类别”（category）、“类型”（type，“你喜欢听哪种类型的音乐？”）及“种类”（kind，“你开的是哪种车？”）。另外一些词则表示从比较特殊的模式种类中选择的属性，例如气味、颜色、种族、大小等。

不论使用的是什么字眼，依据的一般观念是一致的。我们所谓的模式，就是将事物按特定方式分成两个或更多个类型。而且，将这些事物看作是以这种方式分类的，对我们可能很有利。我们可根据某个特定事物归入哪一个类型来策划自己这一方的行动，或预测对方的行动。

人类认知领域中的许多技术性工作都使用“类型”一词来代表属性、类别、种类等字眼所涉及的概念。因而，我将在本书中普遍使用它。男、女或雌、雄（对人或动物）是类型，昼和夜（对环境）是类型，甜和酸是（食品）类型，红、绿、蓝是类型，大和小是类型，妩媚动人或丑陋不堪是类型，已婚和单身是类型，如此等等。

尽管在某些情况下使用“类型”这个词看上去有点古怪，但这个观念本身是人们耳熟能详的。我相信，现在它**应该**成为人们非常熟悉的词，因为长达350万年的人类大脑成长正是受到获取越来越多区分世间事物类型的益处的推动而进行的。

请注意，获得类型的认知上的需求就是分辨异同的能力：认识到某些东西是相似的（它们属于同一**类型**），另一些东西是相异的（它们不属于同一**类型**）。

实际上，所有活着的生物都或多或少地具有这种能力，类型识别是生命之钥。游向溶解了的营养物质而避开有毒水域的细菌，可以被说成有能力识别“营养的”与“有毒的”（如果你喜欢，也可以说成“好”与“坏”）两种类型。我们上一章说起过的那种海葵能识别两类海星：“危险的”与“不具威胁的”。（如果用人类的科学术语加以叙述，对该海葵的“危险的"类别内含有两类海星,而"不具威胁的"类别内则有九类海星。对人类来说是十一种类型,而对海葵来说却只有两种。究竟是什么构成了类型,要看观察者的视角了。)

上述两个例子表明,"识别"类型并不需要高度智慧——至少就我所采用的这个词的意义而言。实际上,它甚至连大脑都不需要。需要的只是该生物根据类型以一种系统的方式调节其行为。

在同样低水平的功能中,人们可以把简单的恒温器视为一种能够"识别"冷暖的装置。毕竟,它能根据冷暖这两种类型作出适当的反应。

将恒温器等无生命的装置视为"类型识别者",不会以这样或那样的方式影响我的论证,但对我来说,有生命与无生命的类型识别者之间似乎存在着差别。能够识别的模式对活着的生物来说是**至关重要**的。即使对微不足道的细菌,营养物质与有毒物质的区别也关系重大——事实上,这是关系到生与死的问题。但对无生命的类型识别者来说,没有什么大不了的事情。(某些专家宁愿使用"区分类型"的提法,而不说"识别类型",他们的理由是,"区分"不需要有意识的认知活动。我倾向于同意他们的提法,因而在我的专业性较强的书里,一般都采用那一个术语。)

除了在摄取物方面有"营养的"与"有毒的"类型之外,大多数动物还能够识别"朋友"与"敌人"的类型,这是它们对其他动物的分类。对这些类型的足够认识又是一件生死攸关的大事。

在现代社会里,医生就是受过专门训练,能够识别一大批类型来应付身体的各种状况的人,这些类型包括:着凉、流行性感冒、HIV① 呈阳性、胆固醇偏高、超重,以及血型等等。事实上,在医生被允许行医之前必须完成的训练包括:学会识别一大批这样的类型,并懂得把各种医学状况类型与合适的治疗方法"类型"联系起来。

许多生物走过的一条进化道路是逐步增加它们所能识别并作出反应的类型数目。这样的生物一代比一代"进步",比它们的祖先对各种类型反应得更及时,(在环境发生变化时)能区分祖先未能区分的新类型。

① HIV,人体免疫缺损病毒,即艾滋病病毒。——译注

大部分时间里，这样的进化方面的“进展”表现为（新的一代）获得了新的自动刺激—反应能力，对此无需作出有意识的努力，甚至不需要任何一种认知活动。不过，人类却常常致力于认识更多的身体类型。对一位实习医生来说，它可以是特定的个体；对医学研究来说，它可以是某个种群。许多医学研究实际上就是增加可识别的身体状况的类型，并扩充行之有效的各种治疗方法的类型。这也包括把已有的类型进一步细分为亚型。我们有时还可能发现，一度被认为是分立的类型，实质上是同一类型的亚型——一条新的共同纽带被发现了。我们把这种对已知类型集合的扩容说成是“医学研究上的**进展**”。

如果你停下来想一想这件事，就会清楚地认识到，识别类型确实是生命的精髓，至少是活命的必要条件。正是由于类型认知如此重要，因而有许多动物身上有一个特定器官，其大部分是用来处理类型的（认知类型，并作出适当类型的反应）。这一器官就是大脑。

简单的大脑能识别一个或多个类型，并对每种情况作出适当类型的身体反应。较大的大脑则拥有更长的类型清单，里面包括它们能够识别的类型，以及能作出反应的类型。

在最简单的大脑里，**一切**刺激类型与反应类型的联系似乎都被做成“固定线路”。较复杂的大脑，包括人类的大脑，似乎也存在**一些**“固定线路”式的反应机制。这些固定线路式的反应完全是为了保证基本的生存条件。例如，当我们的手碰到一个滚烫物体时，我们会不假思索地立即把手缩回来。除了这些已经成为固定线路的刺激—反应机制外，复杂的大脑也能通过体验来获得新的联系，即通过不断地暴露在某个特定类型的刺激下，并以某种方式评估各种不同类型反应的有效程度。

驯兽员常常利用这种**适应**行为来训练动物。驯兽员发出一个指令。一开始，动物作出的反应是随机的。如果该反应不合驯兽员的要求，就给出负反馈——可以是口头训斥，或者是轻轻责打；当动物的反应碰巧合乎要求时，就给出正反馈——可以是口头表扬，轻轻抚摩，或者喂它一点食物。最终，动物学会了把命令（刺激）同一个能为它带来奖励而不是处罚的特定行动（反应）联系起来。到那时，奖励与处罚不一定每次都要施行了，只需偶尔为之，以增强效果。

复杂程度很高的大脑还能逆转刺激—反应过程，学会为了得到期望类型的结果而故意采取一项特殊类型的行动，即让"反应"在先，"刺激"在后。例如，可以训练鸽子压下杠杆来得到食物。但应该注意到这种训练所遵循的是一系列正常的刺激—反应机制。鸽子碰巧把杠杆压了一下，食物出现了：刺激在先，反应在后。鸽子跳上跳下，可是没有去压杠杆，食物不出现：这仍然是刺激在先，反应在后。最终，它的大脑在压杠杆与出现食物这两种现象之间建立了联系。

所有高等动物（包括人类）的刺激—反应机制已经成为植入大脑的固定线路，其主要栖身之处似乎位于大脑中名为"扁桃体"的部分，这是一个小小的、杏仁状的区域，直接附着于脊柱的顶部。有时，扁桃体被人们称为"原始大脑"，因为所有的动物大脑中都有它；有时，它又被称作"爬虫脑"，因为它组成了蛇和其他爬行动物的整个大脑。正是扁桃体对危险产生了自动反应，从而帮助动物生存。另外，它也常常产生一些强烈的感情，诸如快乐、恐惧、恼怒、痛苦，有时也因此被称为"情感大脑"。

许多高等动物，特别是灵长目动物，还拥有一个环绕扁桃体的大脑区域，称为大脑皮层。学习到的反应在那里发展，也藏身于彼。大脑皮层的最大部分是新皮层，有意识的思维在此发生，在长达350万年的人脑成长中，这一部分的壮大最为突出。

大脑的各部分都是连通的，任何一部分都可以影响其他部分，但当危险迫在眉睫时，主要由扁桃体说了算。例如，如果你把一段绳索突然投入关着猴子或黑猩猩的笼子里，它就会本能地畏缩、后退。绳索看起来很像一条巨蛇，于是触发了扁桃体的自动生存反应。过了一些时间之后，新皮层认识到那不是蛇，只不过是一段无害的绳索，于是原先由扁桃体引发的恐惧感便平息了。通常，人也有类似的反应。

请注意在这个例子中事件发生的顺序。突然投入绳索之前，实验对象可能正在从事有意识的思考，也许在想着下一顿饭，或者试图解决一个数学难题。此时，"当家作主"的是大脑皮层。但一旦眼睛看到了绳索的移动，扁桃体就立即接管了发号施令权，整个身体进入了由恐惧驱动的生存模式。只有当大脑皮层有时间对情况作出评估,并宣布没有危险了,控制权才又重新回到大脑皮层。

扁桃体的反应是自动的、本能的,速度上远远快于大脑皮层。眼睛、耳朵、鼻子、皮肤都有着直接连接到扁桃体的神经系统通道,并能输出到躯体的运动神经控制器官。这些“紧急通道”确保了危险信号能毫不耽搁地传递。这就是为什么突然投入的绳索会引起初始反应的原因,尽管大脑皮层只需要零点几秒时间来认定它没有危险,并平息那个反应。

把上面所说的概括一下:对许多生物物种来说,大脑(即使是最简单的大脑)的一个重要功能是识别某些类型(例如“蛇一般的”东西),并产生一个适当的反应(旨在保证动物的生存)。识别某些关键类型并产生适当反应的能力已作为固定线路植入了扁桃体内。至于能学习识别新类型并生成适当反应的大脑皮层,几乎可以被称为第二大脑。

同任何概括一样,上面描述的情景是经过高度简化的。其实,大脑是个非常复杂的器官,我们至今对它还没有完全了解,你们所看到的**任何**有关报道都是经过高度简化,掩盖了许多细节的。不过,对我们的问题来说,我的说明已经足够起作用了。特别是,它提供了一个言之有理的解释,告诉我们在原始人大脑成长的初期,人类取得了哪些智能,并从中得到了什么益处。另外,这种解释也设想了一个渐进的进化过程,认为在大部分时间里,大脑的成长只不过是为了做更多原来已经在做的事。

有一个问题悬而未决:在取得了语言功能之后,究竟是什么原因促成了人类大脑功能的突然明显飞跃?

8.2　把有关情况告诉我

在我关于大脑进展方面的讨论中,除了尚无证据支持的结论,即更有效的交流是推动大脑成长的一个因素之外,迄今为止,我对语言或信息交流谈论得很少。对生活在社会中的生物物种而言,信息交流是把它们聚合在一起的纽带。因此,我们的直立人祖先在获得对其周围世界形成概念的较大能力之时,他们也肯定会把逐步扩容的类型集合用于人际交流。这并不意味着他们已经有了语言,以及所有必需的结构。事实上,几乎可以肯定他们尚未拥有语言,此种情况直到 7.5 万至 20 万年前才有所改变。按照比克顿与其他学者的看法,在此之前,他们所用的交流工具十之八九是我所说的**原始母语**。

原始母语是上述类型—对象结构的语言等价物。事实上,比克顿认为(我也同意),一旦你有了某个**类型**的概念,比如说,猫的类型(任意一只猫),那么你就有了"猫"这个单词。他这样说的意思并不是指你有了拼出这个单词的一串字母 c-a-t,而是指这种类型**成为**了一只猫(一只任意的猫)的符号表示。有了这样一种符号表示,就恰好意味着你已经有了一个代表猫的**单词**。

拥有某个类型的概念(或符号表示)要比仅仅对那个类型作出反应强得多。温度跌到 21℃以下时,恒温器会把开关切换到加热,但我们不会说恒温器拥有表示"冷"的一个单词;绳索丢到动物身边时它会立即退缩,可我们也不会说它拥有"蛇"(或是绳索)这个单词。一大批动物与仪器设备能对各种类型作出系统反应,用专业名词来表述时,不妨说它们能"区分"类型。然而,只有当某个生物能形成某个类型的抽象符号表示时,比克顿与我才会说,对那个类型它已有了一个单词。

即使在你心目中有了这种符号表示,也不一定意味着你能清楚地说出那个单词来使别人理解。但不难看出,如果有可靠办法产生足够多的声音,这样的表达还是能够出现的。例如,如果你选取世上的某个物体,以及一个你打算代表该物体的声音,你能够(至少在开始时)采用在发出那个声音的同时作出指向你想提到的对象的手势,使别人理解你的意图。

例如，倘若我反复地指向一只猫，口中发出书面英语中“cat”这个单词的声音，那就会非常明确地表明我发出的声音指的是什么东西。类似地，倘若我一面发出书面英语中“happy”这个单词的声音，一面开心地笑，那么听者就很可能会懂得这个声音的意思是快乐。随后，如果我把“cat happy”这两个单词放在一起说，并同时指着某只特定的猫，那么听者就极有可能理解我要表达的意思是我指着的那只猫很快乐。当然，一开始事情有可能会出现差错，因为听者会产生不止一种理解——也许我说的“happy”是“笑”的意思，那就不太一样了。不过，通过不断重复，这一类误解可以慢慢消除。

我们知道上述过程可以导致有效交流，因为当我们来到一个陌生的国家，听不懂当地的语言，而又希望别人理解我们的意图时，我们会自动地运用以上办法。只要有充分时间，指向自己说“（人猿）泰山”，指向你说“简”，这种非常原始的信息交流方法就能导致有效的沟通。

拥有这种知识意义不小，因为在原始母语中只有实义单词，即表示世上实际存在的某些对象、行动或状态的单词。原始母语中不存在诸如 the, a, to, by, from, because, and, if, then 或 until 等逻辑或语法单词。我们由此懂得，在取得语言之前的漫长心智发展时期，对世间事物逐步扩大的认识（对由符号表示的越来越丰富的类型的获取）总是伴随着表示那些类型的声音的引入。认识与交流是一起发展的。

一旦咱们的祖先掌握了符号表示（即他们能识别与探讨抽象类型），那么只要跨出一小步，即可用原始母语发出形如“对象—类型”或“类型—对象”的声音，例如“妈妈饿”或“猛犸来了”。（在这类发声中，词序是不重要的：“饿妈妈”也好，“妈妈饿”也好，意思都一样。“来了猛犸”和“猛犸来了”也是如此。）把某个对象归于某种类型的这类表达，被语言学家称为（**简单**）**主题句**。

当说不同语言的人聚集在一起，为了工作与生存而必须进行交流时，会发展出混杂语言，混杂语言也是原始母语。经常被人们引用的例子是19世纪后期在夏威夷群岛发展出来的混杂语言，当时那个地方的劳工来自世界各地，一起在糖料种植园里工作谋生，他们之间的交流就是通过这类简单的对象—属性句子进行的,所用的单词则是来自各自母语的混杂物。

尽管夏威夷混杂语的词汇量与时俱进,但它从未发展成为一种拥有语法结构的完整语言。可是,出生在夏威夷群岛的种植园劳工的孩子们却能说一口基于其父母的混杂语的完全符合语法的话。这样一种混合语言被称为克里奥耳语。仅仅在一代人的时间里,从混杂语中自然冒出了克里奥耳语,这是一个很有力的证据,表明一切人类都拥有与生俱来的通用语法。

原始母语中的主题句同婴儿在其生命的前两年中发出的声音相差无几,此后,后者便(迅速)发展成为完整语言。当某人在教类人猿、黑猩猩与其他动物理解并使用"语言"方面取得成功时,他所采用的也只限于简单的原始母语主题句。由于这些动物的发声器官还不健全,发不出范围足够宽广的清晰可辨的声音,研究者通常都会教它们指出印在卡片上的图片或记号。

在怎样取得原始母语,如何应用它,以及用它来交谈什么等方面,孩子与类人猿之间存在着显著差别。首先,人类婴儿在取得原始母语方面非常轻松,而想教会类人猿一些最基本的单词,没有多年训练是办不到的。另外,人类婴儿会经常发起一次谈话,而且谈话内容可能涉及在空间或时间中移动的对象或事件(即我前面所说的第二层次的抽象)。然而,极少观察到一只经过原始母语训练的类人猿发起一次谈话,它只能表达它的即时需求、感受,或指点它身边的某样东西(至多只能达到第一层次的抽象)。

利用单词来谈论不在近旁的对象或事件,这种能力标志着真正的**符号**访问,它不同于"口头指示",是向完整语言迈出的重要一步。

比克顿对此也持有同样观点(见其著作《语言与人类行为》,第51—52页)。(我在这里说的是类型、符号,以及"认识世界的方法",比克顿则分别称它们为类别、符号与词素。)

词素的根基在于两样东西:把对象区分为类别的智能,以及在各种刺激间建立联系的能力。如果没有类别，那就没有什么东西可以把符号附着上去，因为语言符号……不能同世上的对象直接产生联系，而只能同我们关于该对象所属种类所概括出的概念产生关联。

他又继续写道：

如果各种刺激之间没有建立联系（不仅仅是刺激与反应之间的联系），那就没有办法把符号可靠地附着到概念上去。

为了作出进一步解释，比克顿提醒我们重温一下著名的巴甫洛夫（Pavlov）用狗做的实验。经过一段时间“铃声响，食物到”的训练后，铃声在狗的身上引起了就像食物真的到来一样的反应——狗流出了期待食物的口水。原来，狗已经学会在一种刺激——“铃声响”与另一种刺激——“食物到”之间建立联系，从而把对后一刺激所引发的正常反应转移到了前一刺激。正如比克顿所总结的：“这似乎并不能过多地扩展‘符号象征’的意义，以至于认为对这些狗来说，铃声充当了食物的符号。”

在下一节，我将谈论从语言学的角度来说，“符号”的确切意义究竟是什么，那时，我还会继续说到这个更深层的观点。

8.3 取得进展的符号

表面上看来似乎很简单,符号是用作象征的事物。例如"cat"(猫)这个单词,不论说或写,都是象征"猫"的一个符号。大家熟悉的公共场所门上的"圆加三角形"记号,通常被看作代表女性与男性洗手间的符号。黑长尾猴的特殊叫声也是一种符号,它告诉其他猴子有一只食肉猛兽就在附近。

符号看似简单,但其外表可能会有欺骗性。当你开始问自己,究竟什么东西可以成为符号,以及符号是如何用作象征的时候,复杂的情况就出现了。首先,实际上任何东西都可以成为符号。例如,我们会把某个特定的人说成是"性感符号",或把一辆昂贵的新车说成是"地位符号"。所有那些被视为某个符号的东西,看起来就是为了让我们(或某个动物)用它来象征什么东西。这就一下子把问题转化为:用一件事物来象征另一件事物,这究竟意味着什么?这样一来,讨论的重点就到达了应有的地方,那就是搞"符号化"的人和动物,而不是"符号"本身。

实际上,涉及符号化的问题是相当困难的,已经吸引了许多哲学家的注意力,这些人中就有美国的皮尔斯(Charles Sanders Peirce)。目前被认为是世上曾出现过的最伟大的哲学家之一的皮尔斯远远超前于他所生活的时代,终其一生,他的研究工作大部分遭到忽视,他也无法谋到一个大学职位。

皮尔斯区分了三个层次,凭借这些,可以让一件事物表现或描述另一件事物。最简单的层次被他称为**图标**。在某个对象、行动、事件或实体 X 与另一个对象、行动、事件或实体 Y 之间,如果存在着可以识别的相似性,凭此由 X 能让你想起 Y,则把 X 称为 Y 的图标。

许多道路标志是图标。例如,(在美国)告诫机动车驾驶员前面可能有老年人穿越马路的标志是两个老人在散步的侧影。与之类似,指示自行车道的标志是一个人骑着自行车的侧影。利用图标的优点是它们可以胜过语言。道路标志的意思应该一目了然,不需要刻意学习。

皮尔斯学说中,表现的第二个层次被称为**指标**。在某个对象、行动、

事件或实体 X 与另一个对象、行动、事件或实体 Y 之间，如果存在着因果联系，凭此 X 能指示 Y，则把 X 称为 Y 的指标。指标关系的本质在于其联系是由指示物与被指示物之间的某些自然或临时的关系所引起的。例如，温度计中水银柱的高度是温度的指标，风标是风向的指标，汽车上的速度计是车速的指标等。人类的面部表情与肢体语言大多是指标性的，表现了情感状态。大部分动物的紧急呼叫也基本如此。

皮尔斯分类中处于最高层次的是**符号**。在某个对象、行动、事件或实体 X 与另一个对象、行动、事件或实体 Y 之间，如果存在着人们一致同意的约定，凭此不论 X 与 Y 的自然属性，X 都能表现（或象征）Y，则把 X 称为 Y 的符号。例如，婚戒就象征着其佩戴者是已婚之人。其实，左手第三个手指上的金饰品与表现结婚状态本质上毫无关系。其意义纯粹出于约定俗成。

人类语言几乎全都是符号。例如，cat（猫）这个单词（不论说或写）同特定的动物"猫"之间的关系纯粹是符号性关系。语言的符号性关系依托于文化背景，随语言的不同而大有差别。

皮尔斯的三种表现类别——图标、指标、符号——彼此之间颇有重叠，特别是图标与指标这两个类别。其实，各种表现构成了连续谱图，他不过是粗略地（但非常有用地）把它们分成了三个类别而已。例如，当巴甫洛夫的实验用狗已经习惯于把铃声同即将到来的食物联系起来时，铃声便是食物的指标，而且它非常接近于食物的符号。

国际上通用的厕所标志很大程度上属于符号，但它们却巧妙地利用了表现男、女性器官的图标。"禁止吸烟"的标志同时结合了图标（一支闷燃的卷烟图画）与符号（表示"禁止"的斜线）。（即便是斜线也可被视为起源于图标，它表现的是禁止通过的界线。）

请注意，按照皮尔斯的定义，"性感符号"不能算符号，只能算图标。昂贵新车、豪华巨宅之类的"地位符号"也不能算符号，它们是指标。

尽管皮尔斯的三个表现类别的分界有着一定的模糊性，但显然指标与符号这两类表现的区别意义更为重大。事实上，可以说只有人类发展出了真正的符号表现能力。的确，我们似乎是能够广泛地、无限制地应用符号表现的唯一物种。

不同意符号为人类独有这种看法的人经常用黑长尾猴的行为来进行反驳。这种生活在东非的猴子，在其词汇中至少有三种不同的尖叫呼喊用来警示不同的危险。它看见一条蟒蛇时用了一种叫声，看见一只好斗的老鹰时用了另一种叫声，而在发现豹子时用上了第三种。听到“蟒蛇警报”时，邻近的其他猴子向四周地面察看，寻找危险来自何处。听到“老鹰警报”时，猴子们纷纷从树上下来，躲到灌木丛中。而听到“豹子警报”时，它们会立即爬到最近的大树上去。

认为黑长尾猴能把呼叫作为符号使用的辩论大致如此。虽然这些警报性质的呼叫实际上是指标性的，但有时也能观察到这些猴子把它们的呼叫用于欺诈。例如，一只猴子偶尔会突然发出尖厉的“豹子警报”，诱使其他猴子迅速上树，留下它自由自在地独享它发现的美食。在没有真实的豹子来袭时发出这种呼叫，使辩论者认为黑长尾猴是以纯属符号性质的方式使用了它。

虽然我同意，这种欺诈行为确实表明智能达到了一定的高度，但我并不认为它把呼叫作为符号来使用。相反，欺诈行为之所以奏效，正是由于所有其他猴子在听到信号后，相信一头豹子正在附近，于是拼命爬上最近的大树。与这种现象截然不同的是咱们的单词“豹子”。当我在你面前说出“豹子”这个单词时，我可能会引起你的注意。然而如果没有进一步的信息，不会发生其他什么事情。你肯定不会认为真的有一头豹子在附近随意闲逛。如果我们是在动物园里，你更有可能认为我是在提示附近有一个动物展演，从而东张西望地去寻找它。与黑长尾猴不同的是，它们的“豹子警报”只有一种意思——近处有一头豹子，而我们的单词“豹子”则是豹子的一个抽象概念，可用于实物完全不在现场的情景。

换言之，在指标性记号被用作误导与把一个记号当符号来使用之间存在着重大区别。正是由于表现方法属于指标性的，黑长尾猴的欺诈行为才能得逞。

现在回到我的主题，皮尔斯的表现分类法有助于我们进一步了解，我们的直立人与早期智人祖先怎样逐步取得了使用符号的能力。

8.4 符号的符号

我已经说过,早期原始人逐步掌握越来越多的类型,得以区分世上越来越多的规律性,不断拓宽着他们的视野。现代人所能做的事情自然比那多得多。我们对世界的观察视野中还包含着把各种类型联系起来的复杂**结构**。

例如,我们能识别所有人的类型。我们还能识别各种亚型:男人与女人,儿童与成人,有大学学位的人,农夫,以及美国人、英国人、德国人、墨西哥人等等。

除了一些作为别的类型亚型(进一步细分)的类型外,各种类型交织成为一个复杂相关的网络。例如,有成年男性墨西哥人,以及有大学学位的美国女农夫等等。我们在相互交谈时会不知不觉地用到这个网络,它是我们认识世界的重要手段之一。

类型结构的发展是通向语言的一个关键步骤。从认知发展的角度来看,这可能就是咱们祖先的这个分支与其他灵长目生物分离的地方。当然,没有证据表明,任何受过原始母语训练的非人类动物拥有这样的结构。它们头脑中可能有为数甚少的类型或类别来应用于世上的事物,但它们未必知道这些类别之间的联系。

我们的直立人祖先同样有可能没有看出他们能识别的不同类型之间存在着结构联系。情况究竟如何,我们无从得知。我个人的看法是,为了给直立人的巨大脑袋提供足够的生存益处以抵消维持一个大脑袋的代价,在扩充类型数量的同时,必然还要取得类型**结构**的知识——就是说,他们对外部世界的视野中不仅包含了类型,而且还包含了类型与类型之间的联系。按照这幅图景,尽管他们还没有获得完整的语言,但他们的原始母语已经相当丰富而有力了。

现在尚不清楚,那些早期原始人是否也取得了符号表现与交际的能力。他们的起点可能非常像目前的类人猿,但脑子里头有一张非常大的概念列表,能识别一大批错综复杂的类型,并通过多半为图标的方式对它们进行交流。随着时间的流逝,他们有可能已发展出了指标式的表现手段,就像今日黑长尾猴的“豹子警报”。

你是否认为这种稳步增长过程的顶点就是真正的符号表现，取决于你对符号表现的定义有多严格。我个人倾向于狭义的定义，就是将黑长尾猴与接受过原始母语训练的类人猿排除在外。如果一种表现需要同即时环境中的某个事物取得直接的因果联系，我将称之为指标。真正的符号表现不需要这样一种联系，而且一个符号可以表示或表现另一个符号。在我第5章中所介绍过的抽象层次的分类中，指标式表现相当于第二层次的抽象，而符号表现则相当于第三与第四层次的抽象。

例如，符号E是又代表一种特定音调（一个听觉符号）的视觉符号，两者都是字母e的符号，其本身就是构成了部分**符号系统**的一个抽象符号。把这个符号系统中的符号组合起来，就可用来组成另一种符号：单词。

许多生物都拥有认知能力，把一件事物当作另一件事物的表现。学会识别、使用记号的类人猿，甚至能够区分专有名词与普通名词。例如，当它们学到一个代表一只香蕉的特殊记号时，它们就会把此记号用于任何一只香蕉，然而他们知道，他们熟悉的人的姓名却是专属于个人的。不过，要想教会类人猿认识少量单词需要好几个月的反复训练，即使这样，它们也会继续犯错误。尽管它们所学习的记号表面看来像是“符号”，但看来它们至多只能掌握指标表现。

把幼儿的行为与此作个对比。正如许多父母不无困扰地认识到的，幼儿在学习各种事物的名称方面有着永不满足的胃口。通常，只要告诉孩子一次或两次，就足够让他或她在今后一生中记住这个名称。接着，就可以说下一个对象的名称了。看来，人类天生（至少是极幼小的时候）就懂得事物是有名称的，并拥有一种学习那些名称的内在欲望与能力。这种构成联系的过程实际上是瞬时发生的，相当随便的，决不能用掌握指标表现来解说。

由此可见，尽管我们人类与别的物种共同享有把一件事物当作另一件事物的表现的能力，然而只有人类才能真正掌握用符号表现。

我们是怎样取得这种独一无二的能力的？

8.5 改变地球面貌的生物

在距今7.5万到20万年前的某个时段,智人开始作为一个物种出现。3.5万年前,当最后的尼安德特人完全消失,我们的祖先开始以从未停歇的惊人速度制造工具及各种人工制品。不同于仅仅为了适应环境,他们还常常改变即时环境以迎合他们的需要——不是以像河狸筑坝、白蚁堆土那样的小规模、一成不变的方式,他们用的是第一流的方式。他们穿上衣服,用火来产生光与热,把他们自己组织起来,形成规模日益庞大的复杂社会。通过这样的做法,他们开始走上了一条通往独立别墅、道路、汽车、飞机、轮船、雪犁、载重卡车、室内取暖器、空调、电灯、冰箱,以及我们技术生活中的所有其他人工微环境制品的道路。

没有其他物种能如此生活,甚至连稍稍接近都不可能。现代人的生活方式同地球上的其他生物完全不一样。承认这一事实自然不需要把人类作为偶像来崇拜。我们的生活方式很可能是非常不稳定的。我们活跃的时间只占整个生物进化史的一个微不足道的比例,根本不知道我们能不能活得像我们的直立人祖先那么长久,更不要提恐龙了,它们在地球上生活了足有一亿五千万年之久。当我们认定人类的主要生存优势(了不起的进化奇迹)在质量上不同于其他所有物种时,我们也不是在提倡人类中心主义。

想一想只有人类才能干的一些事情:

• 我们用语言(不光是原始母语)谈论世上众多的对象、地点、状况、事件,而且它们常常在时空上与我们相距甚远。

• 我们拥有成熟的符号表现。

• 我们能进行"离线"思考,独立于外界刺激,不需要立即作出反应;我们可以缅怀往事,可以推测未来,我们还可以思考时间的推移。

• 我们用语言来创作幻想小说,进行相互教育和相互招待。

• 我们制造了一大批工具,以及大量功能性的或纯属象征性的人工制品。

• 我们在不能以其他方法生存下去的地方制造了微环境来维系

生命。

• 我们能制订并执行详细的未来行动计划。(请注意,除了因体内荷尔蒙分泌而作出的越冬准备之外,几乎没有证据表明动物具有提前规划的能力。)

• 我们不断增进对世界的认识,并通过逻辑推理作出行动决策。

• 我们能在一生中学会一大堆新的技能技巧。

• 我们能够对集合中的物体进行计数。

• 至少我们中的部分人能够从事数学工作。

关于上面的第一项,请注意人类语言并不只是一种特别丰富的原始母语。我们的原始人祖先所用的原始母语中的单词往往只同他们的直接生活经验有关,或者是直接影响到他们的生存。相比之下,我们却可以(也确实)用我们的语言来谈论**一切**。

之所以能够达到这种无限境界,很可能是由于(真正的)语言有另一项独一无二的特征:它是组合的。我们可以把相对较少的单个语音组合成一大批单词,还可以把这些单词组合成数量更为庞大的短语与句子。总而言之,不论从单词所指的对象还是其工作方式来看,人类语言都在本质上不同于原始母语。

还有两个可能是人类独有的素质,我在上面没有列举出来。第一项是我们的自觉能力,反省自我的思维。我之所以没有把它列进去是由于无法知道这种能力是不是人类所独有的。当我们看着一只类人猿、一只黑猩猩或一条海豚时,我们常常感到它们有自我意识。与此类似,当我们注视着狗的眼睛,甚或只是一条章鱼时,我们也会感觉自己正在同别的拥有自觉的生物在打交道。但以上这些仅仅是我们的印象而已。由于我们无法进入其他生物的内心世界(或是其他人的内心世界),我们永远无法确定别的生物是否存在自我意识。(对黑猩猩在镜子前面的种种行为的观察并不能证明它拥有自我意识,但也不能证明它一定没有。)

我在上面没有列出的第二种可能是人类独具的能力是构建"心智理论"的智能。心智理论指的是人人都可以设想别人正在想些什么,从而对别人的行为作出预测。人类大约在四到五岁间取得这种能力。看来没有其他生物在这种能力上能达到类似人类的境界。有一些证据表明,灵长目动物能够构建一种非常原始的心智理论。例如,黑长尾猴装模作样地发出"豹子警报",因为它知道这种厉声尖叫会对其他猴子产生特殊影响。

另外还有一例,也经常被人引证。一只青春期的雄性狒狒受到一群迎面而来的成年狒狒的威胁。它并没有逃跑,而是用后腿站立,眼睛瞪着远处,装作它看到了一头食肉猛兽。当受惊的成年狒狒全都转过头去看看它究竟看到了什么东西时,少年狒狒从从容容地逃走了[参见伯恩(Byrne)与惠滕(Whiten)的文章《狒狒的欺骗伎俩》(*Tactical Deception of Familiar Individuals in Baboons*)]。

再来说个例子。一只雌性大猩猩随着它的一群同类在行走,忽然瞧见了露出一角的一束可以吃的藤叶。于是它假装什么都没有看见,停下来梳妆打扮一番。等到大队人马走过去以后,它翻出了食物,不受干扰地把它吃掉了[参见惠滕与伯恩的文章《马基雅弗利式的智慧》(*Machiavellian Intelligence*)①]。

最后再举一例。普雷马克给他的黑猩猩萨拉看一段录像,其中有个人正在试图解决一个问题,然后他拿出一大堆工具给萨拉,而萨拉能够挑出合适的工具来解决那个问题。为了完成这件事情,萨拉首先必须意识到录像中的那个人正在打算解决一个问题——换言之,黑猩猩能推测录像中的那个人正准备干些什么。[参见普雷马克与伍德拉夫的文章《黑猩猩是否拥有心智理论?》(*Does the Chimpanzee Have a Theory of Mind?*)]。

撇开刚才讨论的两种除了我们之外的其他生物也可能拥有的能力不谈,我们仍然剩下一长串令人印象深刻的、只属于人类的能力。化石证据表明,这一切能力的历史都不足20万年。在那之前,几乎是一片空白;在那之后,却是不断地丰富。倘若进化真是一个渐进过程,由此微小变化所产生的繁殖益处得以在长时间内积累的话,我们将怎样解释这种突如其

① 马基雅弗利(Machiavelli,1469—1527),意大利政治家、思想家、历史学家,认为为了达到政治目的,可以不择手段。——译注

来的、戏剧性的变化呢?

首先,不能认为上面列举出来的各种人类能力都是互相独立的。它们看来都是某个关键能力的后果。因而我们的任务不是分头寻找各种能力的机制,而是去找到它们的共同源头。

显然有两种可能性。第一种是渐进过程,大脑结构的微小变化伴随着微小的行为与文化的改变,后者的改变逐步积累起来,直到达到了临界值,从而引发了重大的行为与文化改变。另一种可能是大脑结构发生了突然改变。下面我将提供两种说法,它们都倾向于第二种假设。

首先,如果你接受了第6章中所说的基本语言树,(至少大部分)抓住了任何语言中生成句子的单一组合机制,那么大脑结构的突变就有了理论基础。大脑要么拥有这种组合机制,要么没有。如果有的话,你就获得了完整的语法;如果没有的话,你就只拥有原始母语。两者之间不存在中间状态。基本语言树(见第152页图6.5)是不能化简的,要么就是原始母语中的属性—对象结构了(见第161页图7.1的原始母语树)。如果你把基本语言树中任何一个成分拿掉,那么剩下的只能是原始母语树的倒V字结构了。

上述解释基本上是分析性质的,它立足于一种关于大脑怎样造句的假说。语言的获取经历了大脑结构的突变,这种观点的可靠观测依据来自以下事实:世界上的一切语言都有着相同的词类和同样的潜在通用语法。如果语言是靠点滴积累逐渐进化而来的,我们应当看到现代语言中有着许许多多不同的语法结构,然而我们并未看到。有词汇量多寡不一的许多原始母语,也有语法健全的各种有着同样句法结构的现代语言。在两者之间,什么都没有。最可能的原因是不存在所谓的中间语言——要么有完整的句法,要么完全没有。由此可见,它肯定是突然冒出来的。(这种说法与上述第一种说法不尽相同。第一种说法认为,人类大脑是真正通过像基本语言树那样的东西来构造句子的。第二种说法(来自比克顿)则纯粹立足于观察事实,即研究世界上各种语言的语法结构,而不考虑生成句子的机制。)

不过,突变学说并不妨碍语言在**某些方面**的渐进发展。例如,所谓的态度动词——相信、希望、怀疑等等——很可能是较后出现的。另外，语言的初始**范围**可能同原始母语几乎一样，即着眼于现实世界，仅仅包含了同人类生存直接有关的那些特征。但那是范围的问题，不是结构。与此类似，被动态结构的出现似乎比主动态结构迟得多。不过，从语言的嵌套—从句结构（基本语言树）来看，被动态只不过是主动态的一种变化，基础结构是一样的。与多数语言学家的看法相似，如果我们认为基本语言树（及其辅助理论）提供了一种通用语法，抓住了语言的本质结构，那么除了一些细微的变化外，在原始母语与成熟语言之间，不存在什么中间阶段。

撇开这些含糊其辞的说法，让我再次重申前面提出的观点：语言与上面列举的所有其他人类独具的素质的获取乃是大脑结构突变的结果，它赋予人类一种新的能力：离线思考的能力。

这一断言产生了一系列问题：

1. 什么是离线思考？从神经生理学角度来看，它是如何产生的？

2. 离线思考如何产生了上面列举的所有那些人类所独有的素质？

3. 它如何导致了从事数学思考的能力？

4. 它怎样把语言赐给了我们？

5. 现代一切人类语言都有着同样的基础结构，都被基本语言树牢牢拴住，这究竟是怎么一回事呢？

问题3与问题4自然是包括在问题2之中的，我之所以把它们单独列出，是为了强调其重要性。下面，我首先来谈问题5。

8.6 缝合一切语言的共同线索

关于为什么一切人类语言都具有相同的结构存在着多种不同学说。其中吸引我的有三种,下面将一一介绍。不管你喜欢哪一种,都不会影响到我的有关数学思想从何而起的论证,因为任何一种学说都同我的说法相容,并不产生抵触。

第一种学说就是被我称作"语言夏娃"假设的那一个。这个学说认为整个人类物种都是从一个老祖宗那里传下来的,这位老祖宗的大脑生来就有了至关重要的结构变异;或者,我们都是一对夫妻的后裔,而这些后裔中,任何一个人的大脑都生来就有了至关重要的结构变异。

如果情况确实是这样,那么就不需要再对一切人类语言的共同结构作进一步的解释了。它就是第一个拥有语言能力的脑袋里产生的语言结构。我们只需要解释,**单个**脑袋(或者是一对夫妻的子孙们的脑袋)的结构变化是怎样产生关键的根源能力,从而带给整个物种上面列出的那许多能力。

第二种可能性是:结构变化有可能几乎同时发生在许多人身上。如果这一情况属实,我们又如何解释一切人类语言都具有完全相同的句法结构的事实?一种可能的看法是,发生结构变化的那些个体住得非常近,共同生活在一起。于是我们可以辩论说,在漫长的原始母语发展时期,这些人之间的有规律的交流在他们的大脑里培育出了几乎相同的变异。为了让这幅图景更完整,我们将不得不证明,尽管从原始母语发展到真正的语言,在文化上引起了剧烈变化,但从结构上看,其实变化相当微小,完全是由满足人际交流的需要而引起的。这种现象,我称之为"小改变,大效果"。

第三种解释,我称之为吸引子理论。

8.7 吸引子理论

人类大脑一旦达到了足够的规模与复杂度，（目前我们尚未知晓的）物理和/或数学法则注定了它**必须**以它后来所采用的方式发生一个结构性的变化。这就清楚地解释了一切人类语言的共同结构。而且，没有必要再去假设在某个地理区域内曾经发生过那种关键性的变化了。原始母语的日益发展使大脑变得越来越复杂，于是句法结构就自然而然地产生了。

这种解释把句法结构与第 4 章中说过的动物毛皮模式归到同一类别中去了，除此之外，该类别中还包括张在铁丝网上的肥皂膜所形成的优雅、美妙的"最小曲面"；许多一模一样的钢球装入一只巨大容器时所形成的最佳的正六边形排列；鹦鹉螺在其成长时，为了最经济地扩展其"盔甲"而形成的螺旋形外壳等等。以上这些有规律的、可预知的、结构性的安排都是数学规律的必然结果。如果用数学术语来说，最终形式是系统所逼近的一个**吸引子**。

遗憾的是，对这第三种学说，我们所能说的东西并不多。即使对中等复杂程度的自适应系统，其数学规律我们都知之甚少，更不要去说高度复杂的人脑了。因此让我先来对吸引子理论谈一些我了解的皮毛，然后再详细介绍另外两种学说："语言夏娃"与"小改变，大效果"。

摆在我们面前的问题是：基本语言树是一个吸引子吗？它是 350 万年人脑成长的必然**数学**结果吗？就我个人而言，我看不出什么理由可以说它不是。在刚过去的一个世纪中，数学家研究了不少发展或动态系统，最后都被证明拥有吸引子。人类大脑为什么就不可以呢？

现代语言学之父乔姆斯基在整整一代以前作过同样的观察［参见《语言的反思》（*Reflections on Language*）第 59 页］：

> 当多达 10^{10} 的神经元被勉强塞入一个篮球大小的空间，同时附加上这一系统随时间演变的特定方式的种种限制条件，这种情况下究竟会发生些什么，我们所知甚少。如果认为所有的性质，或是演化

中的结构的那些有趣性质都可以用自然选择来“解释”，将可能是一个极为严重的错误。

很明显，要是句法结构果真是大脑一旦达到一定规模、密度、复杂程度时“自然产生”的事物，我们就没有必要去假定一个脑结构的突然的（甚至可能是翻天覆地的）变化了。句法将是人脑成长的必然数学结果。这幅图景将为本书提供一个令人愉悦的简洁结论：从人类大脑对句法的获取中产生的数学能力，恰恰就是我们所需要的、用以理解怎么会首先掌握句法的工具。不幸的是，鉴于目前我们还没有过硬的证据来支持这一学说，我不得不继续考虑其他可能选项。

8.8 语言夏娃

尽管语言夏娃假设看上去十分令人惊讶,但确实有一些(存在争议的)生物证据表明,在距今 15 万到 20 万年前的某个时段,存在着一个单独的人类女性老祖宗。① 20 世纪 80 年代,加州大学伯克利分校的研究者及随后那些世界各地的研究者绘制出了一大群妇女(首次研究时有 100 多人,其后的研究中人数更多)的线粒体 DNA 碱基对序列。

线粒体是细胞的一种组成部分,为细胞提供能量,有着独立于细胞核的自己的 DNA。它们主要(一度认为只能)通过女性谱系代代相传,这就为女性后裔的回溯追踪提供了很好的线索。通过描绘世界各地女性的线粒体 DNA 并进行对比,再参照线粒体 DNA 的平均变异率,研究者就有可能作出一张谱系的树图,在时间上追溯到一个单一的源头——一个生活在距今 15 万到 20 万年前的某个时段的女性。这个女性老祖宗无疑就是所谓的"线粒体夏娃"。由于线粒体 DNA 的变异率在非洲要比在世界上任何其他地方更高,线粒体夏娃最有可能生活在非洲,从而她有了一个别名:"非洲夏娃"。

线粒体夏娃可能生活在 15 万到 20 万年之前,这个时间数据同离线符号思维的考古学证据是一致的。所以线粒体夏娃至少可以作为共同的符号/语言祖先的一名候选者。但没有理由认为线粒体 DNA 方面的共同祖先会运用语言或离线思维能力去干出点什么名堂来,所以我并不认为语言是同线粒体夏娃一起出现在历史舞台上的。(但我也并未将它排除在外。)尽管如此,线粒体夏娃的证据确实在两个方面增强了下列假设的可信度,即所有的现代人都是从单一的符号/语言祖先传下来的。

首先,存在线粒体夏娃的证据(尽管它存在着争议)是对怀疑一切人

---

① 一切现代人存在着一个共同祖先,这一点本身不存在争议,由谱系树出发,根据初等数学就可以得出结论。有争议的是,在时间上从谱系树追溯回去,究竟要走得多远,才能使庞大的世界人口收敛到单个结点。语言夏娃假设与线粒体夏娃假设都认为我们人类有一个共同的老祖宗。——原注

类都有一个共同祖先的一个有力反驳。其次,如果我们的谱系树向上追溯到距今仅约15万年时只剩下一位成员,那就很有可能,在夏娃之后的早期智人祖先的大脑迅速发展壮大,为最终取得语言铺平了道路。(我们马上看一下这种准备性质的进展应当包含哪些东西。)

当然,由于线粒体主要依靠女性这条线来传代,按照定义,线粒体夏娃最有可能是个女性。不过,咱们共同的符号/语言祖先则同样可能是个男性。不管怎样,既然遗传与化石证据都表明智人起源于非洲,并从那里迁移到世界各地,看来我们的"语言夏娃"(或"语言亚当")也同样很可能生活在非洲。

顺便说一句,线粒体夏娃的存在并不会在语言夏娃学说上附加一个"不可能事件"。没有人认为她具有**任何**新的特殊能力。根据线粒体证据,我们最多只能说明,从现代人的线粒体谱系树追溯上去,似乎存在着单一的源头,时间约在15万到20万年之前。关于线粒体夏娃,唯一"特殊"的地方是,如果"她"真的存在的话,那么她便是一切现代人的共同祖先。

然而,对共同的符号/语言祖先(即所谓"语言夏娃")来说,就必须涉及一定的变异。这个人或其部分(也可能是全部)子孙的大脑结构必须与世上出现过的任何大脑截然不同。那么,这种改变的本质又是什么呢?

它可能是一个重大变异。尽管我们中间的大多数人会认为这个说法难以接受(且明显不合理智),但我们不能排除这种可能性:即我们的语言及随之而来的一切衍生物都是一个极不可能出现的事件所带来的后果。就像一个刚中了彩票大奖的人可以无视那十亿分之一的可能性,我们正在这里运用语言的事实也让我们可以无视语言因某个偶发的无关事件而出现的概率。

而且,生命史中充斥着偶发事件,由"自然选择"来决定其中的哪些事件最终可以在物种的进化中生根发芽。对语言的取得来说,原始母语与人类社会结构的成长都出现在语言之前,它们为语言提供了生存的环境。一旦它登上了历史舞台,就会被自然选择传播开来。

另一种看法则认为变异并不是主要因素;句法所必需的"大脑线路"

已经因其他目的而形成了，语言夏娃的出现是迟早会发生的结构性微小改变的后果，特别是在人类大脑受到的自然选择压力持续推动了与日俱增的表现和/或人际交流能力时。

然而，以上所说的正是“小改变，大效果”的情景，也就是语言起源的三种可能解释的第三种。换言之，如果大脑结构的一个相对较小的变化导致了句法能力的出现，那么以下两种情况必居其一：要么是这种变化发生在单独的个体身上，然后传给了她或他的孩子们（也有可能是在某一个人的孩子身上产生）；要么是这种变化发生在多个人的身上，但这时你必须解释为什么那些人会几乎同时经历了本质上相同的变化。

关于人类语言的获得，存在着好几种“小改变，大效果”的情况，下面我要说说我认为较有吸引力的两种。

8.9 小改变,大效果

对“小改变,大效果”的解释基于这样一种观念:处理句法的关键大脑结构原是为了其他目的而发展起来的,后来则被指派作新用途:把单词组成符合语法的句子。在进化发展中,这类“接管”并不鲜见。例如,某种鱼类的漂浮囊变成了由这种鱼进化而成的哺乳动物的肺;而对我们人类来说,我们的手以前曾经是脚。著名的进化论生物学家古尔德(Stephen Jay Gould)创造了一个动词“假借”(exapt),用来表示使用一种满足某种特定需求的能力,但这种能力本来是为了达到另一不同目的而进化的。他的观点是:“假借”同“适应”是相对不同的概念。

古尔德用一个建筑上的例子来说明其观点。拱肩是一种带有弯曲边缘的一头逐渐变细的大致为三角形的空间,你在教堂顶部的转角处经常可以见到它,在那里以恰当角度相交的拱形支撑物上托起了穹形圆顶。在许多情况下,例如在威尼斯圣·马可大教堂的大圆顶上,这些拱肩装饰着华丽的艺术品,同周围的建筑物非常协调。由于其效果十分令人满意,以至于有些观光客会产生一种值得体谅的误解,即认为拱肩放在那里纯粹是为了衬托藻饰。然而,为了撑住圆顶,你必须在转角处设置一些支撑结构,如果这种支撑物设计成曲线形,与拱墙及圆顶十分协调,那么自然而然地就产生了拱肩。换句话说,拱肩的出现纯粹是为了满足建筑结构方面的约束条件。至于把它用来展示华美的艺术品,那不过是“事后想到的东西”——也许古尔德会把它说成是一种“假借”。

我们可以将鸟的飞翔作为假借的一个实例来进行解释。鸟的某些物种是一种体型较小的食肉恐龙的后裔,这种恐龙名为虚骨龙,在它的背上长着很大的鳍状物以便散热——这是一种炎热气候中的合适的进化优势。鳍状物后来进化为其鸟类后代的翅膀。让我们追踪一下由散热鳍状物变成翅膀的可能的进化路线。

鳍状物越大,虚骨龙把它们拍打得越多,散热效果就越好,生存机会就越多。如果鳍状物长成一种符合空气动力学的形状,拍打就会更加有效。如果鳍状物不是长在背上而是长在边上,那么拍打它们就会产生提升力,减少一些四肢承受的分量,使它移动得更快。移动得更快的生物有着更多机会来追逐猎物或逃避食肉猛兽,也许两者兼而有之。于是,经历了许多代之后,我们会看到鳍状物变得越来越符合空气动力学,而且稳步下移到身体的两侧去了。

终于有一天,这条脚步极轻、边上长鳍的特殊恐龙(这时我们还能叫它虚骨龙吗?)奔跑如飞地追逐猎物或逃避食肉猛兽,它不断拍打着鳍状物,发现自己离开了地面。当然,不会飞得很远。也许它只是少跑了一步。可是这少跑的一步却给了它更大的机会来获得一顿美餐,或者逃过一次灾难。从此以后,后继的各代子孙们感到自己能"飞"得越来越远,直到有一天,那位第一个"少跑了一步者"的某个遥远后代开始了真正的展翅飞翔。

对于句法的获取,我们能不能找到一种类似的解释呢?人类的语言能力是不是为了某个同语言不相干的不同目的发展起来的?

这两种情况是有所不同的。对句法获取来说,"拥有"与"没有"存在着明确的差异;在原始母语与语言之间不存在中间阶段。但对鸟的飞行来说,"能飞"与"不能飞"之间存在着各种可能的连续尺度。究竟在哪一个临界点上"长跳"变成了"短飞",大家对此看法不一。从鳍状物到翅膀的转变也是如此。

虽然鸟的飞翔只能为我们提供一种并不完美的类比,来解释假借何以能导致语言的出现,但它确实为以下事实提供了一种可能解释:一切人类现代语言都具有非常一致的基础结构。

如果说,虚骨龙经历了长时间的鳍状物的微小改变才获得了翅膀,那么为什么它们的后代全都长出了同一形状的翅膀?答案是:扁平的、刀片般的翅膀形状是由空气动力学的规律严格限定的。为了产生空气动力学的提升作用,翅膀必须是这样的基本形状。由于翅膀可以从许多不同物种中进化而来,我们在现代鸟类中看到了各式各样的翅膀。但由于空气动力学的规律,它们统统都是同一基本形状的各种变化形式。

是否存在着与上述现象类似的、制约了一切语言并使其拥有相同基础结构的"规律"?如果真的有,那么这些规律究为何物?看来,问题的答案恰恰就是我们前面说过的解释语言获取的吸引子理论。

类似从鳍状物到翅膀的转变,语言的获取有可能得益于构造上的接近。处理句法的智能——基本语言树——可能原是为了另一种目的而发展起来的,大脑的这一局部区域与处理原始母语的区域非常靠近。只要在这些邻近区域之间建立起一条"通路",就可以把大脑线路挪用来处理句法结构,从而把原始母语转变成为语言。

从现代脑科学研究中可以得知,大脑具有相当程度的"可塑性"。任何时候都可以形成神经元之间的新通路,主要取决于人们如何使用大脑这个器官。这就是我们能够不断学习新技术,从打网球、开汽车一直到说外语的原因。由于在人的一生中随时随地都可以形成神经元的新通路,至多经历几代人的时间,假借作用就完全可以导致从原始母语到真正语言的转变。

一个有趣的可能性是:句法是我们设法发出复杂声音所带来的后果。

当某些语言学家(句法学家)热衷于分析句子结构时,其他一些人(音系学家)却在分析单词的结构。我们知道,单词是由名为"音节"的独立单位构建起来的。正如句法学家发现一切人类语言中符合语法的句子都有着同样的(由基本语言树表示的)基础结构那样,音系学家发现,一切人类语言的音节同样也具有一种共同的基础结构,它可以用图 8.1 所示的音节结构树来表示。这一树图说明了基本语音——音素——是如何组合起来形成音节的。

不过,音系学中的音节结构树与句法理论中的基本语言树所扮演的角色很不一样。首先,为了生成或分析一个句子,你必须反复使用基本语言树,但音节结构树应用于音节却是一次性交易,即它给出了任一音节的发声方式(或"语音形式")。不过,令人惊讶的是音节结构树竟然同基本语言树一模一样。我马上会说到从这种一望而知的观察结果中我认为我们能得出些什么结论。但让我先来对图 8.1 作一些说明。

最基本的语音称为音素。一个现代人大约能发出三打左右的音素,不妨假定我们的共同祖先所能达到的音域至多也不过如此。于是,当大约 300 万年前,直立人开始建立起原始母语时,他的发声系统至多只能让

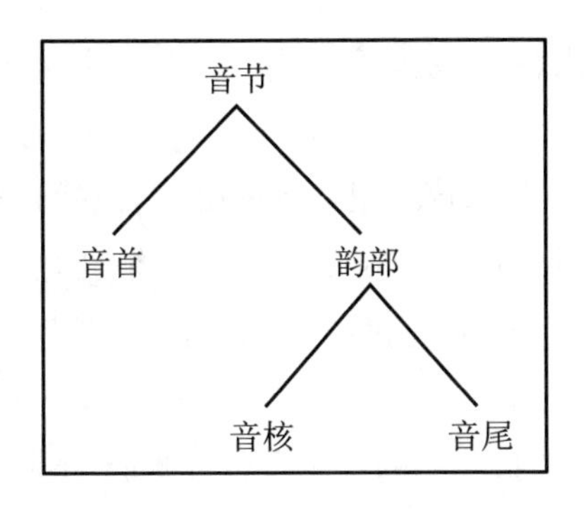

图 8.1　音节结构树

他明确表达出 36 个不同概念。

为了交流他那日益壮大的类型集合(即为了说出他的发展中的原始母语),直立人必须找到一种途径来发出范围更广的声音。(鉴于现代灵长目动物确实表现出希望发出有意义的声音,我们自然可以假定直立人也确实如此。)要做到这点,有一种办法是把音素组合起来以形成更复杂的声音——即我们现在称之为音节与单词的东西。(最有可能出现的情况是,音节与单词是作为有意义的发声一起发展的。两者之间的区别主要是由语言学家**分析**发声的方式决定的。他们认为把单词视为一小串音节的组合,这样做比较方便。)

如果确实存在过一个应对未来的策略,那么这种情况肯定是了。从三打音素出发,现代成年人的平均口语词汇量一般可达15 000 个单词,每个单词都有词义。然后,我们再次运用同样办法——把事物串连起来——产生更加复杂的语言实体:句子。

当然,直立人并没有推断出这个策略。经历了许多代之后,原始人逐渐能够更好地掌控他们的发声肌肉——并迫使他们的咽喉结构作出相应的改变——从而使他们能发出越来越多的复杂声音。(我们已在第 7 章中说过,直立人采用直立姿势后,如何使声道产生了构造上的变化,从而为这种发展铺平了道路。)

这些进化变异所带来的后果是现代人能快速而准确地不断扩展与收缩声道,以产生响度(或洪亮度)有显著变化的声音。洪亮度的峰值(尤其是元音)是最引人注意的发音部分,几乎主宰了人们所听到的声音模式。

洪亮度较小的声音(辅音)很自然地(或前或后)紧挨着洪亮度峰值,这是一种可能便于神经肌肉控制的方式。如果没有这些声音作为依托,我们就根本无法产生出接近我们所拥有的巨大范围的可明显识别的语音。

在我们出国旅行时,我们的耳朵会告诉我们,不同的语言有着不同的音节结构模式——它们听上去不一样。然而,它们全都有着被音节结构树紧紧抓住的基础形式。它有一个必不可少的**音核**,围绕着它的是洪亮度较小的边缘部分:**音首**与**音尾**。音核与音尾构成**韵部**,靠在音首的旁边。这并不仅仅是智力上(符号方面)的发展,而是真实的身体变化与递增的肌肉控制,就像是学习直立行走,增加手的灵敏度,以及提高投掷精度。推测起来,这样的变化经历了几百个世纪,甚至可达一二百万年之久。

现在回到句法这个话题上来。对句法起源的一种可能解释是,当我们祖先的大脑开始像把音素组成音节那样把音节与单词放到一起组成句子时,句法就出现了。

怎么会迈出这一步的呢?一种可能的机制是:大脑假借了生成音节的线路,并用它们来构造句子。这种说法可以圆满地解释句法出现的突然性。从神经生理学的角度来看,所需的一切只是达到一个临界值而已,这样就会在大脑的原始母语区与音节生成区之间建立起一条直接的通路。

显然,现代人脑的布局与上述假设是相容的。语言置身于大脑的左额叶——直立人与早期智人的原始母语处理区也在这里——而语音的生成则受控于左额叶中的一个名为白洛嘉脑回的区域。而且,白洛嘉脑回一旦受到伤害,不仅会损害说话功能,而且也使处理语法成了问题。

由此可见,有一种看法是把生成句子视为某种累积过程的登顶之作,这种过程始于采用构作音节(或兼有音节与单词)的机制,经历许多世代以后,把它用来产生出越来越长的声音系列。(从事这些工作的大脑区域也会同时成长,并进行着结构的改变。)

认为句法不过是音节结构的假借,这种假设曾被许多语言学家改进为不同版本,这些人中有麦克尼利奇(Peter MacNeilage)、斯塔德特-肯尼迪(Michael Studdert-Kennedy)、林德布卢姆(Björn Lindblom)、利伯曼(Philip Lieberman),以及卡思泰尔斯-麦卡锡(Andrew Carstairs-McCarthy)等等。比克顿在其最新著作里也认为它是一种可能机制。

这种假借的观点是否纯粹是一种把句法结构与音节结构全都表示为树图的人为产物?回答是否定的。下面让我解释一下。

基本语言树与音节结构树是理论家的数学工具,用以帮助他们理解语言的方方面面。但这并不表示大脑里头真的有着类似"树"那样的固定线路。确切地说,树不过是一种在纸上方便地把**按某种方式**植入大脑的特定规则图示出来的方法。

数学在现实世界各种现象中的应用大都如此。例如,生物力学家利用微分方程帮助他们理解人与动物如何行走、奔跑与抛掷物体,但这并不意味着人与动物为了完成这些行动必须要在他们的大脑里解微分方程。微分方程不过是数学家用来**描述**那些行为的**方法**而已。

同其他概念性框架类似,数学对任一现象给出了一种特殊**看法**。某些特征很突出,某些却很隐晦。不过如果两件事物从某一特定的数学视角上"看起来一样",那么它们很少会不相关联。最为人们熟知的例子也许是数学常数 π 在数学与物理的许多领域中的出现。当 π 在两个似乎毫无关联的地方间突然出现时,它几乎不可能是一种偶发事件,而是表明在这两个领域之间存在着某种深刻的、暗藏的联系。同 π 一样,句法与音节结构也是如此。我并不认为同一树图结构的出现乃是事出偶然。

8.10 越过符号的卢比孔河①

在本章的前面一些段落里,我曾提出过五个问题:

1. 什么是离线思考?从神经生理学角度来看,它是如何产生的?

2. 离线思考如何产生了在第202页中列举的所有那些人类所独有的素质?

3. 它如何导致了从事数学思考的能力?

4. 它怎样把语言赐给了我们?

5. 现代一切人类语言都有着同样的基础结构,都被基本语言树牢牢拴住,这究竟是怎么一回事呢?

迄今为止,我只回答了问题5,其实我只是给出了几种看似有理的答案,每一种都同我的其余论证不发生抵触。

我现在要来对付问题1了。

为了搞清楚离线思考承担了什么工作,以及它如何能够产生出来,我必须用一种"智力活动"的新分类法来重新审视大脑的进化,这种分类法是前几年由英国心理学家麦克费尔(Euan McPhail)引进的。他为智力行为规定了一种三分尺度。

实际上,一切生物都能表现出麦克费尔分类中最低层次的智力水平:它们能够对特定刺激作出反应。不妨称之为刺激—反应(S-R)行为。产生S-R行为,并不需要大脑,尽管那些最原始生物的大脑只拥有这种S-R式的智力。

在智力的第二层次,我们发现某些动物能够用刺激来回应刺激。不妨称之为刺激—刺激(S-S)行为。一切飞禽走兽与许多无脊椎动物都能表现出S-S行为。后天获得的S-S行为中包含着指标表现的形成,而大脑起初最有可能是作为推动S-S行为的器官而发展起来的。它是

① 卢比孔河是意大利北部的一条重要河流。公元前49年,恺撒率领部队越过这条河,同罗马执政者庞培决战,终于一举获胜。越过卢比孔河的意思是破釜沉舟,采取断然行动;也有逾越界线,毁弃前约之意。——译注

一种很有效的生存策略，因为它可以让动物凭借以往经验来调整其反应模式。

麦克费尔的第三层次智力包括符号表现与语言，就我们所知，只有人类达到了这一水平。不妨称之为LI，即语言智力的缩写。（在智力行为分类中，何以要把语言放在如此突出的地位，不久就会弄清楚。）

像皮尔斯把表现方式分为图标、指标与符号三个层次一样，麦克费尔的分类法也很粗糙，他把连续的谱图分成了三个有重叠的类。至少前面两个类有重叠，而我们可以了解，如何能够通过一长串累积性的进化发展在连续谱图上前进。然而，类似于从指标表现过渡到符号表现，尽管某些行为似乎处于S－R与S－S的分界线附近，但从S－S到LI看来必须经过断点。于是，我们再一次面对同样的基本问题：我们究竟是怎样从一种素质中得到另一种素质的？

下面是一个纯属虚构的“解释”。在350万年间，大脑一直在扩容，并变得更复杂。与此同时，它们也在不断丰富发展区别各种刺激的类型，并在类型与类型之间建立联系的能力。从开始时产生身体反应以应对身体刺激的器官，逐步演化为产生一种内部刺激以应对外部刺激的装置。经历了漫长时间之后，直立人的大脑中建立了一长串刺激—刺激联系。人们兴许可以把这种活动称为“思考”。然而这种“思考”的主题依然在于现实环境。直立人的世界（他在思考的东西）是在他周围的现实世界。

现在设想生出了第二个大脑（这里是虚构部分），它寄生在第一个大脑之上。第二个大脑同第一个大脑结构类似，但它的世界就是第一个大脑。第一个大脑从现实世界接收到原始刺激（它的输入信号），第二个大脑则从第一个大脑接收到刺激；第一个大脑的最终反应（输出信号）是对外部世界采取的身体行动，第二个大脑的反应则是对第一个大脑作出进一步刺激。于是，我们可能会倾向于把第二个大脑的活动称为“符号思维”。尽管第一个大脑的功能是处理现实世界的现实对象，但是第二个大脑的功能却是处理第一个大脑里产生出来的符号对象。

作为初步的近似，我们可以把前额叶看成这第二个大脑，即“寄生”大脑。大脑的这一部分是比较晚近的附加物，也是进行大部分语言处理的地方。但考虑到大脑各部分之间交叉联系的复杂程度,以上说法仍然太过简单。严格来说,根本就不存在寄生的第二个大脑。那就是我的说法的虚构之处。更为正确的说法应该是,当大脑(如果你愿意,可把它说成是第一个大脑)**本身**发展出类似第二个大脑的功能时,符号思维就出现了。换言之,大脑能够产生出其自身的刺激——可以形成并思考自己制造的虚拟情况,而不管现实世界有没有输入信号。

请允许我用物理学术语来解释这些变化。尽管我的描述在许多细节方面确实存在错误,但从宏观看来,它还是接近实际发生的情况的。

根据我们目前的理解,大脑的工作方式是,(自觉或不自觉的)思考活动涉及神经元网络的不断起伏的电(及电化学)流活动模式。一个最简单的重要的大脑中只有两组神经元,其中一组专门接收外部输入信号,另一组专门向外部产生输出反应。每一个输入神经元与许多个(也可能是全部)输出神经元联结,这些联结与不同的智能有关。与某些联结有关的智能是可变的,使用得越频繁,它们就越强大。

这样一种装置很容易在数字计算机上以神经网络的方式模拟,产生刺激—反应行为。每一种输入模式(进入每一个输入神经元的不同强度的电流)会产生出一个相应的输出模式。当神经间的联结涉及不同智能时,如果通过适当训练,上述装置可以"学习"到新的刺激—反应模式。(这需要有一个反馈机制来调整各个不同联结的智能,见图8.2。)例如,在20世纪80年代初,认知科学家鲁迈哈特(David Rumelhart)与麦克莱兰(James McClelland)构筑了一个神经网络,这一装置中有460个输入神经联结着460个输出神经,它居然能学会构造出许多规则与不规则动词的过去式。[参见鲁迈哈特与麦克莱兰的专著《平行分布式信息处理》(*Parallel Distributed Processing*)。]

更复杂的大脑在输入与输出神经元之间还有一层或多层(称为"隐蔽层")神经元,用以调节流经它们的电流。这类大脑也很容易被模拟成神经网络,与只有两层的简单大脑相比,它可以完成复杂得多的行为。

任何哺乳动物的大脑都已经远比数字计算机所能模拟的任何一种神经网络复杂得多。至于一切大脑中最好的人类大脑,则拥有1000亿个左

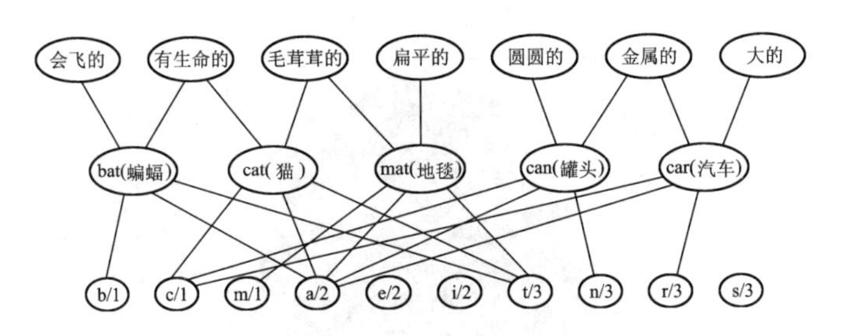

图 8.2　一种简单神经网络的部分线路图,该网络能读出三个字母组成的单词,并指出它们所代表的物体的属性。(底层)输入信号是各字母在单词中的特定位置。中间一层表示的是网络识别出的完整单词。(顶层)输出信号是单词所代表的物体的属性。网络的构筑必须让中间一层的结点有三个信号到达,以便把它激活,并发送一个信号到顶层作为输出。

例如,如果输入的是单词 cat(猫),通过从下层结点"c/1""a/2""t/3"发出信号,到达中间一层的某个结点。但是只有结点"cat(猫)"接收到三个输入信号,所以只有它被激活,并从它发送信号到上层的"有生命的"与"毛茸茸的"。通过这种方式,网络把输入单词 cat(猫),同输出单词"有生命的""毛茸茸的"联系起来了。

右的神经元,每个神经元又与 1000 到 10 万个其他神经元相联结。可能激活的模式数远远大于整个宇宙中的原子数。难怪人类大脑会被描述为造物主所缔造的最复杂的物体。

假定我们能暂时看到大脑的内部,而神经元一经激活就会发亮,其亮度则取决于激活的力度。给出一个来自神经系统的输入模式之后,我们会首先看到一群明暗不同的发亮神经元逐渐扩展到整个大脑,较明亮的发亮神经元集中在一个或两个区域(见图 8.3)。这个模式表现了输入刺激。然后,当电流(以并联方式)在神经元之间流动时,我们将会看到一个真正的光亮显示,它表明大脑正在处理(或思考)输入刺激。如果这个激活的结果是向身体发出指令,来完成某项行动,如避开来袭的抛射物,我们最终将看到一个发亮的神经元轮廓,这些神经元能产生信号,传输给身体的肌肉,使身体迅速避开。

倘若我们能够同样看到任何哺乳动物或原始人大脑的内部活动,那

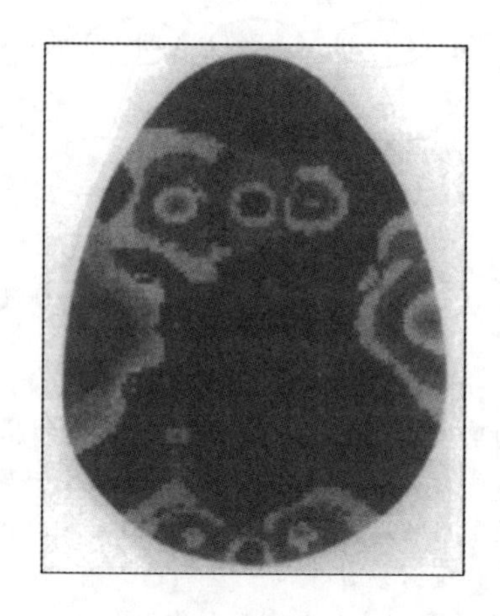

图 8.3　思考中的人脑精神活动的俯视图。此类图像称为脑电图(EEG),是通过把电极贴到测试对象的脑袋上获得的。它可以向人们提供大脑各部分的电流活动量的情况。亮区是测试当时电流活动最强烈的地方。在本例中,大脑左侧的活动相当明显。大脑后部的活动(图片的下部)是对眼睛接收到的视觉信号的处理。

么我们也能看到与上述情况类似的一连串电流活动。

我必须强调,人脑与其他任何(现有的或已经灭绝的)生物大脑的主要区别在于:人脑能模拟任何一种外来的活动模式,来启动整个电流活动序列,并在不需要产生一个身体反应的情况下将它完成。也就是说,这是由大脑本身引起的大脑活动,并非由外部刺激触发,完成这个活动时也没有自动产生一个身体反应。以上这些,就是我所说的"离线思考"。

当然,并非所有的大脑活动都需要一个外部刺激。任何生物的大脑都经常处于活跃状态,监督、控制并发动各式各样的身体过程。而且,动物的大脑还会发动"食色"行为,即进食与性交(尽管输入其大脑的肢体信号也涉及到发动这些动作)。

另外,一个人即使在进行最高级的离线思考(例如正在思考一个数学难题)时,也会产生一些身体反应,也许是皱皱眉头,或者不停地用铅笔敲桌子。但这些都不是我所指的刺激或反应。我所谓的主要的大脑活动,一般都是由外部刺激所引起的。[①]

当然,一个外部刺激也能引发离线思考。其实,这种事情经常发生,即某个外部事件让我们投入一系列特殊的(离线)思考之中。因此,我上面所作的描述不过是一个经过简化的例子。我想表达的观点是:有着 S-S 型智力而不具备 LI 型智力的动物无法启动一种特殊的大脑活动模式,此类活动通常由一个并不在场的外部刺激所引发。适当的初始活动模式需要有一个来自外部世界的输入刺激。

例如,对猴子来说,“想吃一只多汁的梨”的大脑活动模式只能由一只真正的多汁的梨的输入信号来启动——如它看到了梨,闻到了香味,或者看到了一张梨的照片。不幸的是,因为我们没有办法知道猴子究竟在想些什么,所以用现有的办法无法证明这一点。与此类似,在巴甫洛夫的狗的事例中(听到铃声就流口水),我们也没有办法知道狗对行将到口的食物有什么**想法**。我们充其量只能肯定,通过训练,一种原始刺激(真正的食物)可以被另一种刺激(铃声)取代。

然而,对于智力水平达到 LI 层次的动物,启动一系列特殊活动的初始活动模式可由大脑本身产生,不需要任何外部刺激。例如,即使并没有一只真的梨在场,我们人类也可以**想象**一只色、香、味、声样样俱全的多汁的梨,并设想如何吃得津津有味。(实际上,由看到一只真正的梨触发的活动模式与由想象中的梨触发的活动模式不见得完全一样。如果想象中的“吃”与真正的“吃”主观上难以区分的话,节食就会容易得多了。)

---

① 做梦是一个有趣的中间事例,这是由于许多动物与人一样都能自然入梦。然而,尽管人们已作了许多研究,对做梦一事依然所知甚少。看起来,梦境中存在着部分活动链的随机组合,而这些活动链是在清醒状态时已经产生了的。即使存在着大量随机触发因素,部分(一度由外部刺激所引发的)“有意义”的活动链的不断重复,仍可能会把它们(回想起来)的内容带到梦中。但由于我们对梦的唯一可了解的知识是醒来后的回忆,任何的意义都很可能是错觉。而且我们也无从知悉,动物(如一只猫或一条狗)的梦境里头有没有对它来说有意义的智力活动。这个问题涉及真正理解梦中究竟发生了什么。看起来,似乎更有可能是对思维的进一步理解有助于阐明梦的本质,而不是对梦的种种发现将帮助我们理解思维的本质。——原注

8.11 在我们自己的世界里

离线思考是思考一个内部产生的符号世界。那些符号可能对应于世上的真实事物,例如我们可以去想多年不见的远方亲友;我们也可以去想根本不存在的事物,例如独角兽,或是埃舍尔(M. C. Escher)版画中的完全不可能存在的物体(见图8.4)。

图8.4 画家埃舍尔创作的一个不可能图形,名为《升与降》(*Ascending and Descending*,1960年)。我们的头脑可以想象出现实中不可能出现的事物。

离线思考可能由大脑或来自实物的直接输入信号自然引发,也可能来自两者的某种组合,就像当我们坐进自己的汽车时,就会产生一系列想法,要不要把它卖掉,再去买一辆新的。汽车是真实存在的,我们正坐在里面;打算买来取代它的新车也许并不存在,最多只是一种我们希望它拥有那些优异特性的心理图景。

据我们所知，除人类之外，没有一种动物能进行这样的离线思考。干这种活显然是高风险—高收益的。一个明显的好处是能够回顾逝去已久的往事，以及规划遥远将来的行动，考虑各种不同方案。对于躯体并不硕大、强壮，行动不快，皮肤容易被刺破，且没有尖牙利爪的生物来说，这当然是一种上好的生存策略。然而风险也是明摆着的，一个在全神贯注思考的人肯定就是一只偶而路过的剑齿虎的首要目标，他也容易遭遇其他不测之灾。

降低这些风险的途径之一是确保有部分大脑继续监控来自外界的刺激。事实确实如此。不管我们专司"符号思维"的新皮层在从事些什么活动，我们的扁桃体一刻也没有放松，继续在干着它的本职工作——保护主人的性命。如果出现了某些意外或有威胁的事件，它会迫使整个大脑立即投入逃避行动中去。

例如，当我们沿着一条熟悉的道路开车时，我们就依赖这一报警系统。大部分时间，我们的大脑都在胡思乱想，回顾当天的活动，或规划一次野营。我们只是隐约意识到自己在开车，以及周围发生了什么。突然，有个小孩奔出大门，径直向公路跑来。我们脑子里正在想的那些东西立即化为乌有，在我们意识到这些前，我们已经猛踩刹车以防发生事故。此刻，我们所有的注意力都集中到驾驶上了。

有了扁桃体这个东西持续对危险信号保持警惕，离线思考的潜在不利大大降低，从而让智人有机会享受离线思考所带来的部分益处。显然，这些益处中最重要的就是语言。离线思考自动地把完整的语言赐给了你。说得更确切一些，离线思考与语言是同一硬币的正、反两面。有此必有彼，不可能只占其一。这一杰出发现来自比克顿①。

① 比克顿的理论为我研究数学能力起源的"拼图游戏"提供了缺失的组件。事实上，它不可思议地为我填补了想法中的漏洞。这主要是由于比克顿的语言发展学说同我的类型识别与类型联系的想法结合得出奇的好。（在我 1991 年的《逻辑与信息》(*Logic and Information*)中，我第一次对它作了深入探讨，它本身是认识论的一个进展，该理论是 20 世纪 70 年代末至 80 年代初由巴怀斯(Jon Barwise)与佩里(John Perry)创建的，参见巴怀斯与佩里的著作《处境与态度》(*Situations and Attitudes*)。）不过，对我来说起决定性作用的是他的有关离线思考、符号思维与语言如何结合在一起的说法。他的理论也有助于我理解我此前所列举出来的、只属于人类的其余那些认识能力均可由大脑结构的简单变化而产生。——原注

表明比克顿走在正确道路上的证据是对几位不幸人士的观察结果。由于这样那样的原因，这些人在他们的性格形成时期从未接触过语言。这样的人永远不可能通晓任何语言，而且终其一生，只能使用原始母语。他们也永远不可能获得离线思考的能耐。一个相关的案例是神经病学家萨克斯(Oliver Sacks)在其著作《看见声音》(*Seeing Voices*)中提到的11岁男孩约瑟夫(Joseph)。由于生下来就是个聋子，约瑟夫自然没有听到过说出来的语言。另外，他也没有接触过流畅的手语。因此，他不懂句法。以下引一段萨克斯对他的描述：

> 约瑟夫能看，能分辨，能归类，能应用；他对感性的分类与概括不存在困难，但他似乎不能再逾越这些，不能把握脑海中的抽象概念，不能回忆，扮演角色，或规划未来。他好像完全缺乏想象力，不能应对想象、假设或可能性，不能进入虚构或象征的领域……他看起来像是一个动物，或一个婴儿，牢牢地被现实拴住，被限制在如实的即时体验之中。

换言之，约瑟夫不能进行离线思考，只要事物不在眼前，不管它是真是幻，全都不行。然而他的大脑并没有发生遗传变异。有关其大脑的唯一异常情况是他小时候没有接触过符合语法的语言。

成年人与婴儿或类人猿的大脑差异，主要表现在有没有句法能力。约瑟夫(及其他有关)的案例除了足以表明此点之外，还告诉我们句法并非全部来自遗传。人类一生下来就拥有获得句法的**潜力**，能够轻松、自然、本能地在很小的年纪掌握句法。但每一个年轻的大脑都需要接触语言来引发句法的进展。从这种意义上说，我们是用符合语法的语言来**学习**抽象思考，并进行人际交流的。

比克顿所做的一切，为说明离线思考与语言何以是一对密不可分的伴侣提供了一个合理的解释。那么，比克顿学说究竟讲了些什么？它同数学又如何产生联系呢？

8.12 符号的智慧被点亮了

正如我们所看到的那样，比克顿提出，在智人出现之前那长达350万年的原始人的大脑成长是由原始母语的发展推动的。这种看法似乎同我提出的大脑成长的选择要素是日益增长的一系列类型有所抵触。其实，两种说法本质上是一致的。比克顿所说的原始母语的结构其实等同于认识世界的类型—对象结构。

类型—对象结构指的是我们与其他动物如何认识世界，并与之打交道。概念性的类型结构让你更好地认识世界，并以自己的方式生活于其中——后者是通过对不同情况作出正确应对来实现的。另一方面，比克顿却对语言更有兴趣。原始母语让你通过"这个对象具有那种性质"之类的单条信息形式，把类型—对象知识传输给其他人。（在我的《逻辑与信息》一书中，我把这种单条信息称做"infons"。）

不管怎样，在侧重点的差异上，比克顿与我的说法本质上一致。我认为，提供了不断增长的认识和更明智的举动的类型结构，也促进了更好的交流。比克顿承认，除了支持更有效的信息交流外，原始母语的成长也为人们提供了更丰富的概念性结构来了解世界。比克顿还指出，进化进程选择的因素肯定是原始母语（或类型—对象结构）的交流功能，对此，我还不敢肯定是否同意他的观点。我认为，更好的交流与对外部世界的更多了解①是两个平行的推动力。无论如何，在长达350万年的时间里，不断成长的大脑为我们提供了一长串越来越多的类型（德夫林语），或者是（与之等价的）一种范围越来越大的原始母语（比克顿语）。

至多20万年前，我们的祖先尽管还不能进行离线思考，但其智力结构已经相当丰富健全，足以进行所谓的"在线思考"了。也就是说，利用日益丰富的经验，他们得以采取很聪明的行动来对付越来越微妙、复杂的外部刺激。如果用大脑活动来解释，这又意味着什么呢？

① 我这里说的并不是对外部世界的离线、反省思考。我所谓的对外部世界的更多了解，只是指认识到情况相似性，并根据以往经历过的类似情况对新情况作出反应的能力。这并不需要离线的符号思考，只涉及应用图标与指标表现。——原注

要想回答这个问题，首先必须识别产生或对应于类型识别的大脑活动。我们已经知道，大脑是通过产生新通路或调整现有通路的能力来发展（如果你愿意，也可以说"学习"）的，不同的刺激（或不同刺激的集合）引发了神经元活动的各种不同模式。重复接触同一类刺激将产生各种神经元联结，调整到使大脑能更好地识别出这些类型的刺激——这意味着，如此产生的活动模式比其他活动模式更强，更容易识别。

根据大脑电流活动的说法，类型就是某些发展良好的活动模式。（与之等价的说法是，比克顿所说的原始母语中的组成成分就是某些发展良好的大脑活动模式。）另外，当我说到获得一长串越来越多的类型，或比克顿说到越来越壮大的原始母语时，我们的意思都是指，大脑在成长（即获得更多的神经元，以及它们之间的更多联系通道）与调整，以产生出更多的活动模式。

现在来回答哪一类大脑活动构成了在线思考这个问题。一个特定情况会建立起一种特有的活动模式。我们一般把那个活动模式视为个别人对于那个情况的认识。其确切形式则取决于那个人所能认识的各种类型——对世界的划分。那个最初的活动模式产生了一系列进一步的大脑活动，通常在动物（也常常在人）身上以发出一个指令，使身体去执行某些机械行动而告终。这就是人们熟知的刺激—反应循环。

就我们所知，人类以外的一切动物都需要一个（或一群）来自真实的现实世界的刺激来启动与维持这种大脑活动过程。大脑的进化确实始于能够对刺激作出反应的单个细胞或小细胞群，一切中间的复杂性都是后来添加上去的。倘若前人类的大脑纯粹是一个刺激—反应装置，那就没有理由需要一系列活动来自发启动或维持"离线"思考了。

让我再次强调，启动与维持在线思考所必需的活动模式是由现实环境（通过输入刺激信号）产生的。

另一方面，离线思考则需要大脑本身制造初始的活动模式。为了具有生存价值，这种活动模式必须酷肖来自真实世界的模式。而且，由此产生的一系列活动必须以一种不产生机械行动的模式而告终。（离线思考一般会导致产生知识或意图，而不是行动。）

比克顿认为，在离线思考有可能做到之前，大脑必须获得一种足以产生一大批活动模式的能力，足够把几种模式组合起来，以启动与维持一系列有意义的活动。换言之，在离线思考有可能做到之前，原始母语必须发展得相当完善。如果改用我的术语，那就是：在你能够进行离线思考之前，你必须拥有一大批类型。另外，你还需要一个机制，以便把它们以某种对应于现实世界**结构**的方式组合起来。那么，你需要的可能是何种组合方式呢？

好，在我们所遇到的现实世界的各种事物之间，究竟什么样的联系能提供它们的结构呢？下面是几个例子：一些事物充当其他事物之间的各式各样的关系，一些事物作用于别的事物，一些事物组合起来作用于别的事物，一些事物在时间上先于别的事物，一些行为导致了其他行为，一些行为阻止了其他行为。但以上这些恰恰就是句法通过其主语、动词、宾语及从句结构等告诉你的东西。换言之，启动与维持离线思考所必需的组合机制只能是句法。当你获得了离线思考能力时，你就掌握了完整的语言，反之亦然。

以上这些其实就是比克顿学说的主要观点。正如我前面指出的那样，它是一个杰出的见解。

请注意，他的学说中涉及假借。离线思考（用于制订计划及交流复杂思想的能力）的取得是通过强征原来用于不同目的（在线思考）的能力而完成的。在线思考（与之等价的是原始母语）原来是作为一种框架而发展起来的，以便承载日趋复杂的刺激—反应行为，且（有可能）承载数量与日俱增的单条信息的交流。通过找到某种方式来仿造实施这些过程的必要条件，大脑终于能够依靠自身的力量得到了引人注目的新能力水平。

现在，除了下面这个问题之外，我们已经回答了前面提出的所有其他问题。余下的问题是：人类是怎样获得数学思维能力的？

我已经说过，我将通过表明数学思维只不过是离线思考的一种略显特殊的形式来回答这个问题。不过，首先让我们粗略地看一下比克顿关于出现离线思考的叙述中冒出来的一个有趣问题。请注意，在他的解释中并不要求大脑产生同现实世界情景一模一样的副本，而只要有一个同外部产生的具有生存益处的过程模式足够近似的活动模式就行了。问题在于:究竟世上的哪些特征是绝对必需的(因而必须被编入句法),哪些则是“可选”的,有些语言中有,有些语言中可以没有?

可以肯定地说,主动者(主语)、动作或关系(动词),以及受动者(宾语)对世上任何一种有用的内在模型都是绝对必要的,事实上它们都包含在通用语法中。一个较好的实例也会至少含有一些时间上(时态)的差别。事实上,几乎所有的语言都有着区别过去、现在和未来的语法规则。那么,世上还有什么其他特征被编进语法中去了?

繁殖对保存基因的重要性,足以解释何以任何一种语言都要把“性”作为基本要素,并在句子的各种不同成分中作出相应的变化,以取得人称、数、格等的一致,这也影响到了代词结构。(许多有关“性”的语法规则已经在英语中消失了,但它们在其他语言中照旧存在。)另一方面,区别有毒物质与可食物质,以及凶猛动物与温和动物,无疑也是非常重要的,不过就我所知,任何一种语言的句法中都没有反映出这种重要区别,而是代之以合适的词汇。

有些特征被编入某些语言的句法中,但另一些语言中则没有。例如,土耳其语与霍皮语①中有一种动词变化,表明所作的陈述究竟是根据个人经验还是来自二手信息。但是,许多其他语言(包括英语在内)的语法中不包含这种区别。

相比之下,所有语言都把“1”与“大于1”的区别编进了句法。事实上,单数与复数的差别显得如此基本,以至于当语言学家试图构建一种完善的语法理论(基本语言树)时,发现他们必须把这种差别置于句子的中心语处,这个句子成分支配着所有其他成分(见第152页)。想一想人们为了保证名词的复数形式(一般反映在词尾)与动词的变化(通常反映在词尾或主元音的变化上)取得一致所作出的认知努力。

单数与复数的差别之所以特别引人注意,是因为这种差异并不是最基本的。我们在第3章中谈到人与动物的数的意识时曾经说过,最根本

① 霍皮语是美国霍皮族印第安人所使用的语言。——译注

的差别是“1”“2”与“很多”，这里的“很多”表示大于2。英语中是用词汇而不是用语法来表示这种差别的。例如，我们也许会说“一只老虎”(1)，“两只老虎”或“一对老虎”(2)，以及“好几只老虎”(3或3以上)。但是，有些语言中把这种“三向”差别语法化了，表现在动词变化与使人称、数、格等一致的规则，以及代词结构等方面。例如，有着3000多年历史的梵语就是这类语言之一。

当大脑发展到能产生一种特定的活动模式以启动并维持有意义的一系列思维活动时，单词产生了。除了在离线思考时大脑中有表示“一只猫”的活动模式之外，还有什么别的东西能在大脑中构成“猫”这个单词的认识呢？换言之，正是在大脑取得了自然产生这样一种模式的能力之际，我们才可以说，那个个体已经“懂得”了“猫”这个单词的意义。现在，我们不仅解释了单词的起源，并且为它们提供了一种神经生理学方面的描述。

最后剩下的一个问题是：人类是怎样取得研究数学的能力的呢？由于我的分析会表明数学思维只不过是（人人能做的）离线思考的一种特殊形式，我的回答将会立即产生第二个问题：为什么竟会有如此众多的人认为他们不能去搞数学？

第9章　魔鬼在哪里藏身，数学家就在哪里工作

进化的故事中充斥着无穷无尽的机会主义。在复制 DNA 分子时，偶然发生了一些随机性“错误”（突变），于是变异产生了。倘若随机产生的特征对某物种成员的生存或繁殖带来某种益处，这种特征就会变得越来越盛行，直到它成为常态为止。有时候，某一特征因其对生存带来某种益处而得到进化，结果却发现它在另一种用途上非常有效。于是它被新用途推动，进化得更迅速了。最终，很可能已经认不出那个特征的初始“功能”了。

人类大脑正是以这种机会主义的方式取得了产生与理解语言的能力。至少在两个场合，大自然把原先为了某个目的而发展起来的特征用到了另一个目的上（就是进化学家称为假借的那个过程）。

我们已经看到，大脑原先被当作一种刺激—反应装置：它们识别某些类型，并产生合适的反应。原始大脑——例如爬行类或两栖类动物的大脑——已把它们所有的刺激—反应机制作为固定线路植入其结构中。更复杂的大脑（包括人类大脑）也拥有作为固定线路的刺激—反应机制，但它们还可以通过反复学习或训练，取得额外的刺激—反应联系通道。

就大脑与全身尺寸之比而言，迄今为止人类的大脑是世上曾有过的一切动物中首屈一指的。它要比身材同我们差不多的哺乳动物的正常大脑大九倍。大约经过了 350 万年，直到距今 30 万年前，它才成长到这样

的规模。

正如我们在第7、8两章中所看到的那样,这种成长看来主要由以下益处所推动:获取更多识别类型的能力,并得以在所遇到的物体或情景类型与适当的反应类型之间建立日益丰富的联系。可识别的类型为数众多,绝大多数都以明确的声音发了出来,似乎正是这个导致了一个越来越有力的交流系统的产生,它被称为原始母语,其发音要么是简单的单词,要么是对象—属性的简单组合。早期人类分支人口数量非常少,如果用今天的术语来讲,可能要被视为一个濒危物种。直立人的大脑是它最主要的进化益处,大脑中的任何改变,只要能提供更好的生存机会,就会迅速扩散到整个小群体。因此,原始人一旦有可能用原始母语进行交流,他们肯定就会这样去干。而一旦他们真的这样做了,交流就成了推动大脑成长的另一个选择因子。

事实上,一旦原始人开始用原始母语进行交流,交流就成了推动大脑继续成长的**起主宰作用**的选择因子。果真如此,那就再次为我们提供了一个实例,即原先为了某一功能(表现)而被自然选择挑中的特征,最后转用于提供另一种更加重要的选择益处(交流)。

在漫长的大脑成长阶段的末期,即距今7.5万至20万年间的某个时段,人类大脑取得了符号思维的能力。这并不是由大脑的继续扩大,而是由其结构的改变引发的。大脑获得了(一般由感官刺激引起的)模拟活动模式的能力,并将思维过程的结果与身体的运动中枢分离。简言之,大脑变得能够进行"离线"思考了。

只有当大脑取得了足够数量的类型来支持推理所必需的外部世界的内在"模型"后,才能发展出离线思考。但是光有足够多的类型也还不够。大脑必须能够在内部表现出一个足够丰富的外部世界**结构**。为了能对外部世界进行离线思考,大脑所模拟的"框架结构"就是我们称为句法结构的东西,简称句法。

当你把句法加到原始母语上去之后,你就获得了语言。由此可知,通过取得离线思考能力,大脑自动地取得了语言。因为在那个阶段,原始母语肯定被用于人际交流,所以语言一经问世就身兼两职,既是表现的媒介，又是交流的媒介。

这是大自然（通过自然选择）朝着一个全新方向前进的又一重大时刻。离线思考与语言所带来的益处如此之大，以至于在至多20万年时间内，人类过上了世上其他任何物种从未有过的生活。

在离线思考让人类（也只有人类）能够做的种种事情中包括：我们可以谈论世上众多的与我们相距甚远的对象、地点、状况与事件；可以考虑过去与未来的事情；可以思考时间的推移；可以创作幻想小说；可以制造一大批工具，以及大量功能性的或纯属象征性的人工制品；可以制订并执行详细的未来行动计划；可以在不能以其他方法生存下去的地方制造微环境来维系生命；还可以不断增进对世界的认识，并通过逻辑推理作出行动决策。

通过列举以上这些结论，我并不是在提倡人类中心主义。其他物种也会有其独特的属性——说到底，进化指向哪里，它们就朝哪里前进。但没有其他物种能像人类一样生活。其他生物的生活主要集中于活命的基本需要：寻找食物与藏身地，繁殖后代并（在某些情况下）抚养它们的幼仔。这不完全是我们的生活方式。

我们人类能改造环境来满足我们的需要。从大尺度来说，就是我们的城市、堤坝与水库，我们的运输系统，以及供水、供电与污水处理系统；从我们称为“家”的微环境来看，则有着完善的取暖设备、空调、电灯、自来水、排污管道等等。没有任何其他生物做到了接近我们的这种程度。

控制与改善环境的结果是，我们中的大多数人花费少量的努力就能够生存了。作为替代，我们去做其他事情：制作与欣赏电影，写书与读书，研究科学，学习新技能，绘画，作曲与听音乐，建造与逛公园，用各种办法互相娱乐，外出旅游，如此等等。在出版与影视企业的帮助下，我们甚至已经把生儿育女行为转化为一种娱乐，并且在医学的帮助下，把它变成了一种漫不经心的消遣。

这些进展大部分都是在数学的帮助下取得的。这把我们带回到我最初的问题：人类大脑是怎样取得搞数学的能力的？

答案是：数学是离线思考的一个自然后果。若用我们的基因比喻来说，那就是，数学基因与语言基因本质上是同一回事。这就意味着人类取得数学基因大致在 7.5 万到 20 万年前,即我们这个物种取得语言的时候。

然而,当取得了搞数学的能力后,在 7.5 万年中的大部分时间里,这种能力都处于休眠状态,直到苏美尔、巴比伦、埃及和中国社会开辟出了一条数学的康庄大道,人类才在过去的 5000 年中走了上去。究竟是什么原因,使人类要花上 7.5 万年时间才开始应用他们的数学思考潜能呢?

一个非常合理的答案是:情况就是这样,没啥好说的。另一种回答则是:要使数学观念与数学思考方法能造福于人类,社会必须达到一定的组织水平。这个答案的欠妥之处是其中隐含着一种假设,认为社会是朝着一个包含数学思维的方向进步的。本书的任何一位读者都生活在一个数学思维在生活的方方面面都起着主要推动作用的社会里。但为什么事物的演变历程必须是这个样子,我看不出任何理由;人类历史中的绝大部分都不是如此。而且,在过去的 5000 年里,数学的进展是由占总人口比例极小部分的人作出的,倘若那些特定人物从未活在世上,那么我们可能至今还没有数学。

然而,以上理由不适用于语言。从它问世的那一刻起,人类就发现了它的一项特别重要的用途,从那时到现在,人类始终把它用于这一方面。这究竟是什么用途呢?

事实上,要回答这个问题,我们就必须解释为什么数学基因与语言基因本质上是同一回事。

9.1 男男女女都在说

大约在出生之后的第18个月,婴儿嘴巴里终于说出了第一个单词,多半是"爸爸",因为大多数妈妈在对她们的宝贝说话时经常使用这个词。到了两岁时,孩子的词汇量大致在50个左右。不过到了三岁时,他知道并能使用的词汇量就突然跃升到1000个左右,而且开始把两三个单词串连起来,形成简单的、通常符合语法的句子,以表达某种要求。三到六岁之间,孩子的学习速度在任何一种知识的取得上都达到了巅峰:每天平均学会11个新单词,以至于到了六岁时,他的(阅读理解)词汇量已达到13 000个左右,约占十八岁时的60 000个(阅读理解)词汇量的20%。

孩子将会终身把语言用在各个方面。我们已经看到,语言是一种强有力的、非常通用的工具。我们可以用口头语言来传播真实信息,发布命令,提出问题,建立社会、法律实体(结婚、创办公司、订合同、宣战等等),表达我们的内在情感,安慰,影响,威吓,消遣,娱乐,表达恼怒,教育,玩游戏,感谢,追求伴侣,引诱,管理公司,买卖物品,在一项重大联合计划(例如登月)中协调彼此之间的行动,以及一大批其他事情。利用书面语言,我们可以从事上述绝大多数活动,另外还可以储存信息,制备各种事件的永久记录。

我敢肯定你能大大扩充这张清单。歌唱?当然可以。诗歌?也理所当然。无疑你还能补充许多其他事例。但你很有可能漏掉一样东西,它是口语用得最多的地方。在语言学的大量书籍中,你也找不到语言的这个用途——在专门讲述语言学的理论或以哲学的观点思考语言的著作里肯定找不到它。

为什么语言的这种最常见的用法反而被大家忽视了呢?理由很简单:它太平凡了,天天都要碰到。大多数人在大部分时间里用语言做的事情就是聊天。

你说什么?它对你不适用?你忙于把语言用于其他事情,没有时间聊天?你可能会这么想,但一大堆证据表明,事实恰恰相反。多年以来,有两群语言学家(社会语言学家与心理语言学家)拿着笔记本与录音机到处走动，小心翼翼地记录下人们在谈论些什么，以及做这些花了多长时间。他们发现，平均说来，大约有三分之二的谈话是从社会问题开始的——谁同谁在一起干了什么事，不管是好事还是坏事；各种社会关系中产生的问题，以及怎样去处理它们；还有家庭、学校、工作中的问题与活动等等。一言以蔽之：聊天。

当然，对于主要目的不是社交的会议（例如各式各样的委员会审议）来说，比例可能要低于三分之二——但一般说来，并不会低很多。而在酒吧、咖啡馆、饭店等社交聚会场合，或是街上的不期而遇中，交谈内容除了聊天之外几乎没有别的。即使当酒吧里的话题转入政治或体育时，谈话内容也多半是卷入其中的人物。如果你以为，学术会议上的谈论主要集中于科学内容而不是闲聊那些从事科学工作的人，那么要么你从来没有参加过学术会议，要么你就像语言学家在研究语言时所干的那样：完全无视其基本应用。其实，人们谈论得最多的就是其他人。

当你在一家典型的书店里估算书架上小说类读物所占的比例时，同样的比例再度出现在你面前。平均说来，约为三分之二。小说同经过包装的、虚构的聊天内容有什么区别？最为流行的小说多半是浪漫爱情故事——就是虚构出来的关于男女之间情事的聊天内容。

报纸的情况又怎样呢？平均说来，在你日常阅读的报纸中，仍有三分之二的栏目篇幅集中于"人们感兴趣"的故事（报刊所特有的"聊天"的委婉语），其中比例较高的有75％至80％是"当地的"与"流行的"内容，例如《今日美国》（*USA Today*），比例较低的仍有40％左右用于报道"重量级人物"，例如《纽约时报》（*New York Times*）、《华尔街日报》（*Wall Street Journal*）、《华盛顿邮报》（*Washington Post*）等。

电视新闻的数据也差不多。近几年，美国电视新闻中最大的"新闻"故事是辛普森（O. J. Simpson）的刑事官司及克林顿（Bill Clinton）与莱温斯基（Monica Lewinsky）的性丑闻。

我们搁起腿休息并打开电视，多半不是为了接收信息而是为了娱乐，我们从中可以看到些什么？最多的是聊天。当然，电视节目中有体育广播、音乐会、政治辩论及纪录片等，但我们收看得最多的是别人的生活，不管它是真实的或虚构的。其中有些质量上乘的电影、戏剧，讲述了一个个很好的故事。然而收视率最高的节目却依然是肥皂剧（大致是虚构的同我们差不多的普通百姓的聊天），访谈节目（大致是有关名人与富人日常生活的真实的闲聊），以及"普通人隐私大曝光"之类的节目，例如《杰瑞·斯宾格秀》（*The Jerry Springer Show*）。

聊天的流行告诉我们，几乎所有人都对我们的人类伙伴们的生活深感兴趣。这当然不是指全球60亿人口的全部。一旦我们对某人的情况了解得很多，我们的兴趣就会被充分唤起，希望能了解得更多。"防范"这种强迫性冲动的唯一办法是：一开始就力求避免对它产生兴趣——就像下面这个例子说明的问题。任何一位"忙得没有时间聊天"和"充分享受生活"、乘喷气式飞机满世界转的企业行政首脑（BE），假设他卧病在床休息了数周，只能看看白天的电视节目来打发时间。一开始，这位卧床不起的BE坚决不看肥皂剧，把遥控器拨来拨去，想找点其他东西。后来，他终于按捺不住，看了几幕《我们的日子》（*Days of Our Lives*）、《综合医院》（*General Hospital*），或其他什么。几天之内，他居然被它牢牢地勾住，迫不及待地盼望着每一段新的情节。他很清楚，剧中的对话苍白无力，表演十分呆板，情节奇异夸张。然而这些却丝毫没有减少他对了解那些角色今后命运的渴望。

渴望进一步了解我们知道的人（即使他们是虚构的人物）的生活的倾向，使我不禁想起了25前的往事，当时有一家美国电视公司推出了一部电视连续剧，名叫《玛丽·哈特曼逸事》（*Mary Hartman, Mary Hartman*）。它本来是作为白天播出的系列肥皂剧制作的，但播出时间却改到了晚上，收看对象变成了会看看《大师剧场》（*Masterpiece Theater*）的成熟人士。当时我和我的妻子都在加拿大生活，我们发现它非常有趣——那种肥皂剧中常见的滑稽模仿我们以前从未看到过。收看了大约一个月以后，我们发现自己被套牢了——就像遍及北美洲的、数以百万计的其他收视者一样。讽刺肥皂剧的，竟然自己也成了肥皂剧迷。

随后播出的干脆命名为《肥皂剧》（*Soap*）的讽刺连续剧也有类似的情况，它比《玛丽·哈特曼逸事》又进了一步，情节设计得更加匪夷所思。

从进化论的视角来看,聊天的目的何在?

通常的看法是,它没有什么目的可言,它只是我们生活中完成"更重要的"事情之余的放松消遣。然而,从进化论的立场来看,这种说法是不对的。自然选择是个冷酷的监工。对我们这些生活在当今高度文明社会中的人,聊天似乎只是一种放松;但这种说法并不适用于生活在第三世界国家的人民,对他们来说,生活就是为了生存而拼命挣扎。话虽如此,但一些研究表明,他们的聊天一点也不比西方"老油子"少。(实际上,就面对面的聊天而言,他们比我们还要多一些;但若把经过包装的聊天(小说、电影、电视等)也考虑进去,那就大家扯平了。)如果全世界的人,不论过去或现在,都把语言主要用于互相聊天,那么其中必有一个非常重要的原委。它是什么呢?

让我们回到7.5万至20万年前,即人类最初获得语言的时代。当时他们的生活状况如何?他们是怎样确保生存的?

像我们一样,我们的祖先是高度社会化的生物。他们形成集群,以人数作为安全保障。当然,许多其他生物也组成集群,但它们甚至连原始母语都没有,因此仅凭集群生活这一点,不能说明聊天的存在价值。然而,由于规划对早期人类祖先具有极其重要的生存价值,他们无疑会利用语言(不光是原始母语)来把他们自己组织成稳定的集群,并在执行越来越复杂的任务时密切合作。但这些都不是聊天。我猜想通向聊天之路可能是这样开始的。

有了离线思考之后,人们有可能去思考那些不在即时环境中的事物。从而,集群成员可以完成集体行动(例如执行一项事先制定的计划),即使并不是所有人都在同一地点也行。人类从一个濒危物种迅速发展到多达60亿之众,所用的时间不过区区7.5万到20万年(从进化论的角度来看,简直是一眨眼的时间),在这里,日趋成熟的集群行动所起的作用丝毫不亚于其他那些因素。

当集群中的其他成员远在他方时,究竟是什么东西促成了集群中的个别人员为了集体利益去行动呢?肯定存在着某种东西。如果远离集体时,集群中的每个成员都把个人的安危得失置于集体之上,那么分散的集体行动就没有什么好处了。兴许它根本就不会发生。

促成分散集体行动的一个重要因素，可以在某些运动团队的成员或支持者中看到，也可以在同一所大学的学生之间，以及世界上不同国家或民族的成员之间看到。大家都拥有一种很强烈的集体意识，个人的荣辱与集体融合在一起，不能分离。

除了团队精神以外,还有第二个促成分散集体行动的因素我们也很熟悉。从我们自己的家庭生活中可以看到,集群中的成员互相关怀。

团队精神依靠共同的生活经验或同样的兴趣。这些通过聊天可以适度增强,但要作为一种选择因子,可能还差得远。另一方面,如果集群中的每个成员都对其他人的生活有所了解,关怀的作用就能大大增强。聊天正是完成这种任务的理想办法——兴许这就是它的唯一目的。对我们遇到的人知道得越多,我们就越有可能为了他们的利益去行动。(这就是为什么受过训练的恐怖分子要尽量与他们捉到的人质保持距离、避免经常接触的道理。他们深知,如果他们对人质稍有一些了解,事到临头时他们就会不忍心下手。出于同样的原因,反恐怖特工总是有意拉长谈判,以便增加劫持者对人质的了解。)

至此,聊天在进化中的益处已显然可见:它为建立与维持各人所承担的集群义务提供了一种机制。在其一生中被世人议论得最多的那个女人——戴安娜王妃,正是被世上最多的人真诚关注的人物,这种现象决非偶然。数以百万计的人对她 1997 年的惨死感到悲痛,就好像她是他们自己家中的一个成员。

鉴于分散集体行动在人类生活中的重要性,从聊天出现在历史舞台上的那一刻起,它就极有可能成为语言(不同于原始母语)的一种主要应用。我们再一次看到,为了某种目的而发展的一项特征被用作另一目的。作为离线思考所产生的边际效应,语言立即遭到劫持,开始为聊天服务了。

由它来担当这项任务,真是太合适了！考虑一下世界上一切语言的共同结构——第 6 章中描述的通用语法。这一结构表明,一切人类语言的构造都大同小异,首先要说的是**谁**对**谁**做了**什么**(**主语—动词—宾

语),其次要说明**怎样**、**为什么**、**何地**、**何时**(各式各样的**修饰语**)。这样一种结构,再加上构建复杂的短语和从句的能力,以及把好几个句子组合起来形成一个复杂整体的能力,**恰恰**就是聊天所需要的东西——在物种成员之间交流社会交往中的点点滴滴。①

老实说,我并不在意语言和交流方面的专家的说法。当我发现,**迄今为止**我们对语言的最大应用在于相互聊天,我就倾向于作出结论:语言在进化中所表现出来的最主要作用即在于此。

何以如此呢?这是由于进化并不是为了让某些行为**可能**发生,而是为了使它们毫不费力地自动发生。少数个体通过训练才能干的工作,对进化来说无关紧要。只有整个物种都能轻松、自然、喜欢干的事才有进化上的意义。通过训练,可以把一只大象调教得会推婴儿车,但这对进化毫无意义。全体人类中有一大半都把语言用作谈论别人,这才是真正重要的事。

因此,如果我们希望证明数学能力来自我们的语言能力的话,我们自然应当去看看语言用得最多的场合究竟在哪里。不是通过努力它**能够**用在哪里,不是它**可能**用在哪里,也不是某些人认为的它**应当**用在哪里,而是人们在绝大部分时间里**真正**把它用在哪里。那种用途就是聊天。

① 事实上,句法用于聊天再合适不过,因而至少有一位专家试图提出语言的兴起主要就出于以上目的。那就是动物行为学家邓巴(Robin Dunbar)在其1997年出版的《修饰、聊天与语言的进化》(*Grooming, Gossip, and the Evolution of Language*)一书中所提出的观点。邓巴把聊天比作猴子中常见的修饰习惯。我认为,邓巴的学说漏洞太多,不宜作为语言滥觞的解释,但我发现他把聊天比作动物的打扮修饰很吸引人,而且在某种程度上支持了我自己的保持团队精神的理论。——原注

9.2 啊,那个 π——你知道,它是多么无理!

我们对聊天的偏爱显示了人们对别人的生活细节有着一种根深蒂固的兴趣,特别是关于他们与其他人的关系。另外,咱们的大脑好像也特别适宜于追逐这种兴趣。想一想你所知道的所有的人,不管他们是生活中实有的还是小说里虚构的,还有你对他们有多少了解——他们的姓名、背景、兴趣、愿望、悔恨的事情、忧伤的原因,以及他们之间的相互关系。这是数量非常庞大的信息,其中有许多既复杂又纠缠在一起。然而,除了若干姓名外,你不必花什么力气就能把所有的信息统统记牢。而且,几乎所有人的情况都是如此,不管他们住在何处,受过多少教育,社会—经济背景如何,以及工作性质是什么。

我们不仅取得并维持着这些有关他人的庞大信息,还能推测他们的生活过得怎样。我们能对别人的行动提出看法,我们能了解、解释并评价他们所干的事,还能猜想或预测下一步他们将会干些什么。我们不但能做以上一切事情,而且我们**确实**在做,还毫不费力。

现在回顾一下我在第 4、第 5 章里所展示过的数学图景。数学研究的是各种对象的性质与它们之间的关系,不管它们是世上的实物(说得确切些,是这些实物的理想形式),还是数学家创造出来的抽象物体。

我想我们现在已经得到以下问题的答案了,即究竟是人类大脑的哪一种关键能力让我们中的某些人得以研究数学,以及远在数学出现在历史舞台上之前,我们的大脑是怎样(和为什么)取得这种能力的。简言之,我们有确定的"数学基因"。我们已经发现让数学家能够研究数学的秘密:所谓数学家,无非就是把数学视为肥皂剧的人。

我要强调指出,以上这番话不是针对数学界,而是针对数学本身的。数学这部肥皂剧中的"角色"不是人,而是数学对象——数、几何图形、群、拓扑空间等等。作为关注焦点的事实与关系并不是生死、婚姻、爱情纠葛与商务关系,而是各种数学事实与数学对象之间的关系。例如:A 与 B 相等吗? X 与 Y 之间有什么关系? 类型 X 中的一切成员都有性质 P 吗? 类型 Z 中究竟有多少个成员? 这些就是"数学"这部肥皂剧的狂热"粉丝"

们最感兴趣的问题。

你认为我的看法贬低了数学吗？完全不是这样。我们已经看到，聊天是大自然的伟大进化生存机制之一，而电视肥皂剧可被当之无愧地描述为一种“离线的聊天”。

还记得维姆·克莱因吧，就是我们在前面第3章中提到过的那位速算奇人。他声称：“数是我的朋友”。接着，以数3844为例，他说：“对你们而言，它不过是一个3，一个8，一个4，再一个4而已。可是我要说，‘嗨，62的平方！幸会。’”你很可能认为他不过是在说怪话。毕竟，数不可能真的成为一个人的朋友，不是吗？当然，谁也不会想到要去同一个数打招呼。

不过，请设想一下克莱因是完全当真的，绝对没有夸张。对他来说，数真的像是相识已久的老朋友，且对它们产生了爱与关怀。设想克莱因被数的有关信息深深吸引住了，就像数以百万计的人关注着戴安娜王妃的一举一动，或者一集不落地收看连续剧《飞越情海》(*Melrose Place*)。设想克莱因在被问及39 601的平方根等于多少时，就好像戴安娜王妃的关注者被人问及她在同查尔斯王子结婚之前乘坐的是哪个牌子的汽车。(以上两个问题的答案分别是199与Mini Metro。)

对一般人来说，π不过是一个数：你用圆的周长除以其直径就可以得出它来。(它的近似值为3.14159。)可是对我来说，π是有明确特性的。它是一出戏里的主要角色，这出戏已经在广阔的大地上展现了2500年。我把π看成一个有高度威望、交游甚广的个体，它到处出头露面，与许多别的数学对象有广泛联系。例如，在把许多一模一样的球装进一只很大的板条箱时，最为有效的装法结果与π有关；在计算某些博弈游戏的概率时也会遇到π。当你计算许多无穷级数的和时，同样会得出π$\left(\text{例如计算} 1-\frac{1}{3}+\frac{1}{5}-\frac{1}{7}+\frac{1}{9}-\frac{1}{11}+\cdots\text{，其答案为}\frac{\pi}{4}\right)$。每当我看到一则有关π的参考文献，头脑中就会出现它的身影，随之而来的是它的一切有关联系，正像提到小说里头的一位英雄人物时，头脑中马上就会涌现出他的英姿，以及他的一切社会关系。

π 与小说中的角色在我头脑中的印象有所不同，两者之间的主要差别在于，我头脑中并不存在 π 的**视觉**形象，但却有小说中角色的视觉形象。作为数学这出戏中的角色，π 是完全抽象的。它的身份就是它同其他数学对象的联系。

现在你知道克莱因与我的秘密了吧。你所遇到的似乎“很擅长数学”的人同样也掌握这种秘密。并不是他们的大脑同别人不一样，只是他们找到了以稍稍不同的方式使用标准配置的大脑的方法。

简单来说，数学家思考数学对象与它们之间的数学关系时所用到的智力同大多数人用来思考其他人的智力是同一个东西。（在包括几何学在内的某些情况下，对外部环境进行推理的大脑能力也参与其中。整体机制是相同的：原先为了处理现实世界中具体事物而发展起来的智力被应用到了头脑中创造出来的抽象世界中。）

当然，注意到人类的数学能力起源于离线思考及对其他人与环境进行推理的能力，但它毕竟与那些活动有所不同。首先，数学思考要严格得多、准确得多，比其他任何推理过程都更加高度集中。稍后，我们还要回过头来谈论这个问题。

另一个差别是，居住在数学世界中的“角色”（即抽象的数学对象）在现实世界里或在电视屏幕上都找不到，它们在人的头脑中，同所有其他幻想产物在一起。数学家的工作之处正是魔鬼的藏身之地——在我们的心灵深处。

但那个地方，正是我们阅读小说时那虚构的一幕幕场景的演出之地。如此说来，研究数学同看小说之间是否存在某种联系呢？非常有可能。事实上，在我描述我头脑中数 π 的形象之前不久，我确实将数学同虚构的戏剧做过比较。其他数学家也曾做过类似的比较，其中就有麻省理工学院的已故教授罗塔（Gian-Carlo Rota），他在 1988 年写的《迷失的咖啡馆》[*The Lost Café*，引自库珀（Cooper）的《从基数到混沌》（*From Cardinals to Chaos*）第 26 页] 中提道：

在一切逃避现实的办法中，数学是最成功的。它是一个最能使人沉溺其中的幻想世界，因为它可以改善我们试图逃避的那个现实世界。所有其他的逃避办法——爱情、麻醉药品、嗜好，不论是什么——同它相比都是暂时的手段。当数学家迫使整个世界服从其想象出来的规律时，他就会油然产生一种胜利感，这种感受来自其本身的成就。世界由于他头脑中的工作而永远改变，他的创造物必然能够继续重建他的自信心，没有任何其他工作可以替代。

当然，虚构也只是逃避到一个人造世界的一种形式而已。探索公园或花园是另一种形式，许多数学家喜欢把他们的研究对象同在一个美丽花园中探索联系起来。19世纪末叶的数学领军人物希尔伯特(David Hilbert)在写到他同数学家费利克斯·克莱因(Felix Klein，群论的先驱之一)的合作时，有着下面的一席话[引自外尔(Weyl)的《希尔伯特与他的数学研究》(*David Hilbert and his Mathematical Work*)，发表于《美国数学学会公报》，*Bull. Amer. Math. Soc.* 50(1944)第614页]：

我们热爱得无以复加、置于一切之上的科学使我们走到了一起。对我们来说，它好像是个百花齐放的花园。花园中有着踏出来的小径，人们可以沿着它们自在地漫步观赏，尤其是当身边有位志同道合的同伴时更可乐在其中。不过我们也喜欢寻找隐蔽的小道，发现许多新奇的能见到美景的视角，当我们想到并会心地相互指出时，我们就获得了极大的欢乐。

无论是虚构比喻还是花园比喻，两者都有一个共同缺点，那就是小说作者与花园设计者都有相当充分的自由来进行他们的创造活动。然而，数学受到数学创造力的高度制约，包括选择什么课题来研究，如何完成研究论文。我宁愿把从事数学研究比作探索宏伟壮丽的风景，那里有高耸入云、白雪皑皑的山峰，有被密集的绿叶覆盖的深谷。为了攀登顶峰，你必须事先了解你要去的那个地带的一切，建立完善的计划，购置合适的装备，找到正确的道路，并奋力克服途中遇到的一切障碍。许多人会迷失方向，另一些人会最终放弃，沮丧地返回。但那些完成登顶者，能够欣赏到激动人心的无限风光，体会到无与伦比的成就感。

那些除数学家以外的人在深谷里白白地耗尽了他们的时间。由于密林的阻挡，他们不但没有机会从山顶上高瞻远瞩，而且除了偶尔能从林中间隙或浓雾中对积雪覆盖的峰顶干着急地瞥上一眼之外，几乎根本没有**看到**山。对他们来说，每前进一步都很困难，稍有不慎就会迷路，而且他们永远无法获得对那一地带的完整感受。不过，只要爬上一座山的峰顶，视野就大不一样了，可以看得清楚得多。从那里，你可以看到何处的森林最为稠密，何处的道路比较好走，以及怎样绕过难以逾越的河流。爬上两座或更多座山以后，你可以从不同的视角往下看，每一次都能得到新的视野，从而对山谷的地形得到更进一步的了解。

登山的比喻有助于阐明一个许多除数学家以外的人从未认识到的问题。一般说来，高等数学要比初等数学容易得多！在密林中前进总是非常困难的。但是你爬得越高，路上的障碍就会越少，你看得就越远，前进起来也就越加方便。唯一的困难是适应越来越稀薄的空气。

从一个峰顶前进到另一个峰顶（即学习新的数学内容）当然可能需要再次下到山谷中——即使是有经验的数学家也会不时地发现自己迷失在丛林中。不过他们已经从某个峰顶处看到了地面的大致轮廓，所以粗略地知道自己应当遵循的方向。而且，因为他们已经品尝过了登顶的滋味，也因为他们从上一个峰顶看到过了环绕在其周围的美丽壮观的群山，他们知道下面的旅程是非常值得的。

尽管美丽的花园与奇丽的风景可能是最常见的两种比喻，我前面提出的把数学比作肥皂剧的说法倒也不无道理，它强调了通常忽视的一个问题：研究数学的能力是人人拥有的基本而重要的能力。正如一位伟大的画家不过是把你我用来书写自己姓名的能力"简单地"转化成艺术而已，数学家也不过是把我们日常生活中都在使用的智力"简单地"转化成数学艺术而已。

当然，理论上简单的东西，实践起来会困难万分。你们**确实**拥有研究数学的能力，但我并没有说你们做起这件事情来会轻而易举。我以此为生30多年，却还是觉得它很难。

我对"聊天"一词的使用也是经过深思熟虑的。尽管"聊天"相当准确地描述了我所指的社会活动，但它还是带有非常负面的意义。正如我指出的那样，从某些方面来说，那些负面意义完全不合情理——聊天是作为一种关键机制而发展起来的，它在维持一个其生存有赖于可靠合作的物种的集群活动方面至关重要。即使把这个问题搁在一边，聊天所需要的智力——**即使是最被人贬低的种类**——是高度成熟的，它在结构上已足以支撑数学思考。

下面引一段20世纪最杰出的数学家之一——阿提耶爵士（Sir Michael Atiyah）的话，说明他是怎样成为一名硕果累累的数学家的（引自米尼奥（Minio）的"同阿提耶的一次会见"（An Interview with Michael Atiyah））：

> 我正在思考某个问题时，突然之间会恍然大悟，原来它同我在上一个月、上一个星期与别人谈话时听到的事物有着联系。我的许多研究成果都是这样得出的。我不断出门购物，与人们闲谈，半懂不懂地把他们的想法记在心底。我就这样把来自各方面的点点滴滴的数学知识做成了庞大无比的卡片式索引。

阿提耶的话对你有启示吗？

让我再一次重申，数学并非易事——它肯定不是阿提耶干的那类事情。把任何事情干好都需要努力，干得像阿提耶那样出色更需要非同寻常的才智、高度的奉献精神和艰苦的工作。我的意图无非是要说明，像阿提耶这些专家用以产生如此惊人效果的能力究竟**起源**于何处。作为对照，我们中极少有人能用不到三分钟跑完一千米。然而，我们清楚地知道，要做到这一点需要有两条腿，并用它们来移动。我们中的大多数人也知道奔跑是什么感觉，即使在我们年少时，而且总是跑不快。总之，对世界一流运动员为了打破纪录而在不断操练的那种能力，我们是熟知的。

顶级运动员与我们其余人的差别是一种程度上的差异,而不是性质上的差异。

数学也是如此。数学家并不是天生就拥有别人所没有的能力。实际上,任何人都有"数学基因",就像任何人一生下来就有两条腿。我们拥有数学基因,因为使我们得以研究数学的大脑功能就是使我们得以认识世界与其中人物的同一功能:我们用来区分世上事物的各种类型的庞大清单,以及人脑开始能够进行离线思考时所取得的句法结构。

9.3 芭比娃娃说对了

若干年以前,制造儿童玩具"芭比娃娃"的马特尔公司触怒了一些数学教育机构,原因在于他们制造了一批新的嘴里能吐出许多短语的芭比娃娃,其中有一句竟是:"数学很难。"激起的愤怒委实非同小可,迫使马特尔公司立即从娃娃的话中删除了这个短语。反对者的解释没有错——对学数学感到泄气的女孩子会让本来就已存在的教育问题更为严重。但许多反对者更进了一步,他们声称:"数学其实不难,不过是与众不同而已。"我认为,这些人把事情完全颠倒了。芭比娃娃说对了:数学很难。任何试图换一种说法的人都并不了解数学。数学并非完全与众不同。

(暂且)把许多人充分发挥潜能的期待搁在一边,有两件事情制造了数学的难度。两者都出自同一原因:当我们研究数学时,我们使用的大脑特性原先是为了其他目的而进化的,却被我们挪用到别的地方了。

第一个困难是,我们把观察、推理自然界与社会中各种模式与关系的能力(实质上是一种本能)应用到我们自己创造的抽象世界中去了。正如沃森测试(见第112—113页)所表明的,抽象环境下的推理远比逻辑上等价的现实情况下的推理困难得多。进化赋予我们一个能够作离线思考的大脑,但它实质上只是前进了一步。我们能通过离线思考方式对实物或很像实物的东西进行推理——我把它称为第三层次的抽象——是由于我们的大脑能产生一种与来自感官输入所导致的模式极为相似的活动模式。

然而,要想研究数学,我们就必须离线思考完全抽象的事物,而它们几乎同现实世界中的任何东西没有关系——第四层次的抽象。我们所需要生成的大脑活动模式同感官输入所导致的模式一点都不像。现在我们知道,实际上任何人都能干这种事,因为所需要的不过是数的意识,再添上处置现代生活中出现的各种抽象事物(例如婚姻、所有权、债务等概念)的能力。纵然如此,我们还是普遍认为它很难。从主观角度来看,如果能把抽象的东西搞得略为实际一些,大脑处理起它们来就会感到舒服得多。可以通过不断接触的办法使大脑对之熟悉。而这样做,是需要付出艰苦努力的。①

让数学变得很难的第二个有关特性是其推理过程中所需要的严密程度。我在第2、第3章中已经说过，准确的推理并不是大脑进化的目的。不过，我们在由这项知识来引出结论时必须非常小心。确切地说，形式推理对数学**发现**来说是不需要的。它的目的在于对已经发现的（或被怀疑的）事实作出证明，说服别人相信这些发现的真实性。

需要形式化证明是由数学发现的性质所导致的一个直接结果。摸索试探、猜测、直觉以及同别人的交谈可以日复一日、月复一月，甚至年复一年地进行，而关键性的步骤往往是在数学家睡眠或思考其他事物时突然出现的。虽然这种事情对一位思想高度集中、效率非常之高的优秀的数学家来说并不仅仅是纯属偶然，然而它难免也会出错。形式化证明是防止错误"发现"的最后的（也是完全可靠的）安全措施。

在第5章中，我把解决数学问题比作找到一种在新房子里布置家具的最好办法。为了完成这个任务，我们需要综合运用经验、直觉、猜想、摸索试探，而不是步步为营式的逻辑演绎。这一论点由世界著名数学家哈尔莫斯（Paul Halmos）在1968年清楚地说出来了［参见《作为创造艺术的数学》（*Mathematics as a Creative Art*）一文］：

> 数学在创造新事物时是从来不依靠演绎的——这或许会让你感到有些惊讶，甚至震动。工作中的数学家作出种种模糊的猜测，让各式各样的法则形象化，并跳跃到毫无根据的结论。他反复整理自己的想法，早在写出一个逻辑证明之前很久就能深信自己的发现是正确的。

① 对那些扬言不断重复的、平淡的"常规"操练意义不大甚至毫无价值的教学改革者来说，这一观察结果足以让他们踌躇不前。我们所知不多的大脑工作方式，特别是它如何掌握新技术的方式，显示了相反的结论。当然这并不是说，数学教育必须完全依靠大量的、平淡的、重复性的练习。然而，常规操练也许不是数学教育中的一个可有可无的成分。反复练习对学习如何研究数学非常重要，正如学习打网球或弹奏吉他一样。——原注

只有当数学家认为他已经解决了一个问题之后,他才会着手进行逻辑证明,证明过程需要把各种概念与见解很好地组织起来,以得出一个准确的逻辑结论。要完成这一部分过程,需要经过大量训练。

1998年菲尔兹奖(相当于数学上的诺贝尔奖)得主博尔歇德(Richard Borcherds)所说的话也表达了类似观点。在他领奖后的一次采访中,他说了这样的话[见博尔歇德与吉布斯(Gibbs)的《月光猜想是成立的》(*Monstrous Moonshine Is True*)一文]:

> 逻辑上的进展只是在最后关头才开始进行,要检验一切细节都正确无误确实是很吃力的事情。在此之前,你必须通过大量试验、猜测与直觉,把一切安排得妥妥帖帖,毫无纰漏。

数学家仍然坚持要有准确的逻辑证明,因为发现的过程可能会导致错误。鉴于数学家是在完全抽象的王国里工作,他们不能像天文学家那样通过观察,或像化学家那样通过实验来检验他们的结果。逻辑证明在数学上是真理的裁决者,这也正是逻辑思维的用武之地。

尽管有着诸多困难,研究数学却不需要任何并非人人拥有的特殊能力。大数学家同几何课上苦苦挣扎的高中学生之间的差别仅仅是程度上的,表现为数学家能应付各种抽象问题,能形成复杂的抽象世界并铭记在心,对世间事物有较高的洞察力,善于进行推理,能够系统地表述逻辑证明等等。

9.4 为什么有那么多人说他们不能搞数学?

那么为什么有那么多人说他们就是**不能**搞数学?这个问题没有唯一的答案。数学同其他事物一样,因人而异。我在本书中所陈述的观点是人人都具有搞数学的基本能力——我们全都拥有“数学基因”。

许多人都能比他们所认为的走得更远。数学与马拉松长跑没有什么不同。在20世纪70年代以前,只有少数受过高度训练的运动员能跑马拉松。大家都认为,一刻不停地跑完26.2英里需要拥有特殊的才能。许多人感到跑一英里都很困难,在1970年左右或之前,合格的男女运动员一次跑五英里以上者难得一见。后来,跑步逐渐盛行起来,首先是在美国,随后其他国家也纷纷加入。不久以后,世界各地有数以千计的普通群众去跑马拉松了。他们跑完全程所花的时间远比世界级长跑健将来得多,然而他们毕竟还是跑完了。

说到底,跑马拉松是不需要特殊才能的。对大多数人来说,跑马拉松所需要的只是做这件事情的迫切愿望。只有当你想要比别人表现得更为出色时,才能的重要性才凸显出来。

数学也一样。研究数学的关键是主观上有愿望。我说的并不是成为一名伟大的数学家,或者闯入高等数学的令人陶醉的高地,而仅仅是指能应付一般高中数学课中的数学问题(可以使用计算器来弥补大脑运算能力的不足)。

有两项证据支持我的论点。首先,当人们感到他们真的有必要掌握某些数学时,他们总是能做得到。

这里有一个实例。20世纪初,法国心理学家比内特(Alfred Binet)测试了两位速算奇人,他们的谋生手段主要是表演他们的速算本领。正如我们在第3章中看到的,在这些速算奇人的惊人表演背后隐藏着一个主要秘密——数对他们来说是有意义的。比内特希望看看这两位职业计算者与另一群对手相比会有怎样的表现。这些对手是商店里的出纳,对他们来说,数也是有意义的。(在那时,机械式的现金出纳机尚不多见,更不要说电子结账机了。)

比内特安排了一场速算比赛，一方是两位速算奇人，另一方是巴黎 Bon Marché 百货公司的四位出纳。结果如何？出纳们在基本四则运算上轻而易举地胜过了速算奇人。例如，在计算 638 × 823 时，成绩较好的速算奇人用了 6.4 秒，而成绩最佳的出纳只用了 4 秒就得出了正确答案；在计算 7286 × 5397 时，成绩较好的速算奇人用了 21 秒，而成绩最佳的出纳只用了 13 秒。

让我再告诉你另一个例子。（它仍然是一个算术运算的例子，而不是我这里主要关注的更高级的数学，不过这只是为了让观点更富于戏剧性。）20 世纪 90 年代初，几名心理学家［努内斯（Nunes）、施利曼（Schliemann）、卡拉罕（Carraher），参见他们合著的《街头数学与学校数学》（*Street Mathematics and School Mathematics*）一书］测试了一群巴西三年级小学生的算术运算能力，这些学生课外时间都在街头市场打工。所有的孩子都已在学校里学过了加、减、乘、除的标准步骤。

当研究者对他们进行标准化的算术测试时，尽管只涉及一些三位或三位以下的整数减法，学生们的得分却低得可怜，平均分数只有百分制的 14 分。然而，当他们在市场的货摊里做生意时，孩子们的表现却相当出色。

例如，一件货物售价 35 克鲁赛罗①，收进 200 克鲁赛罗，要计算找头应该是多少。某个孩子的计算过程如下（研究者装扮成顾客，用磁带偷偷录了下来）：

> 倘若它是 30，结果应该是 70。可它实际上是 35，所以应该是 65。我该找您 165。

让我们来看看，这个特定对象是怎样计算的。首先，他把 200 分开，变成 100 + 100。（他并未说出这一步，但显然是这样做了。）然后，他把其中的一个 100 放在一边，开始计算 100 − 35。为了完成这个计算，他先把

① 克鲁赛罗是巴西旧货币单位，现在的货币单位是克鲁扎多。——译注

35估算到30，改为计算100－30。做这样的计算当然很轻松：答案是70。接着，他通过减去忽略掉的5，把结果校正为：70－5＝65。最后，他把开始时搁在一边的100加上去，得出：65＋100＝165。他不但能够在闹哄哄的街头从脑中迅速地求出正确答数，而且还利用了相当漂亮的数学技巧。实际上，数学家会认为这个孩子的解答并没有简单地应用学校里所教的标准减法规则，而是使用了更成熟的数学思维。

这个孩子是不是街头市场上的小爱因斯坦呢？当然不是，他的行为非常具有代表性。尽管他们在学校的数学测试中成绩毫无指望，但所有的孩子在市场货摊里所要求的计算上都表现得同样出色。正如研究者指出的那样，孩子们在学校数学上毫无指望，但在街头数学上表现非凡。两者之间有什么差异呢？差异当然不在数学本身。2＋2＝4是到处一样的，街头如此，教室里也如此。差异在于，当他们在市场货摊里干活时，他们有一种很强烈的计算动机，数对他们来说意味着某种东西。

所谓需要一个特殊头脑方能搞数学，原来不过如此！

我要提出的第二项证据是，搞数学需要的关键因素就在于数学思考本身的性质。暂时不去考虑学习九九乘法表和在算术运算中求出正确答数等问题（在这些方面，数学家并不见得比其他人高明），我要指出的是，数学里头的离线思考方式同日常生活中用到的是一模一样的。它们之间的差别在于，在数学里头，离线思考关注的对象是些纯粹的抽象物；而在日常生活中，我们的思考通常集中在实物或实物的虚拟形象上面。换句话说，就是第四层次抽象与第二层次或第三层次抽象的区别。因此，数学给大脑增添了额外的负担：凭空创造出一个完整的世界，并把它牢牢记住。话虽如此，但人人都可以做到——所需的智力实际上正是把语言赐给我们的离线符号思考能力。不过，人们在掌握这种能力的程度方面的确大有差别——在我们能够创造与牢记在心的抽象世界的范围与复杂性方面大相径庭。

一出典型的肥皂剧创造了一个抽象世界，错综复杂的关系网把剧中的虚构人物联系了起来，起先它只存在于剧目制作者的脑海中，随后又在观众的脑海里进行了再创造。如果你认真思考一下，为了能跟上并思索其中的情节,观众究竟需要了解多少人类心理、法律乃至日常生活中实用的物理知识,你会发现需要了解的东西实在太多了——至少不会比为理解与思索某一门现代数学而需要了解的知识来得少,而且在大多数情况下,要多得多。然而,肥皂剧的观众们并不觉得跟上剧情有什么困难。他们是如何能够轻松自在地应付这些抽象事物的呢?原因很简单,因为那种抽象是建立在人们极为熟悉的框架上的。肥皂剧中的人物与他们之间的关系酷似我们日常生活中的真人真事。肥皂剧的所谓"抽象"与现实世界只有一步之差。收看肥皂剧所需的智力"培训"早已由我们的日常生活提供了。

相比之下,为了能跟上人们称之为数学的这部肥皂剧,却需要大量有意识的培训才行。数学肥皂剧中的角色(即数学家研究的各种实体)并不像我们日常生活中的事物。即使那些对象之间的关系通常类似于日常生活中的关系,但那些关系**看起来**还是非常奇特与陌生。数学家之所以能掌握数学,是因为他已在数学的抽象世界里花费了足够多的时间,使这门科学对他有了一定程度的现实性。然而,现实世界总是在不断补充电视肥皂剧中的抽象世界,但是数学肥皂剧的补充只能依靠数学家自己。

倘若你问最优秀的数学家他们是怎样进行工作的,他们一般都会用"探索世界"或"感受世界"之类的话来回答。越是优秀的数学家,那个世界对他们就越有真实感。这就是为什么他们能在作出逻辑证明之前很久就早已"知道"某一结论成立的道理。把他们吸引过去研究数学的是那个特殊世界的魅力。在这方面,数学是同生物学、戏剧创作、表演、运动或其他职业一样的。

数学的特殊魅力究竟体现在何处,这个问题我还没有一个较好的答案。不过,我可以提供一些解释来说明何以有些人能被数学所吸引。

数学之所以能够吸引人,原因之一是它简洁、有序又可靠,同我们生活在其中的日常世界截然不同。一个在生活中追求高度有序的人会在数学中找到它。(另一方面,一个企图**掌控**有序世界的人也将被数学击败,因为数学是按照它自己的法则来统治宇宙的。)

文化与群体压力也会影响人们的数学观念,并因此影响他们研究数学的能力。最明显的例子是犹太人中有成就的数学家所占比例很高，是其他民族望尘莫及的。这肯定是在重视学习（尤其是数学）的家庭、文化背景及周边环境中成长的缘故。匈牙利为我们提供了又一个实例，他们的整个社会都很重视数学学习，从而使人民的整体数学水平比大部分其他国家高出许多。在连续谱图的另一头，美国少女与青年妇女在比较高级的数学上表现得十分差劲，直到最近才有所改观，一般认为这种现象是群体压力及社会对她们能力的期望造成的。（现在，美国大专院校里主修数学的女性人数开始超过了男性。）

不管兴趣来自何处，事实表明，正是对数学的**兴趣**，形成了能够搞数学的人与声称干不了数学的人的主要差别。

正如我前面所指出的那样，搞数学很像跑马拉松：不需要什么特殊才能，能不能“完成”主要在于有没有想成功的愿望。但是，为什么任何人最初都要参加数学赛跑呢？

9.5 正确的答案，错误的理由

为什么任何一个现代社会都坚持要求儿童学习数学？最常见的说法是世界高度依赖科学技术，为了生活过得好，并对社会作出贡献，任何人都必须把数学学好。这就像是在说：由于我们的生活如此依赖汽车，人人都必须学会修理汽车。尽管一个高度依赖汽车的社会肯定需要足够数量的、训练有素的汽车工程师与技术工人，但对我们大多数人来说，知道如何开车就行了。对数学来说，情况也一样。

"在技术社会里混日子不能没有它。"这种说法有着一段相当辉煌的历史。例如，在美国，1751 年创立费城科学院的富兰克林（Benjamin Franklin）就提出过这种看法。但真正建立起一种机制，来对全美儿童进行普遍数学（及科学）教育，则还是比较晚近的事。它开始于 20 世纪初，主要是作为杜威（John Dewey）的教育理论的成果而产生的，这位教育家的观点是让一切学生建立"头脑中的科学习惯"。在 1909 年的一次学术报告会上，杜威说了如下的一席话[引自"中学物理教学的宗旨与组织研讨会"（Symposium on the Purpose and Organization of Physics Teaching in Secondary Schools）第 13 部分]：

> 现代文明倚重应用科学的程度如此之深，凡是没有掌握一些作为其基础的科学方法与结论的人，是没有办法真正理解它的……全方位地考虑科学资源与成就，从它们的应用到对企业、运输、通讯的控制……将增加那些受教育者在未来社会中所起的作用。

尽管杜威的教育目标——"头脑中的科学习惯"从未达到过可评估的程度，但他和他的追随者确实对中小学的课程设置产生了重大影响，数学与科学前所未有地紧跟在英语之后，成了最主要的必修课。

当然，人人都得学英语①，这是不言而喻的。在今天的社会里，人人

① 这里指的其实是语言，即美国人都得学英语，中国人都得学语文。——译注

都要有文化,要能很好地进行人际交往。但鉴于人人都买得起袖珍计算器,而一大批事业有成的人士对数学或科学又所知甚微,实行强制性的数学与科学教育的传统理由是很难站得住脚的。我将向你提出另外两种我认为成立的理由。

第一个理由并没有对传统的数学与科学教育提供多大支持。事实上,它建议我们在课程设置时应该充分说明数学与科学的本质,以及它们在现代生活中所扮演的角色,而不是去讲那些特定的技巧。这些课程应该更像是典型的历史或社会研究课程,而不是现下的数学与科学课程。课程中包含的算术运算和代数处理内容,以及"问题解决"的工作,应当让学习者对它所涉及的问题有感性认识,而教学的目标应该着重于任务的完成,而不是"优秀的成绩",或是"求出正确答案"。

我认为,这种课程才是同教育的主要宗旨相吻合的,它不是为了把人训练成为担当某种特定工作或职业的角色,而是要把存续数千年的人类文化与知识世世代代地传承下去。这个宗旨在如今证书满天飞的社会里似乎已被淡忘,过上好日子的关键因素似乎不在于受过多少教育,而是手上有一张合适的证书。但在从前,教育的主要宗旨是被认识得很清楚的。

举一个例子。在《理想国》(*The Republic*)这本书里,柏拉图(Plato)写道,每一位公民都应该懂一点数学,并对世界的本质有所了解。不过,应当补充说明的是,在古希腊,公民只是有特权的部分社会精英。大部分其他人只能指望以学徒的身份接受职业培训。

教育的宗旨在于传承人类文化(而不是职业培训)的类似观点在欧洲也颇为盛行,一直持续到了20世纪。同古希腊一样,这样的教育也是为少数精英准备的。而且在欧洲,科学被归到了"职业"类别,并不需要学习其中的任何部分就能成为"受过教育的人士"。

与职业培训相对的教育的重要性是人类大脑的进化方式产生的结果。数十万年以来,人类的生存技巧主要是用于划分世界的丰富的类别(或类型),连同我们的直觉,以及用于获取知识,质疑我们看到的事物,了解事物如何运转,设计、制造工具,制订计划,与别人合作,乃至用符号(不仅仅是指标)方式进行交流的能力。

这些能力与直觉可以通过我们的基因一代一代地传下去。但是,运用这些能力与直觉时所需要的知识与技能是传不下去的。①

另一方面,把知识与技能传下去的好处是不言而喻的:每次让新的一代人重新发明轮子实在是毫无意义。由于我们所获得的知识与技能不能遗传,我们发展出了另一种传承机制:教育。把每一代人积累起来的知识传到下一代去的本领使人类社会取得了迅速的发展。这就是为什么尽管大脑几乎完全没有发生变化,但人类生活与人类社会却在过去的 5000 年间发生了如此引人注目的变化。

当然,人类(也许只有人类)并不是基因的奴仆,所以我们在用进化观点去支持某种生活方式的选择或作出公众事务决策时,都必须慎之又慎。在人类获得离线思考能力时,也同时取得了审慎选择的能力。

我们作为一个物种(以及我们作为物种中的个人)所取得的成功,主要的关键是我们的了解与适应不断改变的环境的能力,基于此种原因,当然应该把初始的、更主要的教育投放到**发展了解与适应不断改变的环境的能力**上去。这为领域广泛的、一般被称为"文科"的教育提供了充足理由。至于定义狭窄、功能明确的职业培训,可以在后阶段才开展。

时至今日,由于社会变革的加速进行,每隔几年,现有技术就会过时,新技术则代之而兴。实际上,对时下十几岁青少年的父母有用的职业培训,今后对他们的孩子将是毫无用处的。对新的一代来说,在他们一生的工作年限中,大约每过七年,就必须改用新技术。由此可见,我们能为孩子提供的最佳生存技能应该是获得新知识与学习新技术的能力。

生存技能的宝库中,部分内容是对数学的一般了解,以及在必要时能获得特殊数学技能的能力。这意味着要把人们已有的、用在日常社会事务上的智力装备起来,并教会他们怎样把这种智力投入到数学思维的抽

① 19 世纪,人们普遍相信,人的能力与一生中学习到的技能会植入该人的遗传基因,并通过生物学的方式传给下一代。这一般被称为拉马克学说[拉马克(J. B. Lamarck,1744—1829),法国生物学家,最先提出生物进化理论。——译注],以纪念它的一位创始人。它早已被证明是错误的。——原注

象领域中去。

学习数学的第二个、也是更加世俗的理由可以在杜威的名言“头脑中的科学习惯”中找到。对大多数人来说,数学与科学知识并不像思维方式那样重要。就科学而言,意味着需要收集证据,评估其价值,根据证据作出决策,合乎逻辑地思考问题,在新证据的基础上及时改变看法。就数学而言,意味着——对了,现在你对构成数学思维的因素已经了解得相当不错了。对你来说,数学的好处究竟在哪里呢?

1997年,美国教育部发表了一本白皮书(即著名的赖利报告,以那位教育部长命名),突出强调了进入大学之前的数学课程对进入大专院校或在求职市场上找到工作的重要性,尤其是低收入家庭的学生更少不了它。根据某些长期研究课题所获得的数据,报告指出,在高中阶段学过代数与几何的学生,有83%进了大专院校,是不学这些课程而上大学的学生百分比(36%)的两倍还多。低收入家庭的学生中,学了几何、代数而上了大学的人大约是不学这些课程而上了大学的人的三倍。而且,学完这些课程的学生在大专院校里的成绩远远高出他们那些没有学过这些课程的同学。

报告并没有谈到在这些数学课程里取得高分,甚至连是否及格都没有谈。只是谈到了学习这些课程可以带来益处。尤有甚者,不管学生们在大专院校里主修什么专业,都会同样地得到益处。主修英语、历史及艺术专业的学生与主修数学或自然科学专业的学生同样获益。是思维过程造成了差异。

赖利报告传递给我们的信息十分清楚:天天进行数学思考对大脑的益处就像天天散步、慢跑对身体健康的益处一样。

与我的第一个理由不同,这第二个理由意味着在数学与科学教育中必须进行实际的操练,真正地搞数学与科学工作。传统思想浓厚的教育工作者可能会支持我的第二个理由,并忽视第一个。然而,这样做的话,将会错过一次大幅改善我们人口中一大部分人的数学与科学表现,以及(我们已看到了的)与之相关的总体智力的大好机会。何以如此?下面来说说原因。

我们中的大多数人对什么事情对大家有好处的观点是无动于衷的(至少其行动不能持久)。如果我们真的听从那些建议,我们就会吃得更少,运动得更多。学习数学与科学是艰难的,需要付出沉重、乏味的重复性劳动。当然,干其他事情也大同小异:学习做游戏、搞运动,学习弹吉他,学习溜冰,或学习表演等等。但人们在学习这些事情上是自觉自愿的。何以会这样呢?究竟是什么原因使他们在令人困惑、挫折不断的困难的初学阶段热情不减呢?答案是明白无误的。如果他们能看到后头有什么益处,他们就会继续干下去。数学与科学也与之类似。如果我们的中小学校里能够拿出一些时间来,向他们的学生展示一下这些学科的魅力,自会有更多的人把精力投入到掌握这些基本知识与技能上来。

我通过上述议论把关注点集中到普通大众的数学教育上面。对那些有数学天赋、打算继续深入研究的学生,我们对他们的培养干得相当出色。你们有时会在报纸上读到数学家长期短缺的新闻,事实恰恰相反。多年以来,有水平的数学家是过剩的,这就使得干数学这一行的失业率要高于许多其他行当。只要我们持续敞开高等数学教育的大门,社会就不会面临数学专业人才短缺的问题。真正短缺的是既有足够多的普通数学能力,又有各种其他技能的人。对付这种非常现实而危险的短缺的关键是:首先激发他们的兴趣,其次通过建立顾及大脑从事数学活动方式的教育计划,让他们能够获得足够多的数学技能。

现在我要停止论述,准备走下讲坛了。

第10章　未选之路

我在这本书里提出的课题进展到什么地步了？我们研究数学的能力是否依赖于赐予我们语言能力的同样的大脑特征？语言能力真的是在距今20万年前的某一时段由于人脑的个别变异而产生的？

对此，我已提出了一些合理的看法，希望你们能够信服。但是，任何人都不能肯定地回答上面的任何一个问题。由于人类大脑从未留下过任何化石证据，兴许我们永远不会知道正确的答案。即便有朝一日发现了咱们某个直立人祖先的冻在冰川里的保存完好的遗体，而且他的大脑完整无损，那也不见得能够给我们的问题提供答案。

这真是科学上的巨大挫败：人类之所以有别于其他动物的最重要的特征——我们最伟大的进化得来的生存本领——竟然是我们永远不可能知道其来源的一项特征。

我得强调指出，问题不在于通过自然选择的进化过程存在着什么不确定性。该理论同我们已有的任何一个科学理论一样好，甚至比大部分理论更好一些。不仅是进化本身建立了地球生命发展演化的框架，而且我们确实知道许多生物物种的一大批进化方面的细节，其中也包括人类。

但是，尽管进化的框架毫无疑问，许多关于**特殊**进化演变的论点依然值得推敲。这倒不是因为对生命的进化存在什么严重怀疑，而是由于我们没有办法做实验来测试一些特殊的进化假设。对进化来说，只存在唯一的“实验”,那就是实际发生的情况。幸运的是,这个“实验”为我们提供了大量证据,而迄今为止,我们还只发现了其中的一小部分,所以我们确实有一种途径去测试我们的理论:我们可以根据那些理论,预测我们可能会找出何种性质的证据,然后再去寻找那些证据。

就人类的情况而言,我们有理由相信已经对我们这个物种的谱系有了充分而合理的了解,但这种自信并不能扩展到语言或数学能力的取得上。对这一过程的任何解释都必须符合历史证据与化石证据,也必须同我们已知的有关现代人与其他生物物种能力的知识保持一致。我们也应当使用奥卡姆剃刀①,使我们的解释尽可能简化,建立在为数最少的(看似合理的)假设之上。假如我们按此方式去做(在本书中,我是一贯奉行这个方针的),那么任何觉得我们的说法不正确的人就有责任提出一个更好的解释——更加吻合已知的事实,以及满足奥卡姆剃刀的要求。

我不知道还有没有其他人作过认真尝试,来像本书这样详尽无遗地解释人类数学能力的起源。确实有许多描述数值能力或“数的意识”的进化演变的尝试,但正如我前面已经解释过的,这些能力与数学能力并不能等同。由此看来,我的那个解释,即数学能力实质上就是赋予我们语言能力的智力的一种新用法——也就是离线的符号思维——是缺席裁判下的“当前最好的解释”。它确实吻合一切已知事实。而且,我敢断言它是高度可信的。再说,我真的想不出还有什么别的解释可以既有说服力又符合事实。尽管如此,这个领域仍然对各种不同观点敞开着大门。

认为一旦具备了离线的符号思维能力,就会自动产生语言(就是我的解释中数学能力的栖身之处),这种说法源自比克顿。该说法设想离线思考中包含了句法结构,并把它视为“世界的模型”。说不定有另一种不需要句法结构的符号思维的合理见解,但迄今为止没有人提出来,我也想象

① 奥卡姆(Ockham,1285? —1349?),英国经院哲学家、逻辑学家,中世纪唯名论的主要代表。他提出论题简化的原则,即“若无必要,不应增加实在东西的数目”,应把所有无现实根据的“共相”(普通概念)一剃而光。这就是著名的“奥卡姆剃刀”。——译注

不出它的概貌。

至于说到离线思考本身的起源，事情就显得更加晦暗不明了。人类的大脑——那种同其他动物的大脑无疑在功能上有着质的差别的大脑——究竟是突然变异的产物（可能出现语言夏娃的那一幕），还是经由全体人口的渐变过程而产生？有好几种解释似乎说得通，我在第 8 章中已经介绍了一些。目前，语言的进化是一个语言学中正在热烈辩论的话题。

我要再次强调，我的数学能力是我们语言能力的一种新奇用法的论点丝毫不依赖于我们语言能力的起源。即使你把我给出的三个关于语言能力起源的论点（语言夏娃；小改变，大效果；以及吸引子理论）统统去掉，我其余的那些论点也决不会受到丝毫削弱。（当然，总体结构的若干细节可能会有所变动。）

不过，我的论点中的另一部分倒是有可能选择另外的道路，那个部分就是人类大脑在取得语言能力之前已经有了很大成长的原因。回想起尽管大脑似乎很快就获得了句法（也许是突然之间完成的），但在此之前，大脑的进化演变已持续了 350 万年的漫长时间，其大小增大到了原先的三倍。我曾说过，我相信此种成长背后的主要推动力是对不断增长的认知能力的需求——就是我指的类型与分类的能力，也是比克顿所说的原始母语，两种说法是等价的。

当然，这并不一定就是事情的始末。别的因素也可能对大脑成长起作用。我曾经提到过的一个因素是颜色视觉的获取。然而，颜色视觉能不能像有些人认为的那样成为大脑成长背后的主要推动力呢？我怀疑不行，下面来说一说道理。因为类人猿也有颜色视觉，很可能我们最接近的共同祖先也有颜色视觉。但那是原始人出现之前很久的事情。颜色视觉只能说明早期灵长类生物的大脑成长——尽管它能大体上解释何以灵长类生物的大脑要比其他生物的大脑更大。

推动大脑成长的另一个可能因素是由神经生理学家卡尔文（William Calvin）在 20 世纪 90 年代初提出的**投掷**［参见卡尔文的《一元化假说》（*The Unitary Hypothesis*）一文］。我认为卡尔文的观点很有说服力，至少在作为一种主要贡献因素方面似乎言之有理。很可能投掷与原始母语一起推动了大脑成长,从而为语言的降临开辟了道路。另一方面,卡尔文不仅仅声称准确投掷对推动大脑成长有所贡献,而是认为它是那个进化的**主要**因素,正是准确投掷为语言的问世准备好了舞台。

下面让我简单地介绍一下卡尔文的论点。

击倒一只动物,将其捕捉、杀死、当食物吃的一个好办法是向它投掷一块石头。有一种办法是,狩猎者躲在灌木丛里或水潭边的岩石后面,等待合适的猎物到来。狩猎者并不是手持长矛奔向猎物(那样做会使猎物四散奔逃),而是用力投掷石头将其击倒。

这种策略的成功,显然需要依靠准确的投掷。不过卡尔文认为,精确命中目标并不必需,因为许多动物都是成群结队地来到水边。如果猎人能击中群体中的一只动物,那就至少会打破平衡,这种可能性是极大的。这群动物会惊慌乱窜,撞倒并践踏自己的同类,等于是做了部分猎人的工作。(如果有一群猎人同时投掷,兽群溃散奔逃的可能性就更加大得多。)

卡尔文坚持说,至少在两个方面,准确投掷需要一个容量较大的大脑。首先,对受控于用来完成缓慢动作(例如捡起一只鸡蛋或把杯子举到你的嘴边)的感官反馈过程的肌肉来说,投掷动作的速度实在是太大了。(从手臂这个传感器发送一个信号到脊髓,再从后者返回到手臂肌肉,大概需要十分之一秒,比投掷一块岩石所花的时间少不了多少。)投掷的指令不得不事先就准备好,并按确切的顺序加以执行。

卡尔文关于投掷需要一个容量较大的大脑的第二个论点是,要想完成一次命中诸如三十步外的一只狗那种大小的目标的投掷,需要进行相当数量的计算。由于较高的投掷准确度肯定有利于原始人的生存,自然选择就会偏向于那些"在水潭边的平均杀伤率"较高的原始人,从而有力地推动了能完成更准确投掷的更大大脑的成长。

卡尔文的准确投掷的论点同我前面描述过的增加认知能力与复杂程度的说法并不矛盾,它甚至有可能是促进大脑成长的一个因素。不过,要我把它作为推动大脑成长的主要因素来接受却真的有困难,因为我看不出有什么充足理由来解释原始人为什么非得有一个大脑袋才能进行准确投掷。投掷是一种很单纯的技能,只要通过反复训练就能获得,极小的大脑照样也能漂亮地完成一两个特定的动作。例如,一只青蛙能够突然伸出舌头,捕食一只距它半个身体那么远的过路苍蝇;一条响尾蛇能向前跃起,抓住一只距它两英尺左右的老鼠;一只猫能从一根低矮的树枝上跳下来,抓住一只距它几英尺远的小鸟。需要一个大容量大脑的是为了完成一大堆不同的功能,特别是做一条"能不断学会新把戏的狗"。

卡尔文把他关于投掷的想法同更一般的(用他自己的话来说)"把事物串联起来"的观念联系了起来。在他观察到串联事物的能力主要位于左脑后,他给出了下面这些例子(参见《一元化假说》,黑体字强调部分出自原作):

- 为了制造和使用工具,人们通常必须做出**一系列**新奇动作。
- 为了超越类人猿语言的范畴……并说出一些新奇事物,我们的祖先似乎偶然想到了一个好点子,为一系列无意思的单个语音指定了意义。
- 为了制订一个新奇的行动计划,人们需要编制一个把过去同未来联系起来的方案,然后在付诸行动前认真思考它……
- 这种"准备就绪"的状态对准确投掷特别重要,为此必须制造一系列神经冲动传递到几十块肌肉,就像在为焰火表演的高潮结尾选择时机。
- ……音乐……我们不是把音素串联起来组成单词与句子,而是把和音串联起来组成短语和曲调。

对卡尔文来说,"把事物串联起来"才是躲藏在语言及其他人类所独有的能力背后的关键智力。

这个说法的问题在于,把事物串联起来的能力确实是语言与离线思考的一个必要条件,但它不是充分条件。正如我在第6章中指出的,语法结构实际上是一种嵌套式的东西,不是把事物串联成一条线,塑造离线思考中的世界也与此类似。

当然,卡尔文也知道别人的反对意见,并且准备好了一个答复。出于偏爱,卡尔文的答复是达尔文式的。设想大脑产生了许多不同的序列,其中只有“最合适”(或“最适应”“最适当”)的一个才能胜出并被接受。卡尔文辩称,如果是那样的话,构成语法规则的可识别的嵌套结构就只不过是描述单词线性顺序的一种方法,它经受住了大脑中无意识的达尔文式“物竞天择”的考验而存活了下来。

这或许真的是对人脑用于生成与了解(说得更确切一些,是解析)符合语法的发声机制的一种合理描述。如果情况真是如此——如果大脑真的产生了许多(纵然不是全部)单词的可能排列顺序,并从中选择了一个能起作用的(即能构造出符合语法的句子的)——那么关键问题就将是:这种选择是怎样作出来的?我的看法是,能够作出这种选择的大脑就是句法已经植入其中的大脑。现在我们又重新回到了原来的问题:原始人的大脑是怎样首先获得句法结构的?卡尔文的说法提供了一种大脑可能真正经历过的过程,但它并没有回答那个根本问题。

当然,我也不能提供一种“确切”的解释。我可以做的是列举几种相当合理的假说,每种说法都有证据支持。

其中之一便是语言夏娃说。虽然我个人认为没有什么理由可以驳斥这种假说,但许多人却认为它“显然是错误的”。现在让我来试着反驳使他们得出那个结论的推理过程(更确切地说,是直觉)。

我认为,争论的核心是:鉴于世界人口数已达几十亿,从现今的立场来看,认为一切现代人都是一个人的后裔的想法奇怪得有点离谱。下面让我来详细推敲一下。

今日的庞大人口是由于我们(最近)正好处在指数生长曲线的急剧上升部分。如果你去绘制现在活在世上的所有人的庞大家谱,不需要上溯多少代,人口数就会急剧减少。等你回溯到智人时代的中期,你会发现当时的任一时刻活着的人不过只有几千——人类学文献中通常给出的数据是 10 000 人。(要知道,许多人活不到生孩子的年龄就夭折了,还有许多人的后裔逐渐消亡了。)循着这几千人的谱系倒推上去,直到智人的开

端,你就肯定会追溯到一个单独的人,即人类的共同祖先。(对语言夏娃假说来说,当然必须有一个共同的智人祖先。如果你真要追溯上去找寻一个共同祖先,有可能语言夏娃不止一个。)

上述论证实质上是一个数学论证,而不是生物学论证。这是一个关于树图结构的问题,而家谱树是其中的很好例子。如果你沿着这样一张树图向下走(走向未来),也就是按照人们从进化角度通常考虑问题的方式,越来越多的树枝分叉就会给出指数般暴增的人口总量。仅仅只看未来几代人,无限的可能性就会出现在眼前。但如果你从这种树图结构倒推上去(即追溯以往),并按照女性的谱系来寻根问祖,那就会出现截然不同的图景。首先,树的大部分不见了,就是所有那些其女性后裔早在今日之前就已消亡的人。其次,当你回溯上去时,树一直在萎缩。由于任何人都不可能有两个生物学意义上的母亲,你所遇到的每一代人的总数永远不可能增加。(那些没有留下女性后裔的人,已经被我们从树图上修剪掉了。)另一方面,树图会变得越来越"狭窄",每当某位女性有两个或两个以上女性后裔,而她们又各有女性后裔延续到今日时,这种情况就会发生。而且一旦树图变得更加狭窄,它永远不可能再次变宽。因而,你最终看到的,只能是由为数极少的人所组成的树图。

光凭以上数学论证,并不能保证这棵树最终归结到单个的人。但我认为,它的确能使语言夏娃的说法在数值上可被接受。

使我们面对语言夏娃假说时大惊失色的另一个因素是,我们判断各种偶然巧合事件的可能性的能力极度贫乏。一个典型的例子就是生日问题,就是问你在一个聚会上需要有多少人,才能使其中两个人生日相同的概率超过一半。许多人认为答案应该是 183,即大于$\frac{365}{2}$的最小整数。事实上,你只需要 23 个人就行了。(183 是另一个迥然不同的问题的正确答案,那个问题是:在一个聚会上要出现多少个不同的生日,才能使**你的**生日恰恰就是其中之一的概率超过一半?)出现 23 这个数目,是由于究竟哪两个人的生日相同是没有任何限制的。而这引发了巨大的差别。与之类似,你究竟需要回溯多远才能找到一个共同祖先也是没有任何限制的,只是在**某个**阶段,树图收敛到了一个单独的人。

最后,为什么我选择将寻求更丰富的表现作为语言出现背后的大脑推动力,而不是选择寻求更丰富的交流呢?

首先请注意,我并没有说某一个出现在另一个之前。它们极有可能是协同发展的。我的观点无非是说,为了准确地理解我们怎样获得语言,我们应当把它视为一种表现结构,而不是一个交流媒介。为了同别人交流某个想法,你首先需要在头脑中有它的代表形象。(是的,如果是别人告诉你某件事,这个过程会有所不同。但当你寻根问底,追溯想法的源头时,还是必须从别人的头脑里,而不是他们的声道开始!)

另外,尽管从我们的祖先开始合作的那一刻起,信息交流就非常重要,但在原始母语成长壮大的漫长过程中,日益增长的对事物的了解(即越来越丰富的表现)肯定是更大的进化推动力。

把语言视为一种表现媒介的另一个理由是,我们对离线思考的描述就是这么说的! 熟悉伟大的俄国心理学家维果茨基(L. S. Vygotsky)的有关学说的读者,无疑会认识到离线思考与维果茨基的某个说法之间的类似性,即认为一切有意图的抽象思考都是现实行动的内在化(或头脑中的客观化)。维果茨基及其追随者将这一假说作为他们的教育理论的基石,特别强调掌握抽象概念与过程的唯一途径就是反复训练——这一可能性我已在第9章中提到过。

维果茨基对有意图的思考的本质的看法同一场学术论战有关,那就是:获取语言能力背后的主要推动力究竟是认知还是交流。对维果茨基来说,思考与应用语言之间的唯一区别就是发不发声。由此可见,句法对有意图的思考是至关重要的。当一个人在有意识地进行思考时,他实际上是在内心同自己进行对话。因而,如果我们接受了维果茨基的教导,那么,获取语言的进化动力究竟是思考还是交流的问题就不复存在了。

尾　声　如何宣传肥皂剧

演播室老板扫视了一下围坐在“柏拉图电视演播室”的长会议桌旁边的一张张新鲜而急切的面孔，用他那又长又粗的雪茄戳向他们，每一下都击中要害。他开始讲话了：

“伙计们，你们都是这个市镇上最优秀的连续剧编剧。今天我邀请你们来到此地，为你们提供一个终身工作的机会：继续制作世上最好的电视连续剧。下面就是我头脑中的制作提纲。”

他瞥了一眼坐在长桌另一头的投影仪旁边的年轻女人。“爱丽丝，请给我们看一下第一张片子。”

爱丽丝调暗了灯光，并打开了投影仪开关。老板在半明不暗的灯光下继续说着：

“你们看，这里有两个家庭：‘点’和‘线’。这部连续剧基本上讲的就是这两户人家的事情，他们在干些什么，他们之间有什么关系。关于这个计划的最重要的事情之一就是，我要让这部连续剧的制作成本变得非常低。正如你们在幻灯片上看到的，我们不需要雇用演员来扮演那些‘点’，因为Points have no parts。①”

---

① 这是一句双关语。英语中“part”这个单词有多种意义。在欧几里得的《几何原本》中，这句话的意思是“点不可分”；而在老板说的话中，则有“点不扮演角色”的意思。——译注

老板用雪茄指着屏幕上第一个句子中的那些单词，它们是：

Points have no parts.

“我的计划是，”老板继续说道，“用数字特技来表现那些‘点’。如今，那些懂得计算机图像技术的家伙身价极低——每当航天工业缩编裁员，或某一家计算机公司被微软收购，他们中数以千计的人就会丢掉饭碗，我们可以用非常便宜的价格把他们招来。”

当11位编剧意识到自己人到中年被迫改变职业竟是如此容易时，房间里响起如释重负的叹气声。幸亏自己在高中时代数学得了2分不及格而被迫改读了英国文学，坏事居然就变成了好事。

“我们在那些‘线’身上也省下了许多钱，”老板笑了笑，显然对他的才智自鸣得意。“我的看法是，A Line has no breadth。[①] 这就意味着我们不需要训练有素的演员。我们可以多雇用一些从航天企业失业下岗的笨蛋。”大家的目光随着老板雪茄的指向转到了幻灯片上的第二个句子：

A Line has no breadth.

“好啦，既然你们都是最佳人选，我打算给予你们制作方面的充分自由，”老板咆哮着说，“你们要做到的只是坚持五条指导原则，这部连续剧必须按此执行。爱丽丝，下一张片子。”

下一张幻灯片出现在屏幕上时，人人都注视着它。

“我会给你们每人一份副本，”老板说，“但先让我概述一下你们看见的五个条目。

第一条。你们可以用一条‘线’(线索)联结任意两个‘点’。意思已经很清楚，不必解释了。

第二条。你们可以随心所欲地延长任何‘线’(线索)。这也不会有什么问题。该死的，在一大批旷日持久的连续剧中，他们都是这样干的。

下一条可能需要作些解释。你们可以看到，上面写的是：任意一‘点’都可作为一个任意大小的‘圆’(圈子)的中心。我的意思是，每一段

① 这又是一句双关语。在《几何原本》中的意思是“直线没有宽度”，此处被曲解为“线知识狭隘，毫无外延”。——译注

情节都可以围绕‘点’家的某个成员展开。剧情要集中于那个人的朋友圈子。某几个星期，圈子可能很小，但另外几个星期，圈子要非常庞大——但由于‘圆’（圈子）是由‘点’组成的，所以对我的预算不会产生任何影响。”

当编剧们终于明白老板的那些主意说来说去就是为了降低预算时，桌子周围响起了一片议论声。

“下一条：All right angles are the same。[①] 每一部连续剧当然都应该有一个视角。你们都已在‘电视 101’组织[②]中学习过了。你们也知道，对预期的观众来说，某些视角是对的，某些是错的。在我的连续剧里，只有一个正确的视角。所有其他视角都是错的，任何胆敢引进错误视角的人都将马上停生意，比我说出‘肥皂剧’这个词还要快。听懂了没有？”

老板环顾四周，看看哪一个人胆敢回应他的挑战。没有人这么做。那些关于被解雇的前航天企业的员工的想法依然记忆犹新，谁也不打算加入他们那支领取失业救济金的队伍。

“我还不能完全肯定究竟要不要第五条指导原则，”老板说道，他显然对自己提出新想法的天才洋洋得意。“有了那四条原则之后，第五条可能是多余的。但我写下它来只是为了让你们务必做到。兴许它执行起来稍微有点难——我会叫爱丽丝继续把文本搞出来。但归根结底，用简单的话来说就是：如果你们中间的某个人安排情节使‘线’家的两个人从不交往，那么以后无论谁接手编写后续故事情节，这两个家伙还是不可以来往。永远老死不相往来！听懂了吗？”

每一个人都在点头。老板坐回到靠背椅上，咀嚼着他的雪茄。

“就是这些了。还有什么问题吗？”

全场安静了一会儿，随后坐在长桌中间的一个年轻女人举起了手。

---

① 这也是双关语。在《几何原本》中的意思是“所有的直角都相等”，此处被曲解为“所有正确的视角都是同一个”。——译注

② “电视 101”（Television 101）组织是一个由编剧、导演、制片人、摄影师及编辑组成的兼收并蓄的团体。——译注

"您的想法很了不起,"她说,"但我还有一个问题。"

"那就快说。"老板答道。

"您打算让这部连续剧上演多长时间?13 周?还是 52 周?或者您打算上演几年,就像《当地球旋转时》(*As the World Turns*)或《综合医院》那样?"

老板发出了咯咯的笑声。"小姐,我想你对我的通盘筹划还没有充分理解。"他一面说,一面用手指向屏幕上的五条指导原则。"这是一个伟大得近乎疯狂的想法,它有着无限潜力,将会改变世界。相信我,一旦它被人们接受,而我们又获得了足够多的资助,这个小宝贝将一直上演下去,长达数千年之久。否则,我的名字就不叫欧几里得了。"

附　录　日常语言中的潜在结构

我在第 6 章中说过,任何人类语言的每一个符合语法的句子都是通过反复应用单一的"把东西放在一起"的规则构造而成的,当然还得结合一些安排词序的规则(如主语应在动词之前,动词应在宾语之前),以及使人称、数、格等一致的规则(如单/复数,名词、代词等的性,以及时态等)。词序与一致的规则随语言的不同而有所差异,然而"把东西放在一起"的基本规则对一切语言都是相同的,并可以用图 A.1 中的树图表示出来。

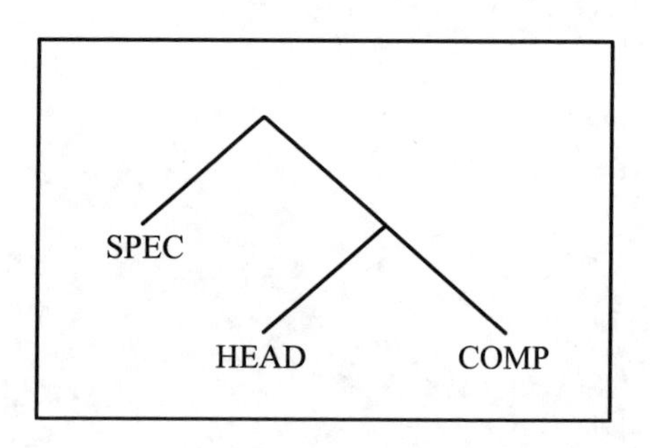

图 A.1　基本语言树:$\overline{X}$ 理论的一般结构

我把这一结构称为基本语言树,而语言学家则称之为"$\overline{X}$ 树",表明这种树图如何能够构造出一切符合语法的句子的句法结构理论称为"$\overline{X}$

理论”。在这个附录里，我将列举 $\bar{X}$ 理论的基本概念（也要解释一下为何这个理论要叫这样的怪名字）。尤其是，我将说明各种不同的短语怎样通过使用 $\bar{X}$（名词短语、动词短语、形容词短语、介词短语，甚至句子本身）拼合起来。尽管从表面上看来，拼合的方法似乎颇有差异，但实质上它们都有着同样的基本结构。该结构涉及三个部分。

首先，每一个短语都有一个**中心语**。中心语是短语中唯一必不可少的要素，其他两个要素则是可有可无的。中心语至多只能是一个单词。（我们会看到，它还可以少于一个单词。）名词短语的中心语必须是一个名词，动词短语的中心语必须是一个动词或动词的一部分，形容词短语的中心语必须是一个形容词。中心语对整个短语实施了不可忽视的控制。

短语的中心语首先要同它的**补足语**发生联系（如果它有补足语的话）。例如，在名词短语 the house with the red door（有着红色的门的房子）中，中心语就是名词 house，它的补足语是介词短语 with the red door。名词（N）与作为其补足语（名词补足语，记为 N-Comp）的介词短语（PP）一起构成了所谓的 $\bar{N}$，即 house with the red door。$\bar{N}$ 指的是在 N 的上面添上一个小横杠，如图 A.2 所示。要获得完整的名词短语（NP），还必须把 $\bar{N}$ 同**指示语**（记为 Spec-N）the 组合起来。图 A.2 显示了这个结构。（在图 A.2 中，结点 PP 下面的三角形是一种标准记号，表明它本身是一个短语，需要作进一步分析。三角形记号暗示了有另一层语法分析树。）

与上面类似，介词短语 with the red door 也有它自己的短语结构树，如图 A.3 所示。这个短语的中心语是介词 with。注意，在这个短语中没有指示语，我们可以在记号 Spec-P 的外面加上一个括号来说明这一点（当然在它的下面也就没有条目了）。

图 A.4 列出了下一步分析，名词短语 the red door 的结构。

请注意，因为任何补足语都必须是一个短语，所以名词补足语（N-Comp）red 应被视为一个形容词短语，而不是一个单词。这意味着还需要走出下一步才能完成全面分析。形容词短语（记为 AP）red 的短语结构见图 A.5。（这就是为什么在图 A.4 中的 AP 结点下面要有一个三角形

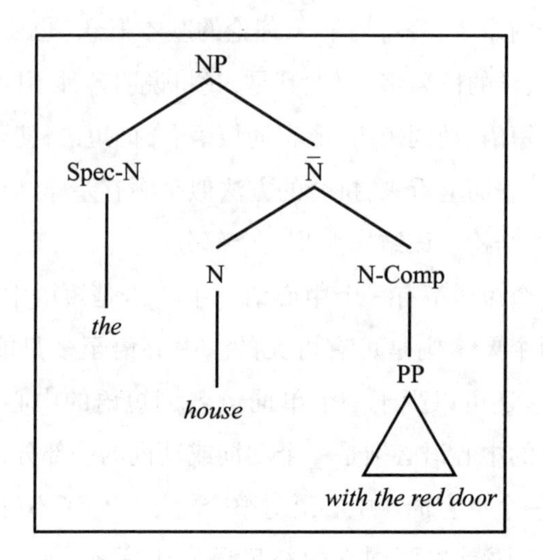

图 A.2　一个名词短语的结构

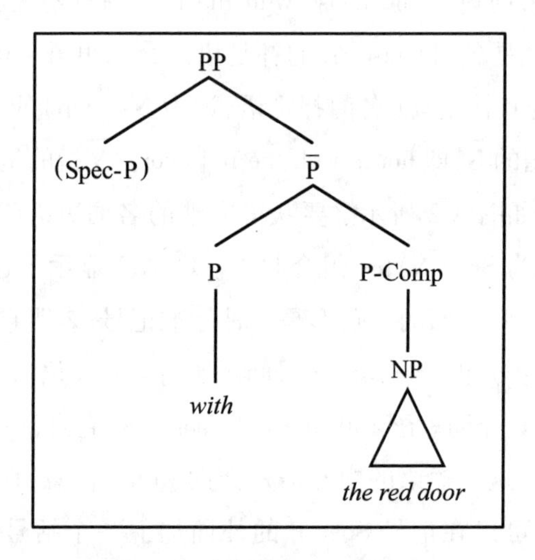

图 A.3　一个介词短语的结构

记号。)

请注意,我在画树图时,一般总是将指示语画在左面,其次是中心语,然后才是补足语,因此我所画出的短语 the red door 的结构树中的水平顺序,与普通英语句子的词序(你该记得那不是树图的结构特征)是不一样的。(不过,在法语中,两者的顺序是一致的,这个短语的法语是 La porte rouge。)

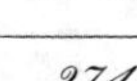

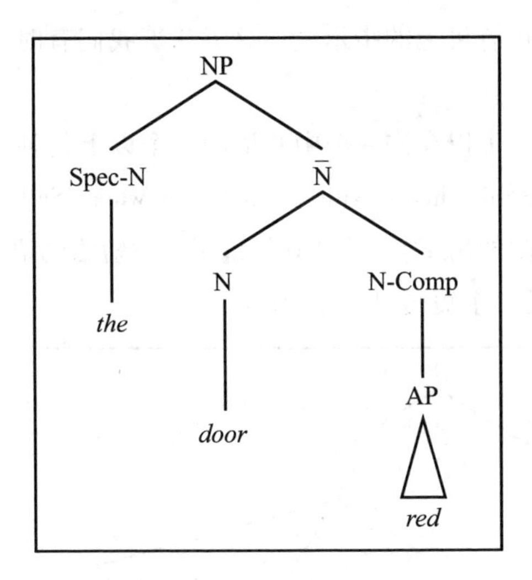

图 A.4　名词短语 the red door 的结构

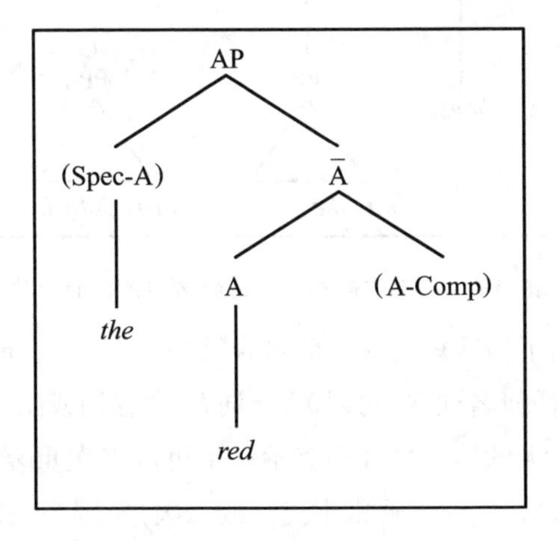

图 A.5　形容词短语 red 的结构

我也许应该着重指出,我强调在名词短语 the red door 中,补足语 red 所扮演的角色是一个形容词**短语**,而不是一个单词,这并不是因为我过于迂腐。在记述一个把语言单位置入盒子中以得出更大的语言单位(它们本身有可能被置入还要大的盒子中去)的机制时,我们总是力图找到一种能适用于所有情况的单一机制。语言学家所采取的办法是把任何短语视为由三部分组成:一个中心语(不能多于一个单词),一个可有可无的补足语**短语**,一个可有可无的指示语。这意味着我们有时必须把单个的单词置入盒子中。

实际上,我们可以允许一个中心语同一个以上的补足语短语进行组合,例如名词短语 the house with the red door where Sally lives(萨莉居住的、有着红色的门的房子)。图 A.6 给出了这一短语的语法分析树。每个补足语本身都是一个短语(即一个盒子)。

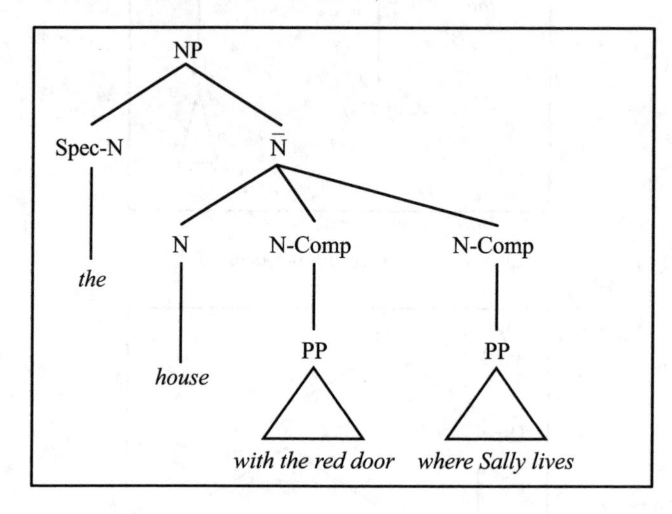

图 A.6　一个有两个补足语的名词短语的结构

图 A.7 给出了构造短语的一般组合结构。图中,字母 X 表示一种变量,它可以代表任何名词 N、动词 V、介词 P、形容词或副词 A 等等。括号表示一个可有可无的项。星号则表示一个可以多次重复的项(原则上可重复任意有限多次;实际上通常不过一或二次)。因为关键的步骤是把中

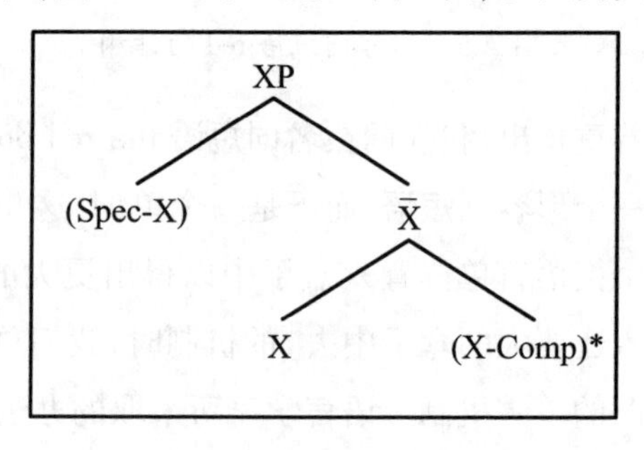

图 A.7　$\bar{X}$ 理论的一般结构

心语 X 与一个或多个补足语短语 X-Comp 组合成 $\overline{X}$(读音为 X-bar),所以语言学家把我刚刚简略描述过的这种短语结构的理论称为“$\overline{X}$ 理论”。

$\overline{X}$ 理论的短语结构树可以清楚地表示出一个模棱两可的有歧义短语的各种可能解释。例如,短语 the house with the red door that Max likes 的两种可能的解读可以由图 A.8 表示出来。在第一种解读(上图)中,马克斯喜欢的是房子;而在第二种解读(下图)中,他喜欢的是红色的门。这两个图形的分析都不彻底,每一个底下的补足语短语都需要进一步“解析”。

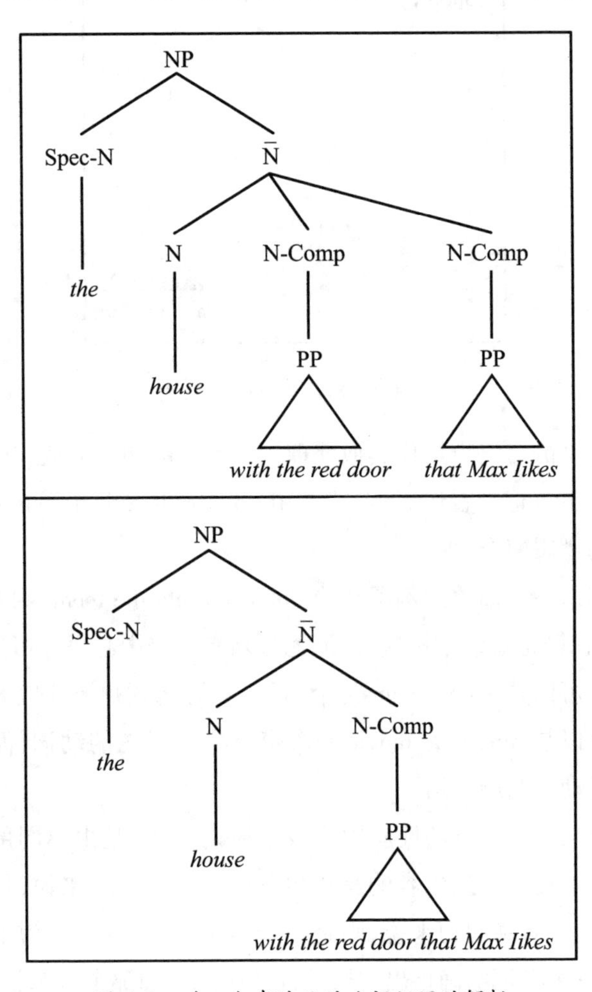

图 A.8　对一个有歧义的名词短语的解析

图 A.9 给出了一个动词短语 run into the room(跑进房间)的例子。我们再次看到了熟悉的 $\overline{\mathrm{X}}$ 结构,由短语的中心语(在这里是无时态变化的动词),一个动词补足语(在这里是介词短语),以及空缺的指示语组合而成。

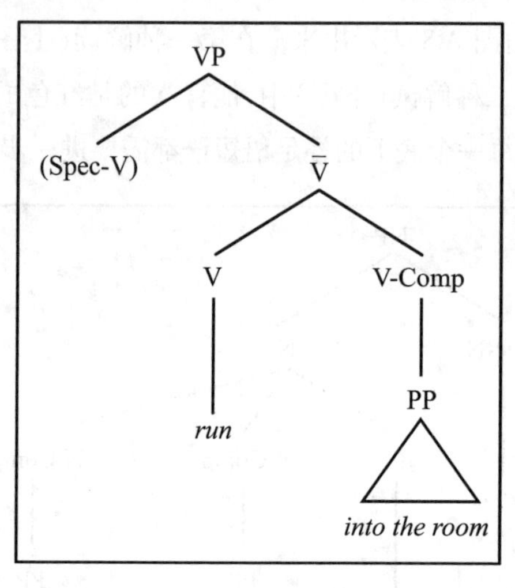

图 A.9　动词短语的 $\overline{\mathrm{X}}$ 结构

其他类型的短语也可作类似处理。但完整的句子或从句的情况又怎样呢?是否也可把它看作短语(或是由 and, or, if... then, unless 等连接起来的短语的逻辑组合)?

让我们从一个简单的例子开始:John ran into the room(约翰跑进了房间)。如果它符合短语结构模式,那就必须有一个中心语。但什么是中心语呢?它不可以是 John。John 是个名词,只有名词短语才以名词为中心语。也不可以是 ran,因为 ran 是一个带有格与时态的动词,而且只有动词短语才以动词为中心语。

答案要从句子本身的性质中去找。所谓句子,是由不同部分拼合在一起得出的能提供信息内容的整体单位——对陈述句来说,是对世间事物的一个叙述;对疑问句来说,则是一个需求,如此等等。为了提供信息内容,句子里头必须明确指出主要动词的时态。而那个时态就是中心语,更确切地说,时态是中心语的一部分。动词还带有格,它必须同句子的主语取得一致，这也是句子的中心语的一部分。图 A.10 是例句 John ran into the room 的语法分析树。

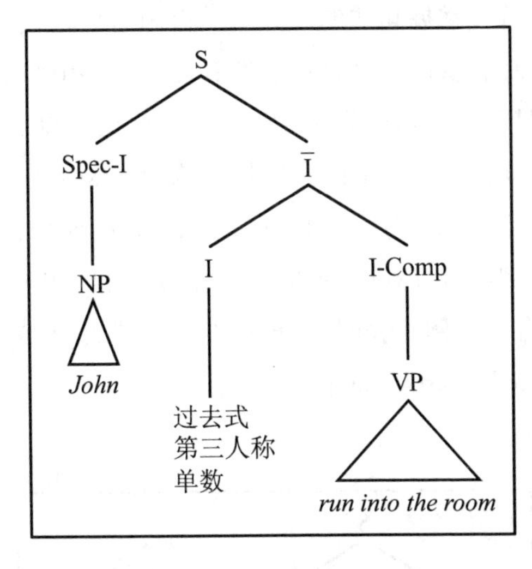

图 A.10 一个句子的语法分析树

由于许多动词的时态与格均可通过动词的**屈折变化**(inflection)来表示，通常用字母 I(有时也用缩写 INFL)来代表中心语，我就是这样做的。句子的主语必须是一个名词短语，它是 I 的指示语，记为 Spec-I(在本例中，它就是名词短语 John)。I-Comp 是没有时态变化、不带有格的动词短语(在本例中是 run into the room)。而带有时态与格的动词短语(在本例中是 ran into the room)当然就是 I 组合了。整个句子 S 也可以记为 IP，即**有屈折变化的短语**。

特别重要的是，要认识到动词短语 run into the room 是没有时态变化且不带有格的。句中主要动词的时态与格由中心语来提供。对句子的这一看法把关注重点放到了主要动词的时态与格上。我前面说过，任何短语的中心语都对短语的其余部分起到支配的作用。而这恰恰就是句中主要动词的时态与格的情况。时态影响到主要的动词短语(即 I-Comp)，通常会引起主要动词的屈折变化，而格关系到主语(Spec-I)，要确保主语与主要动词的人称、数、格等一致。

这个例子说明，构造出一切短语的组合机制同样可以用来构造句子。这是一个令人满意的特性，它既做到了科学地俭省用词，又能帮助我们理解现代人怎么会首先掌握句法的。如果觉得用这种方式来分析句子显得十分古怪，部分原因也许是：这是我们遇到的第一个中心语不是一个单词的例子。我可以用一个稍加改动的例子来避免这一点：John did run into the room（约翰确实跑进了房间）。这样一来，中心语就是一个易于识别的单词 did 了。当然，did 仍然带有时态与格，同前面一样支配着句子的其余部分。对本例而言，INFL（屈折变化）有了它自己的一个单词。

事实上，还有一些例子表明，短语的某项重要组成成分可能不明确。例如，Mary expected to arrive late（玛丽希望到得迟一点）这个句子的结构可由图 A.11 表示。

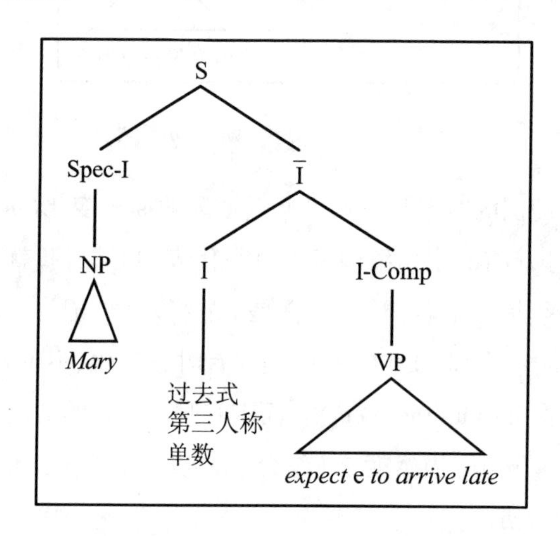

图 A.11　一个有未述成分的句子

玛丽希望迟一点到的那个人显然就是她自己。本句有一个未述成分，其位置用字母 **e** 标示出来。语言学家认为，原来的句子实际上相当于 Mary expected **e** to arrive late。正如图 A.11 所示，代表玛丽的未述成分 **e** 在句子的语法结构中是起作用的。如果我们进一步分析动词短语 expect **e** to arrive late，成分 **e** 还将继续起作用。

参考文献

第1章　数学头脑

我在这一章中为普通读者准备了丰富的资料。以下4本书均提供了背景资料,以及与本章主题相关的更多知识。它们是按难度递增的顺序列出的。

Devlin, Keith. 1998. *Life by the Numbers*. New York: John Wiley. The official companion to the six-part PBS television series of the same name, for which I was an adviser.

——. 1994. *Mathematics: The Science of Patterns: The Search for Order in Life, Mind, and the Universe*. Scientific American Library Series. New York: W. H. Freeman.

——. 1998. *The Language of Mathematics: Making the Invisible Visible*. New York: W. H. Freeman.

——. 1999. *Mathematics: The New Golden Age*. 2nd ed. New York: Columbia University Press.

第2章　由数开头

本章中描述的许多实验性的工作,以及更多类似工作都能在 *The Number Sense: How the Mind Creates Mathematics* by Stanislas Dehaene (New

York: Oxford University Press, 1997)一书中找到。关于九九乘法表的明确材料来源,参见德阿纳书中第127页。

另一个优秀来源是 *The Mathematical Brain* by Brian Butterworth (Basingstoke, UK: Macmillan, 1999),巴特沃思书中明确的材料来源是: Charles, pp. 267—271, 301—308; Signora Gaddi, pp. 163—167; Frau Huber, pp. 170—172; Julia, pp. 300—301。

研究儿童数学能力发展的标准参考文献是 *The Child's Understanding of Number* by R. Gelman and C. R. Gallistel (Cambridge, MA: Harvard University Press, 1978)。

Tobias Dantzig's book *Number: The Language of Science*, first published in 1954, was republished in 1967 (New York: Free Press).

本章中提到的所有详尽的实验在下列文章及图书中可以找到。

Antell, S. E., and D. P. Keating. 1983. "Perception of Numerical Invariance in Neonates." *Child Development* 54, pp. 695—701.

Bijeljac-Babic, R., J. Bertonici, and J. Mehler. 1991. "How Do Four-Day-Old Infants Categorize Multisyllabic Utterances?" *Developmental Psychology* 29, pp. 711—721.

Boyson, S. T., and G. G. Bernston. 1996. "Quantity-Based Interference and Symbolic Representations in Chimpanzees (*Pan trogolodytes*)." *Journal of Experimental Psychology: Animal Behavior Processes* 22, pp. 76—86.

Brannon, E. M., and H. S. Terrace. 1998. "Ordering of the Numerosities 1 to 9 by Monkeys." *Science* 282, pp. 746—749.

Church, R. M., and W. H. Meck. 1984. "The Numerical Attribute of Stimuli." In H. L. Roitblat, T. G. Bever, and H. S. Terrace, eds., *Animal Cognition* (Hillsdale, NJ: Erlbaum).

Koechlin, E., S. Dehaene, and J. Mehler. 1997. "Numerical Transformations in Five-Month-Old Human Infants." *Mathematical Cognition*.

Koehler, O. 1951. "The Ability of Birds to Count." *Bulletin of Animal Behavior* 9, pp. 41—45.

Kronecker, L. *Jahresberichte der Deutscher Mathematiker Vereinigung*, *Bd.* 2, p. 19.

Matsuzawa, T. 1985. "Use of Numbers by a Chimpanzee." *Nature* 315, pp. 57—59.

McComb, K., C. Packer, and A. Pusey. 1994. "Roaring and Numerical Assessment in Contests Between Groups of Female Lions, *Panthera leo.*" *Animal Behavior* 47, pp. 379—387.

McGarrigle, J., and M. Donaldson. 1974. "Conservation Accidents." *Cognition* 3, pp. 341—350.

Mechner, F. 1958. "Probability Relations Within Response Sequences Under Ratio Reinforcement." *Journal of the Experimental Analysis of Behavior* 1, pp. 109—121.

Mechner, F., and L. Guevrekian. 1962. "Effects of Deprivation upon Counting and Timing in Rats." *Journal of the Experimental Analysis of Behavior* 5, pp. 463—466.

Meck, W. H., and R. M. Church. 1983. "A Mode Control Model of Counting and Timing Processes." *Journal of the Experimental Psychology: Animal Behavior Processes* 9, pp. 320—334.

Mehler, J., and T. G. Bever. 1967. "Cognitive Capacity of Very Young Children." *Science* 158, pp. 141—142.

Pepperberg, I. M. 1987. "Evidence for Conceptual Quantitative Abilities in the African Gray Parrot: Labeling of Cardinal Sets." *Ethology* 75, pp. 37—61.

Piaget, J. 1952. *The Child's Conception of Number.* New York: Norton.

——. 1954. *The Construction of Reality in the Child.* New York: Basic Books.

Simon, T. J., S. J. Hespos, and P. Rochat. 1995. "Do Infants Understand Simple Arithmetic?: A Replication of Wynn(1992)." *Cognitive Development* 10, pp. 254—269.

Starkey, P., and R. G. Cooper, Jr. 1980. "Perception of Numbers by Human Infants." *Science* 210, pp. 1033—1035.

Starkey, P., E. S. Spelke, and R. Gelman. 1983. "Detection of Intermodal Numerical Correspondences by Human Infants." *Science* 222, pp. 179—181.

——. 1990. "Numerical Abstraction by Human Infants." *Cognition* 36, pp. 97—127.

Woodruff, G., and D. Premack. 1981. "Primitive Mathematical Concepts in the Chimpanzee: Proportionality and Numerosity." *Nature* 293, pp. 568—570.

Wynn, K. 1992. "Addition and Subtraction by Human Infants." *Nature* 358, pp. 749—750.

——. 1995. "Origins of Numerical Knowledge." *Mathematical Cognition* 1, pp. 35—60.

——. 1996. "Infants' Individuation and Enumeration of Actions." *Psychological Science* 7, pp. 164—169.

第3章　人人都计数

John Allen Paulos's book *Innumeracy: Mathematical Illiteracy and Its Consequences* was first published by Hill & Wang(New York) in 1988.

与上面的章节一样,这里引用的许多心理学案例,以及我提到的许多其他说明,在德阿纳和巴特沃思的书中有所描述。德阿纳书中明确的材料来源是:Paris patient with brain lesion, p. 69; multiplication tables, p. 127。巴特沃思书中明确的材料来源是:Donna, pp. 197—199; Dottore Foppa, pp. 196—197; Signora Gaddi, pp. 163—167; Frau Huber, pp. 170—172。

描述本章中提到的详尽实验的文章列举如下。

Dehaene, S., S. Bossini, and P. Giraux. 1993. "The Mental Representation of Parity and Numerical Magnitude." *Journal of Experimental Psychology: General* 122, pp. 371—396.

Dehaene, S., E. Spelke, P. Pinel, R. Stanescu, and S. Tsivkin. 1999. "Sources of Mathematical Thinking: Behavioral and Brain-Imaging Evidence." *Science* 284, pp. 970—974.

Gleason, A. 1984. "Mathematics: How Did It Get to Where It Is Today?" *Bulletin of the American Academy of Arts and Sciences* 38 (October), pp. 8—24.

Hauser, M. D., P. MacNeilage, and M. Ware. 1996. "Numerical Representations in Primates." *Proceedings of the National Academy of Sciences USA* 93, pp. 1514—1517.

Henik, A., and J. Tzelgov. 1982. "Is Three Greater Than Five?: The Relation Between Physical and Semantic Size in Comparison Tasks." *Memory and Cognition* 10, pp. 389—395.

Miller, K., C. Smith, J. Zhu, and H. Zhang. 1995. "Preschool Origins of Cross-national Differences in Mathematical Competence: The Role of Number Naming Systems." *Psychological Science* 6, pp. 56—60.

Moyer, R. S., and T. K. Landauer. 1967. "Time Required for Judgments of Numerical Inequality." *Nature* 215, pp. 1519—1520.

Schmandt-Besserat, D. 1989. "Oneness, Twoness, Threeness." *The Sciences* (New York Academy of Sciences), pp. 44—48.

Washburn, D. A., and D. M. Rumbaugh. 1991. "Ordinal Judgments of Numeral Symbols by Macaques." *Psychological Science* 2, pp. 190—193.

第4章 "数学"这玩意儿究竟是什么

Devlin, K. 1998. *Life by the Numbers.* New York: John Wiley.

——. 1998. *The Language of Mathematics: Making the Invisible Visible.* New York: W. H. Freeman.

Mandelbrot, B. 1988. *The Fractal Geometry of Nature.* New York: W. H. Freeman.

Murray, J. 1980. "A Pattern Formation Mechanism and Its Application to Mammalian Coat Markings." In *Lecture Notes in Biomathematics*, 39 (Heidelberg, Ger.: Springer-Verlag), pp. 360—399.

——. 1988. "Mammalian Coat Patterns: How the Leopard Gets Its Spots." *Scientific American* 256, pp. 80—87.

Prusinkiewicz, P., and A. Lindenmayer. 1996. *The Algorithmic Beauty of Plants.* Heidelberg, Ger.: Springer-Verlag.

Steen, L. 1988. "The Science of Patterns." *Science* 240, pp. 611—616.

Sawyer, W. W. 1955. *Prelude to Mathematics.* London: Penguin Books.

Thompson, D'Arcy. 1961. *On Growth and Form.* Cambridge: Cambridge University Press (first published in 1917).

Turing, A. 1952. "The Chemical Basis of Morphogenesis." *Philosophical Transactions of the Royal Society*, B237.

Wigner, E. 1960. "The Unreasonable Effectiveness of Mathematics in the Natural Sciences." *Communications in Pure Applied Mathematics* 13, no. 1.

第5章 数学家的大脑与众不同吗

Hadamard, J. 1945. *The Psychology of Invention in the Mathematical Field.* New York: Dover.

Hoffman, P. 1987. "The Man Who Loves Only Numbers." *Atlantic Monthly* (November).

Littlewood, J. E. 1978. "The Mathematicians' Art of Work." *Mathematical Intelligencer* 1, no. 2, p. 114.

Paulos, J. A. 1987. *Innumeracy: Mathematical Illiteracy and Its Consequences.* New York: Hill & Wang.

Penrose, R. 1989. *The Emperor's New Mind: Concerning Computers, Minds, and the Laws of Physics.* Oxford: Oxford University Press.

Russell, B. 1910. *The Study of Mathematics: Philosophical Essays.* London: Unwin Books.

Synge, J. L. 1957. *Kandelman's Krim.* London: Jonathan Cape.

Watson, P. C., and P. N. Johnson-Laird. 1972. *Psychology of Reasoning:*

Structure and Content. Cambridge, MA: Harvard University Press.

第6章 生来会说话

对我来说,迄今为止对当代语言学的最佳介绍出自 Steven Pinker 的书:*The Language Instinct: How the Mind Creates Language* (New York: William Morrow, 1994)。

Chomsky, N. 1957. *Syntactic Structures*. The Hague: Mouton.

——. 1965. *Aspects of the Theory of Syntax*. Cambridge, MA: MIT Press.

Crain, S., and M. Nakayama. 1986. "Structure Dependence in Children's Language." *Language* 62, pp. 522—543.

第7章 逐渐成长,学会了说话的大脑

Bickerton, D. 1990. *Language and Species*. Chicago: University of Chicago Press.

——. 1995. *Language and Human Behavior*. Seattle: University of Washington Press.

Devlin, K. 1997. *Goodbye Descartes: The End of Logic and the Search for a New Cosmology of the Mind*. New York: John Wiley.

Savage-Rumbaugh, S., S. Shankar, and T. Taylor. 1998. *Apes, Language, and the Human Mind*. New York: Oxford University Press.

Tobias, P. V. 1971. *The Brain in Hominid Evolution*. New York: Columbia University Press.

第8章 出乎我们意料之外

Barwise, J., and J. Perry. 1983. *Situations and Attitudes*. Cambridge, MA: MIT Press.

Bickerton, D. 1990. *Language and Species*. Chicago: University of Chicago Press.

——. 1995. *Language and Human Behavior*. Seattle: University of Washington Press.

——. 1998. "Catastrophic Evolution: The Case for a Single Step from Protolanguage to Full Human Language." In J. Hurford, M. Studdert-Kennedy, and C. Knight, eds., *Approaches to the Evolution of Language* (Cambridge: Cambridge University Press, 1998), pp. 341—358.

Byrne, R., and A. Whiten. 1985. "Tactical Deception of Familiar Individuals in Baboons." *Animal Behavior* 33, pp. 669—673.

——, eds. 1998. *Machiavellian Intelligence: Social Expertise and the Evolution of Intellect in Monkeys, Apes, and Humans.* Oxford: Clarendon Press.

Cann, R., M. Stoneking, and A. Wilson. 1987. "Mitochondrial DNA and Human Evolution." *Nature* 325, pp. 31—37.

Carstairs-McCarthy, A. 1998. "Synonymy Avoidance, Phonology and Origin of Syntax." In J. Hurford, M. Studdert-Kennedy, and C. Knight, eds., *Approaches to the Evolution of Language* (Cambridge: Cambridge University Press, 1998), pp. 279—296.

Chomsky, N. 1975. *Reflections on Language.* New York: Pantheon Press.

Devlin, K. 1991. *Logic and Information.* Cambridge: Cambridge University Press.

Gould, S. J., and R. Lewontin. 1979. "The Spandrels of San Marco and the Panglossian Paradigm: A Critique of the Adaptionist Program." *Proceedings of the Royal Society* B205, pp. 581—598.

Hurford, J., M. Studdert-Kennedy, and C. Knight., eds. 1998. *Approaches to the Evolution of Language.* Cambridge: Cambridge University Press.

Lieberman, P. 1992. *The Biology and Evolution of Language.* Cambridge, MA: Harvard University Press.

MacNeilage, P., M. Studdert-Kennedy, and B. Lindblom. 1984. "Functional Precursors to Language and Its Lateralization." *American Journal of Physiology* 246, pp. R912—914.

McPhail, E. 1987. "The Comparative Psychology of Intelligence." *Behavior* and *Brain Sciences* 10, pp. 645—695.

Peirce, C. S. 1940. 1940. *Philosophical Writings of Peirce*. Edited by J. Buchler. New York: Dover.

Premack, D., and G. Woodruff. 1978. "Does the Chimpanzee Have a Theory of Mind?" *Behavioral and Brain Sciences* 4, pp. 515—526.

Rumelhart, D., and J. McClelland. 1986. *Parallel Distributed Processing*. Cambridge, MA: MIT Press.

Sacks, O. 1990. *Seeing Voices: A Journey into the World of the Deaf*. London: HarperCollins.

Whiten, A., and R. Byrne. 1988. "The Manipulation of Attention in Primate Tactical Deception." In R. Byrne and A. Whiten, eds., *Machiavellian Intelligence: Social Expertise and the Evolution of Intellect in Monkeys, Apes, and Humans* (Oxford: Clarendon Press, 1998), p. 218.

第9章 魔鬼在哪里藏身,数学家就在哪里工作

Borcherds, R., and W. Gibbs (author). 1998. "Monstrous Moonshine Is True." *Scientific American* (November), pp. 40—41.

Cooper, N. G., ed. 1988. *From Cardinals to Chaos*. Cambridge: Cambridge University Press.

Dewey, J. 1909. "Symposium on the Purpose and Organization of Physics Teaching in Secondary Schools, Part 13." *School Science and Mathematics* 9, pp. 291—292.

Dunbar, R. 1997. *Grooming, Gossip, and the Evolution of Language*. Cambridge, MA: Harvard University Press.

Halmos, P. 1968. "Mathematics as a Creative Art." *American Scientist* 56 (Winter), p. 380.

Minio, R. 1984. "An Interview with Michael Atiyah." *Mathematical Intelligencer* 6, p. 16.

Nunes, T., A. Schliemann, and D. Carraher. 1993. *Street Mathematics and*

School Mathematics. Cambridge: Cambridge University Press.
Weyl, H. 1944. "David Hilbert and His Mathematical Work." *Bulletin of the American Mathematical Society* 50.

第10章　未选之路

你会在下面这本书中找到有关语言进化的出色介绍：*Approaches to the Evolution of Language*, edited by James Hurford, Michael Studdert-Kennedy, and Chris Knight (Cambridge: Cambridge University Press, 1998)。本章中提到的其他资料来源如下：

Calvin, W. 1993. "The Unitary Hypothesis: A Common Neural Circuitry for Novel Manipulations, Language, Plan-Ahead, and Throwing?" In K. R. Gibson and T. Ingold, eds., *Tools, Language, and Cognition in Human Evolution* (Cambridge: Cambridge University Press, 1993), pp. 230—250.
Chomsky, N. 1975. *Reflections on Language*. New York: Pantheon Press.
Dawkins, R. 1976. *The Selfish Gene*. Oxford: Oxford University Press.
Gibson, K. R., and T. Ingold, eds. 1993. *Tools, Language, and Cognition in Human Evolution*. Cambridge: Cambridge University Press.
Vygotsky, I. S. 1962. *Thought and Language*. Cambridge, MA: MIT Press.

The Math Gene：

How Mathematical Thinking Evolved and Why Numbers are Like Gossip

by

Keith Devlin